超声相控阵检测技术及应用

卢　超　钟德煌　编著

机 械 工 业 出 版 社

本书详细介绍了超声检测理论基础，超声相控阵理论基础，超声相控阵探头与仪器，超声相控阵设备综合性能测试；同时，为加强工程实践应用，本书重点介绍了超声相控阵检测基本工艺，特别以横波扇形扫查检测焊接接头为例详细说明了制订具体检测工艺时需要考虑的因素及细节，分别介绍了超声相控阵横波扇形扫查、纵波线性垂直扫查、纵波扇形扫查三种检测应用中需要考虑的工艺细节。

本书可供高等院校无损检测与仪器类相关专业学生及超声相控阵技术培训班学员使用，也可供从事无损检测的技术人员、与无损检测技术相关的科研人员及设计人员参考。

图书在版编目（CIP）数据

超声相控阵检测技术及应用/卢超，钟德煌编著. —北京：机械工业出版社，2021.8（2024.3重印）
ISBN 978-7-111-68768-9

Ⅰ.①超… Ⅱ.①卢… ②钟… Ⅲ.①相控阵雷达-超声检测 Ⅳ.①TN958.92

中国版本图书馆CIP数据核字（2021）第143825号

机械工业出版社（北京市百万庄大街22号 邮政编码100037）
策划编辑：雷云辉 责任编辑：雷云辉
责任校对：陈 越 封面设计：马精明
责任印制：单爱军
北京虎彩文化传播有限公司印刷
2024年3月第1版第6次印刷
169mm×239mm · 15印张 · 305千字
标准书号：ISBN 978-7-111-68768-9
定价：98.00元

电话服务
客服电话：010-88361066
010-88379833
010-68326294

网络服务
机 工 官 网：www.cmpbook.com
机 工 官 博：weibo.com/cmp1952
金 书 网：www.golden-book.com
机工教育服务网：www.cmpedu.com

超声相控阵检测技术的诞生是超声无损检测技术发展的一次飞跃。超声相控阵检测技术影响到现代无损检测的方方面面。无损检测技术在确保产品质量、降低生产成本、保障产品运用的安全等方面具有极其重要的作用。在现代社会，绝大多数工业生产领域都离不开无损检测技术，在安全保障、交通运输、桥梁建筑、航空航天和国防军工等领域中，无损检测技术更是起着不可替代的关键性作用。无损检测技术水平的先进程度是衡量一个现代工业国家经济发展、科技进步和工业水平的重要标志之一。

本书作者之一的卢超教授与我有着多年的交往。他在无损检测领域，尤其是超声无损检测方面造诣颇深。作者服务的南昌航空大学是国内第一所创办无损检测本科专业的高校，办学近四十年来，培养了大批无损检测技术人才，遍布我国航空航天、石油化工、核工业、特种设备、电力、交通和机械等行业，为我国无损检测事业的发展做出了应有的贡献。依托无损检测技术教育部重点实验室，南昌航空大学的教师们大力开展产学研合作，以服务国家经济发展需求为牵引，潜心教书育人，积极开展技术研究及应用，同时结合科研和工程应用实践，积极总结并编写无损检测技术书籍。如今，基于现代无损检测技术内在的信息技术本质，超声相控阵检测技术在数字技术的推动下迅猛发展。在此，我为他们顺应趋势，响应社会迫切需求出版《超声相控阵检测技术及应用》一书表示祝贺！

工业超声相控阵检测技术已经得到越来越广泛的应用，相应的技术标准也正在推广。然而，无论是本科高校还是高职院校在无损检测技术教学中都缺乏合适的超声相控阵检测技术书籍或培训教材。该书以通俗易懂、简洁明了的方式，深入浅出地介绍了超声相控阵检测的基础知识和检测工艺，循序渐进，从传统通用超声检测技术过渡到超声相控阵检测技术的知识。该书的出版为广大无损检测及机械类专业学生和工程技术人员提供了一份适用的学习材料。相信该书的出版必然能为推动我国无损检测事业的进一步发展发挥积极作用，为我们中华民族的伟大复兴贡献一份力量。

沈建中

前言

成熟的便携式超声相控阵检测仪在国际上于2006年左右推出，随着便携式超声相控阵检测仪的面世，超声相控阵检测技术真正开始应用于工业检测领域，超声相控阵检测仪的便携化极大地提高了超声相控阵检测技术的应用范围。经过十几年的发展，超声相控阵检测技术在工业检测领域越来越成熟，应用范围也越来越广。国内外陆续发布了一些超声相控阵检测技术应用标准，超声相控阵检测技术是超声检测技术的发展趋势，对于一些检测应用，超声相控阵检测技术将会逐渐替代常规超声检测技术及其他一些检测技术。

超声相控阵检测技术是非常重要的无损检测技术，然而目前国内还鲜有系统全面介绍超声相控阵检测技术的书籍，特别是从工程检测应用角度系统介绍超声相控阵检测技术的教材。这造成很多检测人员无法真正深入了解超声相控阵检测技术，无法充分发挥超声相控阵检测技术的优势及避免超声相控阵检测技术的局限性，严重制约了超声相控阵检测技术的发展，使超声相控阵检测技术无法真正发挥其应有的价值。基于这种现状，笔者选择从工程检测应用角度编著了此书。

本书没有抽象难懂的理论，而是通过通俗易懂的语言及大量图形图像加以介绍。希望本书能够帮助无损检测人员系统地了解超声相控阵检测技术，并指导其开展超声相控阵检测工作。本书在内容上详细介绍了超声检测理论基础，超声相控阵理论基础，从工程检测应用角度介绍了超声相控阵设备及其性能对检测应用的影响，以及超声相控阵设备综合性能测试方法；本书还系统介绍了制订超声相控阵检测工艺的基本流程及需要注意的细节，针对不同的检测应用以示例的形式介绍了相应的检测工艺流程及差异。

国内外同行的研究文献和作者所在南昌航空大学无损检测技术教育部重点实验室的工作为本书的编著提供了很好的素材。感谢陆铭慧教授、李秋锋教授、陈振华博士、陈尧博士、石文泽博士等实验室同事，感谢研究生邓丹、劳巾洁、刘志浩、刘书宏、汪良华、温姣玲、甘勇等为本书部分资料收集和验证所做的工作。

本书的出版得到了南昌航空大学“测控技术与仪器”国家级一流本科专业建设点项目和国家自然科学基金项目（12064001、51705232）的资助，在此一并表示感谢。

由于笔者水平所限，书中难免有一些错误及不妥之处，殷切希望广大读者及同仁提出宝贵意见。

卢　超　钟德煌

目 录

第1章 超声检测理论基础

1.1 超声波及其频率特性

1.1.1 超声波的产生

当具有压电效应的材料加载特定的电压后，压电材料将以一定的频率振动，从而产生超声波；反过来，当超声波传播到具有压电效应的材料上时，压电材料会以一定的频率振动，从而在压电材料上产生一定的电压，这就是逆压电效应和正压电效应的应用。超声检测中用到的探头由各种类型的压电晶片组成，通过超声波仪器激发特定的电压加载到探头上，探头中的压电晶片在电压的作用下将以特定的频率振动，从而产生超声波。当超声探头接收到超声波后，探头中的压电晶片在压电效应的作用下，将会产生一定的电压，该电压通过超声检测仪放大后进行处理并显示。

1.1.2 超声波频率及带宽

压电晶片产生的超声波是以一定频率振动的机械波。通常，超声波探头产生的超声波频率由压电晶片的厚度决定，然而产生的超声波频率并不是单一的频率，因为产生的超声波是由多种频率的超声波叠加在一起合成的超声波，所以产生的超声波频率由很多的频率成分组成，而通常在探头上标识的探头频率为探头的中心频率。

通常在超声检测仪上显示的超声信号为时域信号，为各个频率超声波合成后的信号，如图 1-1 所示。如果将时域的超声信号进行傅里叶变换，将得到超声波的频谱，通过超声波频谱能够很直观地知道各个频率超声波的能量分布，如图 1-2 所示。在超声波频谱上以最大幅值为基准，在最大幅值基础上下降 6dB，在幅值下降 6dB 处作一横线，则该横线与频谱线左边交点处的频率为 f_1，该横线与频谱线右边

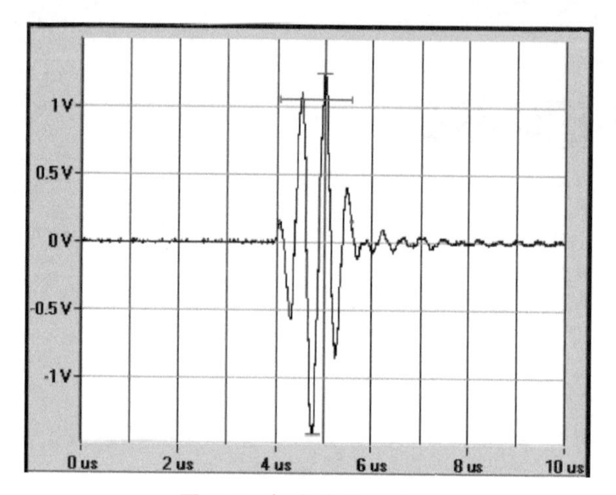

图 1-1 超声波时域信号

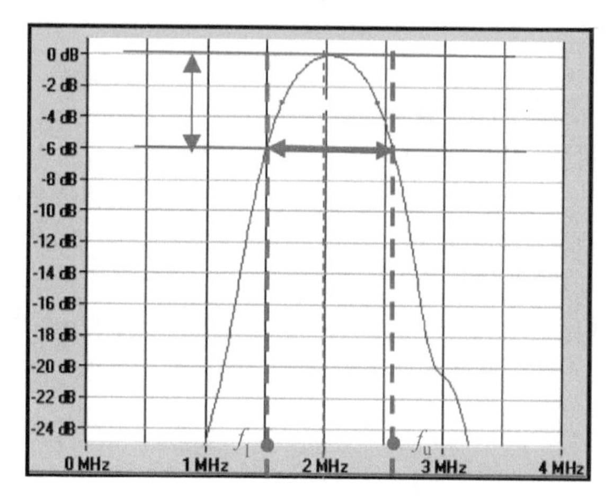

图 1-2 超声波频谱信号

交点处的频率为f_u，得到f_l与f_u后即可计算得到中心频率f，不同标准对中心频率的计算方法有一定的差异，ASTM E 1065 标准的中心频率计算方法见式（1-1），欧洲常用标准如 EN12668-2 的中心频率计算方法见式（1-2），因此选择超声探头时需了解该探头的中心频率是以哪种方式进行计算，计算得到探头的中心频率后可根据式（1-3）计算得到探头的 6dB 带宽 B_{6dB}。

$$f=\frac{f_l+f_u}{2} \tag{1-1}$$

$$f=\sqrt{f_l f_u} \tag{1-2}$$

$$B_{6dB}=(f_u-f_l)/f \tag{1-3}$$

式中 f——探头中心频率（MHz）；

f_l——幅值下降 6dB 处较低频率值（MHz）；

f_u——幅值下降 6dB 处较高频率值（MHz）；

B_{6dB}——探头 6dB 带宽。

超声波的频率对超声检测效果影响很大，超声波频率越高，检测小缺陷的能力越强，但与此相应的是检测非垂直面状缺陷的能力降低，超声波频率越高，在粗晶材料中的衰减越严重。超声波的带宽对超声检测的效果影响也很大，超声波的带宽越宽，超声波在时域中的信号显示越窄，检测分辨力越高。图 1-1 所示为 2MHz 窄带宽回波信号，图 1-2 所示为 2MHz 窄带宽频谱信号，图 1-3 所示为 2MHz 宽带宽回波信号，图 1-4 所示为宽带宽频谱信号。

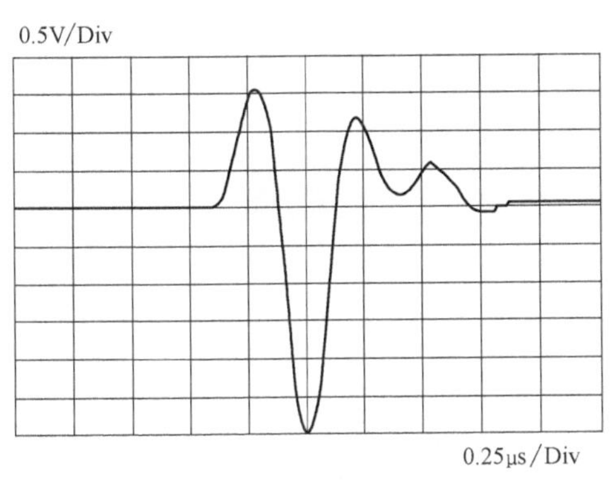

图 1-3　宽带宽回波信号

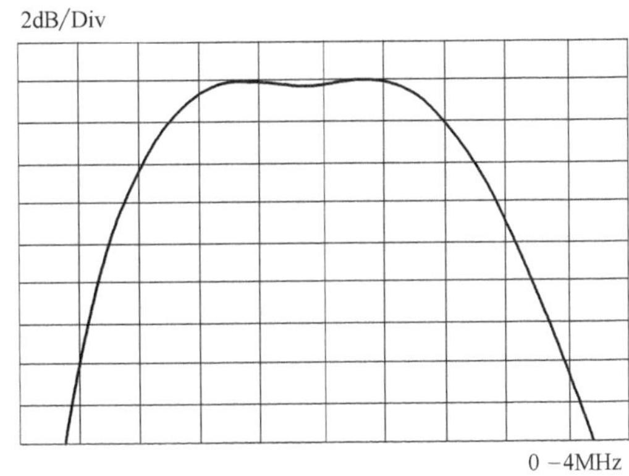

图 1-4　宽带宽频谱信号

1.2　超声波的传播

1.2.1　超声波的传播类型

超声波为机械波，超声波在介质中的传播是机械振动状态的传播。介质中的质点会在超声波传播过程中在平衡位置附近振动，在同一时刻，介质中振动相位相同的所有质点连成的面称为波阵面。在波的传播过程中，波阵面有无穷多个，把传播在最前面的波阵面称为波前。在某一时刻，波阵面虽然有无穷多个，但是波前只有一个。与波阵面垂直，且指向波的传播方向的线称为波线，即波线代表超声波的传播方向。根据波阵面形状的不同，可以把不同波源发出的波分为球面波、柱面波和平面波。

（1）球面波　点状球体声源产生的波在各向同性弹性介质中以相同的速度向四面传播时所形成的波阵面为球面波，如图 1-5 所示，当探头尺寸较小，与波长相当时所产生的超声波波形就类似于球面波。

（2）柱面波　类似于无限长的细长柱体声源产生的波在各向同性介质中传播时所形成的波阵面为同轴圆柱状，该波阵面称为柱面波，理想的柱面波是不存在的，当声源长度远远大于波长，而其径向尺寸又与波长相当时，此柱形声源所产生的波阵面可近似看成是柱面波，如图 1-6 所示。

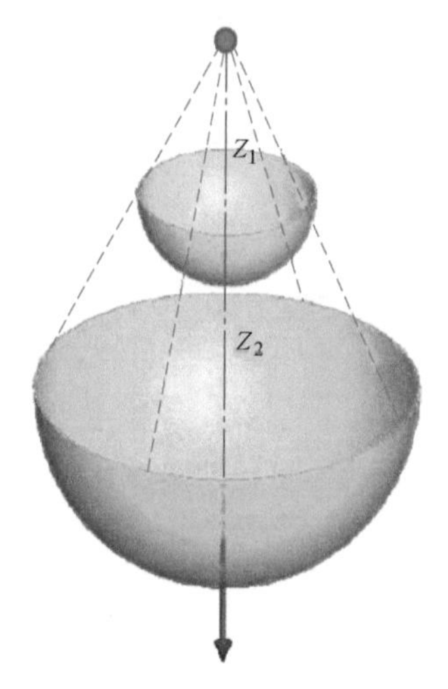

图 1-5　球面波示意图

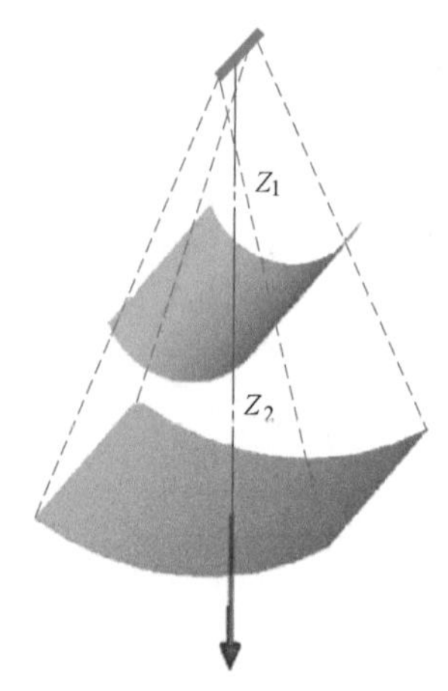

图 1-6　柱面波示意图

（3）平面波　一个无限大的平面声源产生的波，在各向同性的弹性介质中传播时所形成的波阵面为平面波，平面波各波阵面互相平行，而且与波源平面平行，如图 1-7 所示。理想的平面波是不存在的，但如果声源平面尺寸比它所产生的波长大得多时，该声源发射的声波可近似地看作是指向一个方向的平面波。

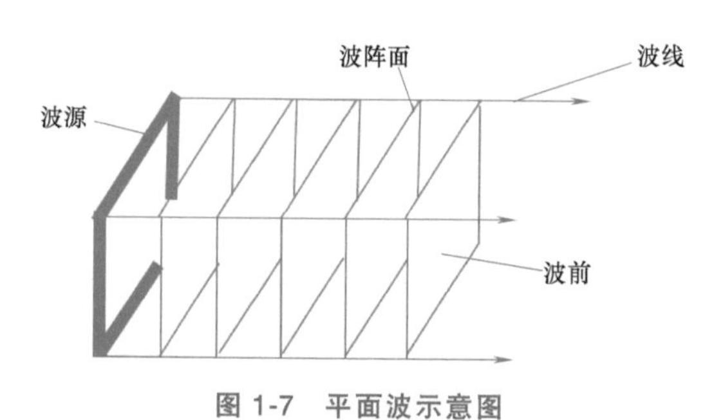

图 1-7　平面波示意图

波动是振动状态和能量的传播。如果介质是连续的，那么介质中任何质点的振动都将引起邻近质点的振动，邻近质点的振动又会引起较远质点的振动，因此波动中任何质点都可以看作是新的波源，在其后任意时刻这些子波的包络组成了新的波阵面，这就是惠更斯-菲涅耳原理。

对于超声检测来说，探头的晶片尺寸都是有限的平面，根据惠更斯-菲涅耳原理，一个平面波源可以看成是由很多个频率相同的点状波源组成，每一个点状波源都产生一个球面波，而各个球面波在同一时刻的波阵面叠加在一起形成的包络即为该平面的波阵面，如图 1-8 所示。

对于超声检测，当探头放置于工件表面时，超声波的传播类似于图 1-9 所示，超声波的主要能量集中在白色虚线间（在 1.64 倍近场值长度后波阵面开始扩散），其中的介质质点在平衡位置附近振动，就像缸体活塞运动一样，因此这种波叫作活塞波，超声检测中常用到的超声波主要是以这种活塞波为主。

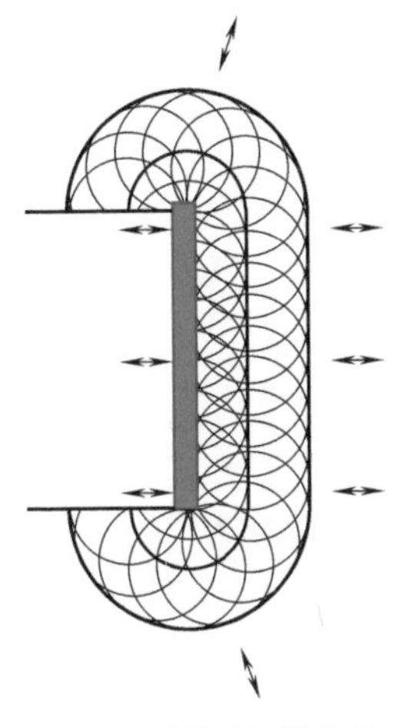

图 1-8　平面波源分解

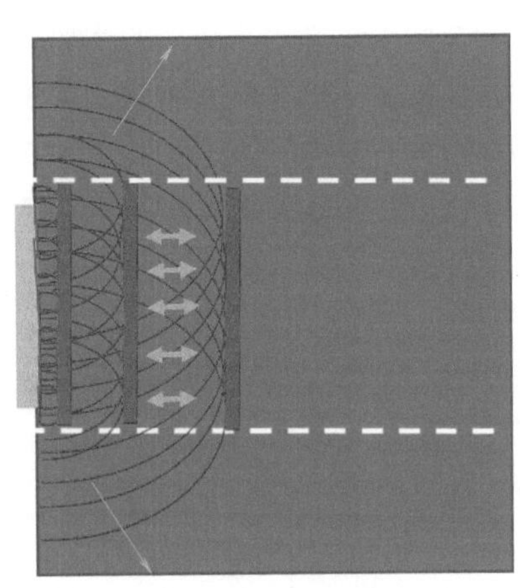

图 1-9　活塞波示意图

1.2.2　超声波的叠加

1. 超声波的叠加原理

在一种介质中传播的几个声波，如果同时到达某一点，那么对该点振动的共同影响就是各个声波在该点所引起振动的合成，在任一时刻各质点的位移是各个声波在这一质点上引起的位移矢量和，这就是声波的叠加原理。叠加之后，每一个波仍保持自己原有的特性（频率、波长和振动方向等），并按自己的传播方向继续前进，好像在各自的传播途中没有遇到其他波一样，这也称为声波的独立性原理。

2. 超声波的干涉现象

当两个频率相同、振动方向相同、相位相同或相位相差恒定值的波在介质中某些点相遇后，会使一些点处的振动始终加强，而使另一些点处的振动始终减弱或完全抵消，这种现象称为干涉现象，这两束波称为相干波，它们的波源称为相干波源。

干涉现象是超声波的重要特征。在超声检测中，超声探头晶片可以看成是由无数个点状声源组成，每个点状声源产生各自的球面波，而各个球面波的频率相同，振动方向相同，在某些区域相位相同或相位相差恒定值，这样就会在这些区域产生干涉，这就会造成声压分布变复杂、不均匀，这一区域就是超声探头的近场区，会给缺陷定量带来很大的困难。

1.2.3 超声波的波型

1. 纵波

当弹性介质受到交替变化的拉伸、压缩应力作用时，受力质点间距就会相应产生交替的疏密变形，此时，质点振动方向与波动传播方向相同，这种波型称为纵波，也叫作压缩波，用符号 L 表示，图 1-10 所示为纵波波型示意图。凡是能发生拉伸或压缩变形的介质都能够传播纵波，固体能够产生拉伸或压缩变形，所以纵波能在固体中传播；液体在压力作用下能产生相应的体积变化，因此纵波也能在液体中传播。

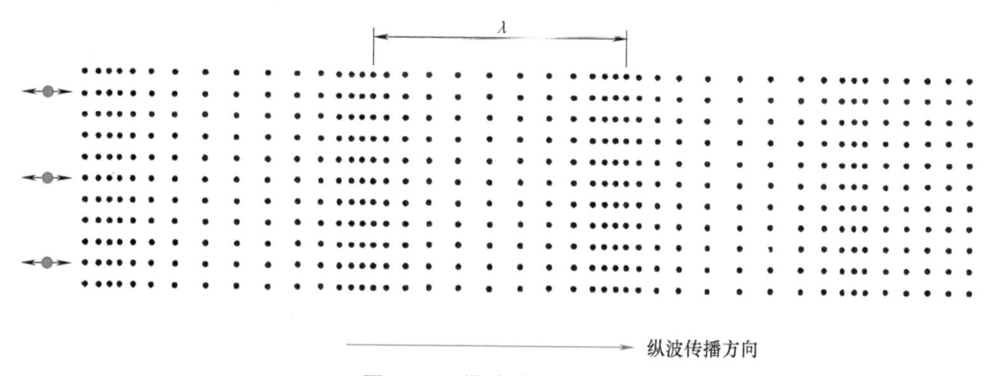

图 1-10 纵波波型示意图

2. 横波

当固体弹性介质受到交变的剪切应力作用时，介质质点就会产生相应的横向振动，介质发生剪切变形，此时质点的振动方向与波动的传播方向垂直，这种波型称为横波，也可叫作剪切波，用符号 S 表示，图 1-11 所示为横波波型示意图。

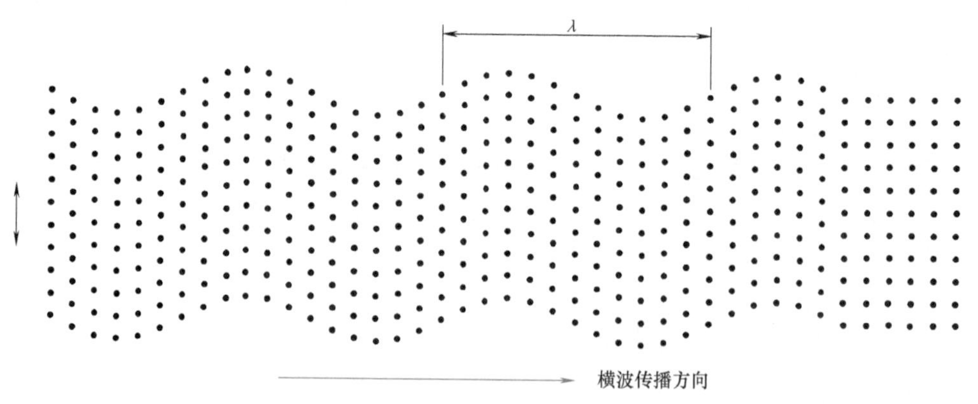

图 1-11 横波波型示意图

在横波传播过程中，介质会发生剪切变形，因此，能传播横波的介质应是能产生剪切弹性变形的介质。固体弹性介质具有剪切弹性力，因此横波能在固体中传播；而绝大部分液体不具有剪切弹性力，因此这些液体都不能传播横波，液体中常见的只有工业蜂蜜具有一定的剪切弹性力，能够传播横波，因此工业蜂蜜常用于横波直探头耦合剂。

1.2.4　超声波的传播速度与波长

超声波的波动在单位时间内传播的距离就是超声波传播的速度，也叫作声速。从波动的定义可知，相位相同的相邻振动质点之间的距离称为波长，用字母 λ 表示，质点在其平衡位置附近来回振动一次，超声波的振动状态就向前传播了一个波长。若质点每秒振动 f 次（f 为振动频率），超声波就向前传播了 $f\lambda$ 的距离，该距离就是超声波每秒传播的距离，也就是声速，常用符号 c 表示，声速与波长和频率的关系常用式（1-4）表示。

$$c=f\lambda \quad 或 \quad \lambda=\frac{c}{f} \tag{1-4}$$

式中　f——超声波中心频率；

　　　λ——超声波波长。

超声波在某一具体介质中传播的速度，对某一种固定波型来说基本上是个不变的定值。当超声波传播介质尺寸远大于超声波波长时，影响超声波声速的主要因素是波型、传播介质的弹性性能和温度等。对于各向异性的材料，其各个方向的弹性模量有一定的差异，因此对于这种材料，各个方向的声速存在一定的差异，这会对缺陷的定位产生一定的影响，常见的各向异性材料有双向奥氏体不锈钢、纯铜、黄铜等。固体材料的声速也会随着温度的变化而变化，通常温度升高，声速会有一定的下降，然而声速的变化基本上是随着温度线性变化，在 1200℃ 范围内，温度每升高 1℃，纵波在钢中的声速下降约 1m/s，图 1-12 所示为不同温度下纵波和横波在钢中的声速变化。

声速不受频率的影响，不同频率的超声波在同一介质中的声速都一致。表 1-1 为常温下超声波在常见材料中的声速。

表 1-1　常温下超声波在常见材料中的声速

材料	纵波声速/(m/s)	横波声速/(m/s)	声阻抗/[10^6kg/(m^2·s)]
铝	6260	3080	16.9
钢	5880~5950	3230	45.3
铸铁	3500~5600	2200~3200	25~42

（续）

材料	纵波声速/(m/s)	横波声速/(m/s)	声阻抗/[10^6kg/(m^2·s)]
铁	5850~5900	3230	45
有机玻璃	2730	1460	3.2
环氧树脂	2400~2900	1100	2.7~3.6
水	1500	—	1.5

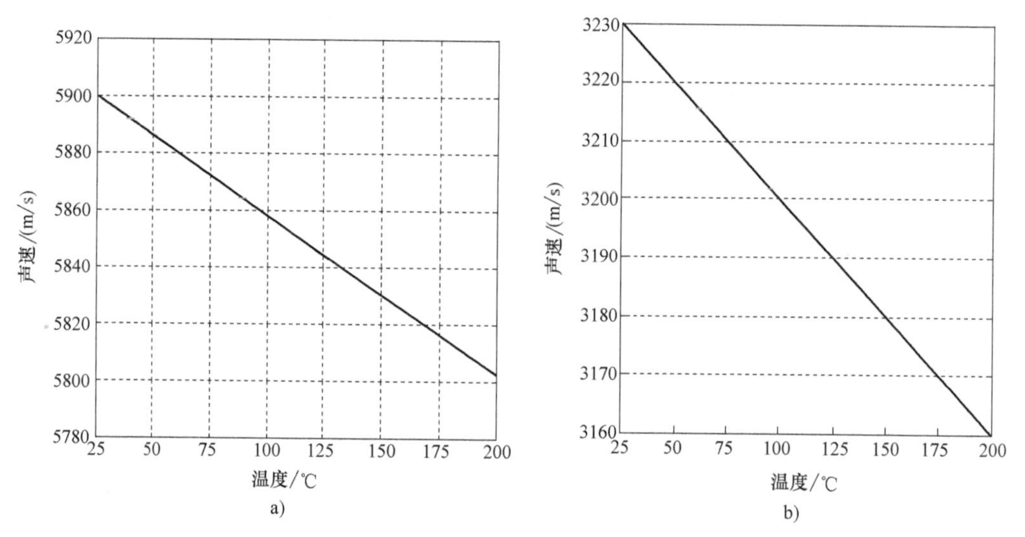

图 1-12 不同温度下纵波和横波在钢中的声速变化

a）纵波 b）横波

1.2.5 超声波的物理特性

1. 声压

声压是声波传播过程中介质质点在交变振动的某一瞬时所受的附加压强，它是相对于无声波传播时介质质点的静压强而言的，声压的单位是帕斯卡（Pa），它表示了单位面积上所受的力。超声波在介质中传播时，介质每一点的声压随时间和振动位移量的不同而变化，实际超声检测应用中，比较和计算介质中两个反射体的回波声压时，并不需要对每个瞬间、每个位置点进行比较，只需用它们的声压振幅 P 加以比较和计算，因此，通常把声压振幅简称为声压，并使它与超声检测仪 A 扫描显示的回波高度建立一定的线性关系，从而为确定超声检测中的定量方法打下基础。超声检测仪上显示的回波高度与反射声压成正比。

声波在介质中的声压 $P=\rho cv$，即介质中某点的声压与介质密度 ρ、声速 c 和质

点的振动速度 v 成正比，固体介质由于密度大、声速高和质点振动速度快，所以置于同一超声波声场中的介质（离声源距离相同），以固体介质中的声压最高，液体中的声压次之，气体中的声压最小；当然，就不同固体介质而言，因材料性质、密度、声速的差异，它们的声压也有所不同。

2. 声强

声强（I）表示单位时间内在垂直于声波传播方向的单位面积介质上通过的声能量，即声波的能量密度，声强与声压的平方成正比。声强的大小等级以声强级表示。由于声强级范围很大，如人耳可闻的最弱声强与可忍受的声强相差达 10^{12} 倍，为了方便声强的相互比较和计算，采用常用对数来表示声强。声强级的单位为贝尔（Bel），因为贝尔的单位比较大，工程上常用贝尔的 1/10 为单位，称为分贝，用符号 dB 表示，如声强 I 与基准声强 I_0 相比较的声强级差 $L=10\lg\dfrac{I}{I_0}$，由于声强与声压的平方成正比，因此两声压差为 $20\lg\dfrac{P}{P_0}$dB。当超声检测过程中发现两个回波信号，回波信号的声压分别为 P_1 和 P_2，则这两个回波信号相比则相差 $20\lg\dfrac{P_1}{P_2}$dB，检测仪上显示 P_1、P_2 的回波高度分别为 H_1、H_2，则两个回波信号声压差由式（1-5）计算。

$$L_{\mathrm{P}}=20\lg\frac{P_1}{P_2}=20\lg\frac{H_1}{H_2} \tag{1-5}$$

式中　L_{P}——两个回波信号声压差（dB）；

P_1——第一个反射回波声压（Pa）；

P_2——第二个反射回波声压（Pa）；

H_1——第一个反射回波显示高度幅值（%）；

H_2——第二个反射回波显示高度幅值（%）。

用分贝值来表示两个回波高度的比值（相对量），不仅可以把乘除运算简化为分贝值的加减，而且在基准波高已知的情况下，用超声检测仪器上的增益调节，直接可以测得缺陷回波相对于基准波高的增益分贝数，再运用一些相应计算方式，即可方便算出缺陷当量值。

3. 声阻抗

由 $P=\rho cv$ 可知，在同一声压下，ρc 越大，质点振动速度 v 越小，反之 ρc 越小，质点振动速度 v 越大，所以把 ρc 称为介质声阻抗，以符号 Z 表示，声阻抗能直接表示介质的声学特性。超声波由一种介质入射到另一介质时，超声波声压反射能量直接取决于两种介质的声阻抗差。

1.3 超声波在界面的反射和透射

1.3.1 超声波垂直入射的反射和透射

在超声检测过程中，超声波通常需要从一种材质传播到另一种材质，如超声波从探头表面传播到耦合剂，从耦合剂传播到检测工件表面、工件内部缺陷分界面等。超声波从一种介质垂直入射到另一种介质时，在两种介质的分界面一部分超声波能量会发生反射，另一部分能量会透过分界面传播到另一种介质中。超声波从一种介质入射到另一种介质时，反射回波的能量（声压、声强）与透射回波的能量主要受到两种介质的声阻抗、反射界面的粗糙度、反射界面的形状等因素影响。

1. 超声波垂直入射至平面

首先讨论当超声波从一种介质垂直入射到另一介质光滑平面的情况，如图 1-13 所示，超声波从材料 1 中垂直入射到材料 2 中，在两种材料的分界面，一部分超声波能量会垂直反射，另一部分能量会透过分界面入射到材料 2 中。假设材料 1 的声阻抗为 Z_1，入射声压为 P，声强为 I，材料 2 的声阻抗为 Z_2，反射的超声波声压为 P_r，反射的超声波声强为 I_r，透射的超声波声压为 P_t，透射的超声波声强为 I_t。反射超声波声压与入射超声波声压之比 P_r/P 称为反射率，用符号 r 表示，由式（1-6）计算。透射的超声波声压与入射超声波声压之比 P_t/P 称为透射率，用符号 t 表示，由式（1-7）计算。反射的超声波声强与入射超声波声强之比 I_r/I 称为声强反射率，用符号 R 表示，由式（1-8）计算，透射的超声波声强与入射的超声波声强之比 I_t/I 称为声强透射率，用符号 T 表示，由式（1-9）计算。

$$r=\frac{Z_2-Z_1}{Z_2+Z_1} \tag{1-6}$$

$$t=\frac{2Z_2}{Z_1+Z_2} \tag{1-7}$$

$$R=\left(\frac{Z_2-Z_1}{Z_2+Z_1}\right)^2 \tag{1-8}$$

$$T=\frac{4Z_1Z_2}{(Z_1+Z_2)^2} \tag{1-9}$$

从式（1-6）~式（1-9）可以看出，超声波从一种介质垂直入射到另一种介质时，在光滑分界面超声波的反射率主要取决于两种材料的声阻抗差，也就是说在分界面的超声波反射回波幅值取决于两种材料的声阻抗差。

当材料 2 的声阻抗大于材料 1 的声阻抗，即 $Z_2>Z_1$ 时，如当超声波从水中入射到钢中时，水的声阻抗为 $1.5\times10^6\text{kg/(m}^2\cdot\text{s)}$，钢的声阻抗为 $45.3\times10^6\text{kg/(m}^2\cdot\text{s)}$，超声波的反射率 $r=\frac{4.5-0.15}{4.5+0.15}=0.935$，因为 $r>0$，说明反射超声波的相位与入射超声波的相位相同。当材料 2 的声阻抗小于材料 1 的声阻抗，即 $Z_2<Z_1$ 时，如当超声波从钢中入射到水中时，超声波的反射率为 $r=\frac{0.15-4.5}{0.15+4.5}=-0.935$，因为 $r<0$，说明反射超声波的相位与入射超声波的相位相反。当材料 2 的声阻抗远小于材料 1 的声阻抗时，如超声波从钢中入射到空气中时，空气的声阻抗为 $0.0004\times10^6\text{kg/(m}^2\cdot\text{s)}$，$r\approx-1$，说明超声波基本上全反射，只是相位相反。由此可以看出，在超声检测过程中，被检测工件内部的缺陷能否被检测出，很大程度上取决于缺陷与母材产生的分界面两侧材质的声阻抗差，如果两种材质的声阻抗差很小，则该类型缺陷基本上无法检测出。以上讨论同样适用于横波入射的情况，但注意在固体和液体的分界面，横波会发生全反射，因为横波不能在一般的液体和气体中传播。

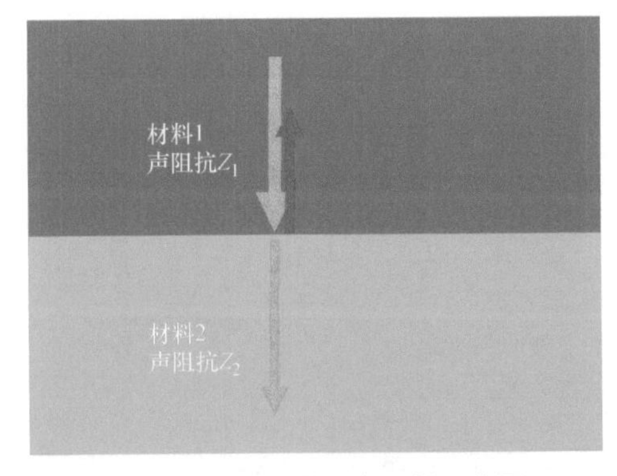

图 1-13　超声波垂直入射示意图

2. 超声波垂直入射至曲面

其次，讨论当超声波从一种介质垂直入射到另一种介质光滑曲界面的情况。将入射超声波简化为平面波，当超声波垂直入射到曲界面上时，其反射波将发生聚焦或发散，如图 1-14 所示。反射波的聚焦或发散与曲面的凹凸（从入射方向看）有关。凹面的反射波聚焦，凸面的反射波发散。超声波入射到球面上时，其反射波可视为从焦点发出的球面波。超声波入射到柱面上时，其反射波可视为从聚焦轴线发出的柱面波。

当超声波垂直入射到曲界面上时，其折射波也将发生聚焦或发散，如图 1-15

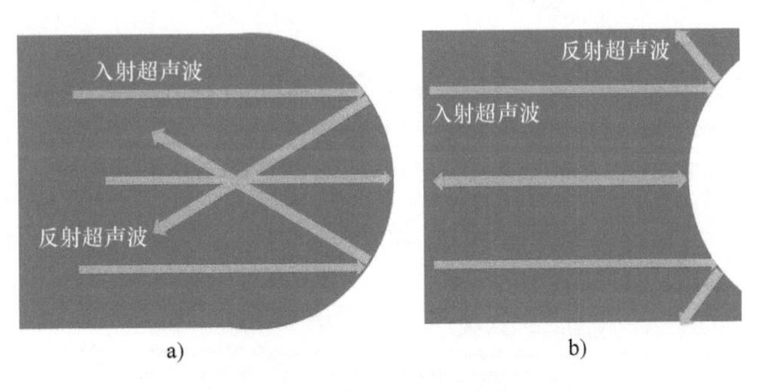

图 1-14　平面波在曲界面上的反射

a）凹面聚焦反射　b）凸面发散反射

所示。这时，折射波的聚焦或发散不仅与曲面的凹凸有关，还与界面两侧介质中的声速有关。对于凹面，当 $c_1<c_2$ 时聚焦，当 $c_1>c_2$ 时发散；对于凸面，当 $c_1>c_2$ 时聚焦，$c_1<c_2$ 时发散。

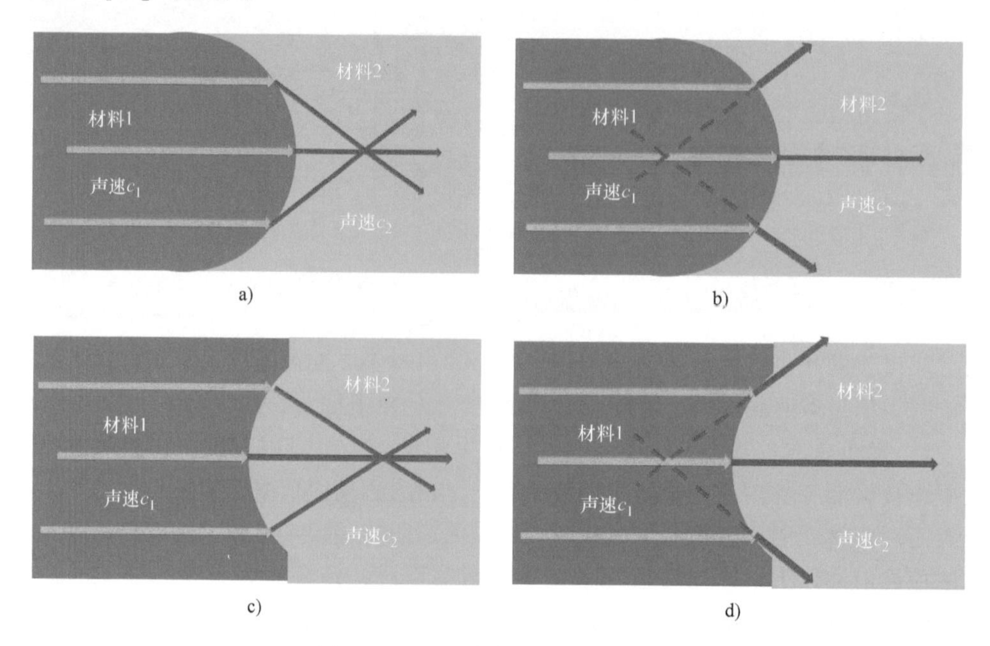

图 1-15　平面波在曲界面上的折射

a)、d) $c_1<c_2$　b)、c) $c_1>c_2$

1.3.2　超声波斜入射的反射特性

超声检测过程中，当超声波以一定的角度从一种材料斜入射到另一种界面时，超声波在两种材料的光滑分界面发生反射和折射现象，并且遵循斯涅耳定律，在一定条件下，超声波还会产生波型转换现象。

1. 超声波在固体界面的反射

当超声纵波从一种固体材料斜入射到另一种固体材料时，在两种材料的分界面将发生反射现象。如图 1-16 所示，超声纵波 L 从材料 1 斜入射至材料 2，入射角为 α_L，在两种材料的分界面上，将产生反射纵波 L_1，反射角为 α_{L1}，另外也将产生反射横波 S_1，反射角为 α_{S1}。材料 1 的纵波声速为 c_L，横波声速为 c_{S1}，根据斯涅耳定律，反射波遵循式（1-10）。

$$\frac{c_L}{\sin\alpha_L}=\frac{c_{L1}}{\sin\alpha_{L1}}=\frac{c_{S1}}{\sin\alpha_{S1}} \tag{1-10}$$

因入射纵波 L 与反射纵波 L_1 在同一介质内传播，故它们的声速相同，即 $c_L=$

c_{L1}，所以 $\alpha_L=\alpha_{L1}$，因此纵波反射的反射角等于入射角，而因为横波声速小于纵波声速，因此横波反射角小于纵波入射角。

当超声横波从一种固体材料斜入射到另一种固体材料时，两种材料分界面处的反射现象与纵波类似。如图 1-17 所示，横波 S 入射角 α_S，反射横波 S_1，反射角为 α_{S1}，反射纵波 L_1 反射角为 α_{L1}，根据斯涅耳定律，反射波遵循式（1-11）。

$$\frac{c_S}{\sin\alpha_S}=\frac{c_{S1}}{\sin\alpha_{S1}}=\frac{c_{L1}}{\sin\alpha_{L1}} \tag{1-11}$$

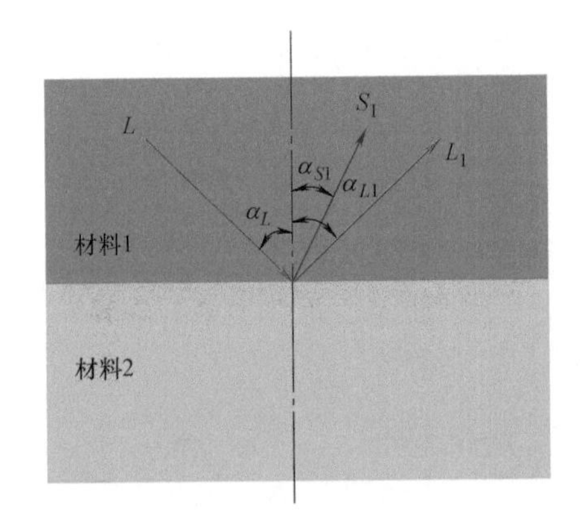

图 1-16 纵波斜入射时反射

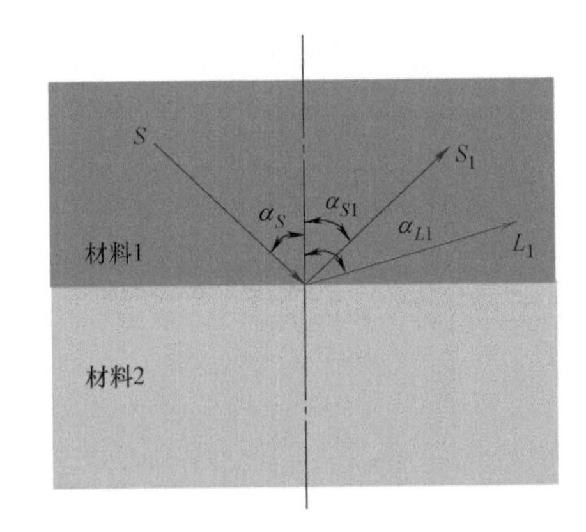

图 1-17 横波斜入射时反射

2. 超声波在固体界面的折射

当超声纵波从一种固体材料斜入射到另一种固体材料时，在两种材料的分界面将发生折射现象。如图 1-18 所示，超声纵波 L 从材料 1 斜入射至材料 2，入射角为 α_L，在材料 2 中将产生折射纵波 L_2，折射角为 α_{L2}，另外也将产生折射横波 S_2，折射角为 α_{S2}，材料 1 的纵波声速为 c_L。材料 2 的纵波声速为 c_{L2}，横波声速为 c_{S2}，根据斯涅耳定律，折射波遵循式（1-12）。

$$\frac{c_L}{\sin\alpha_L}=\frac{c_{S2}}{\sin\alpha_{S2}}=\frac{c_{L2}}{\sin\alpha_{L2}} \tag{1-12}$$

当超声横波从一种固体材料斜入射到另一种固体材料时，其折射规律与纵波类似。如图 1-19 所示，横波 S 从材料 1 斜入射，入射角为 α_S，在材料 2 中将产生折射横波 S_2，折射角为 α_{S2}，同时产生折射纵波 L_2，折射角为 α_{L2}。材料 1 的横波声速为 c_S，材料 2 的横波声速为 c_{S2}，材料 2 的纵波声速为 c_{L2}，根据斯涅耳定律，折射波遵循式（1-13）。

$$\frac{c_S}{\sin\alpha_S}=\frac{c_{S2}}{\sin\alpha_{S2}}=\frac{c_{L2}}{\sin\alpha_{L2}} \tag{1-13}$$

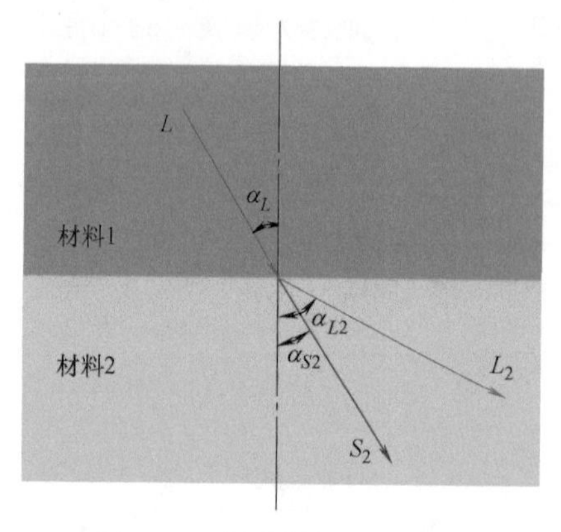

图 1-18 纵波斜入射时折射

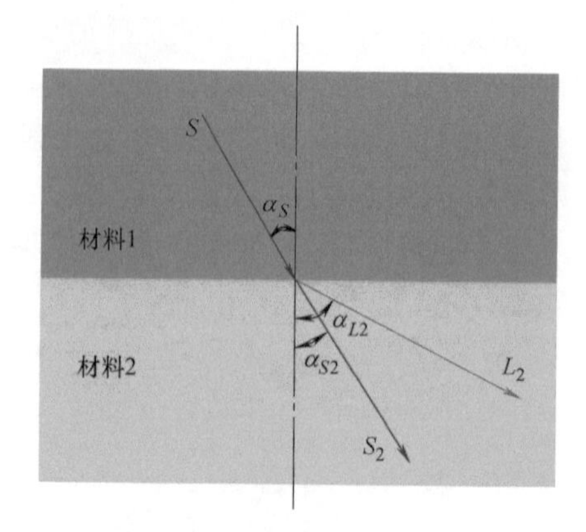

图 1-19 横波斜入射时折射

3. 超声波斜入射临界角

纵波从材料 1 斜入射至材料 2 时，当材料 2 中的折射纵波折射角 $\alpha_{L2}=90°$时，此时纵波在材料 1 中的入射角 α_L 称为第一临界角，当纵波入射角大于第一临界角时，材料 2 中没有纵波，纵波在材料 1 中全反射，第一临界角 α_L 由式（1-14）计算。

$$\alpha_L=\arcsin\frac{c_L}{c_{L2}} \tag{1-14}$$

式中 c_L——材料 1 斜入射纵波声速；

c_{L2}——材料 2 折射纵波声速。

纵波从材料 1 斜入射至材料 2 时，当材料 2 中的折射横波折射角 $\alpha_{S2}=90°$时，此时纵波在材料 1 中的入射角 α_L 称为第二临界角，第二临界角 α_L 由式（1-15）计算。

$$\alpha_L=\arcsin\frac{c_L}{c_{S2}} \tag{1-15}$$

当纵波入射角大于第二临界角时，材料 2 中没有横波与纵波，此时在材料 1 中横波与纵波全反射。因此对材料 2 进行横波检测时，必须保证纵波的入射角在第一临界角与第二临界角范围内，常见材料组合的第一临界角与第二临界角见表 1-2。

表 1-2 常见材料组合的第一临界角与第二临界角

材料	第一临界角	第二临界角
有机玻璃/钢	$\arcsin\frac{2700}{5900}=27.2°$	$\arcsin\frac{2700}{3230}=56.7°$
有机玻璃/铝	$\arcsin\frac{2700}{6300}=25.4°$	$\arcsin\frac{2700}{3080}=61.2°$
水/钢	$\arcsin\frac{1500}{5900}=14.7°$	$\arcsin\frac{1500}{3230}=27.7°$
水/铝	$\arcsin\frac{1500}{6300}=13.8°$	$\arcsin\frac{1500}{3080}=29.1°$

当横波以一定的入射角从固体材料 1 入射至空气界面，如图 1-17 所示，当纵波反射角 α_{L1} 为 90°时，此时横波的入射角 α_S 为第三临界角，当横波入射角大于第三临界角时，此时固体材料 1 中只有反射横波。对于钢/空气界面的第三临界角为 33.2°，因此如果入射角为 33.2°的横波入射到钢的下表面时，在下表面将产生表面纵波。

1.3.3 超声波斜入射的声压分布

根据斯涅耳定律，超声波斜入射时，在材料的分界面将发生反射、折射、波型转换等现象。然而依据斯涅耳定律，只能够确定反射超声波与折射超声波的传播方向，但不能够确定入射波和反射波、折射波之间的声压关系。实际上超声波在斜入射时，特别是产生波型转换的情况下，反射波及折射波的声压变化不仅因入射波型的不同而不同，而且还与入射角的大小及界面两侧材料的性质有关。

1. 钢/空气界面反射

钢/空气界面纵波入射、反射示意图如图 1-20 所示，当超声纵波 L 从钢入射到钢/空气分界面时，将产生反射纵波 L_1 及反射横波 T，入射纵波入射角为 α_L，反射纵波反射角与入射角相等，反射横波 T 反射角为 α_T。

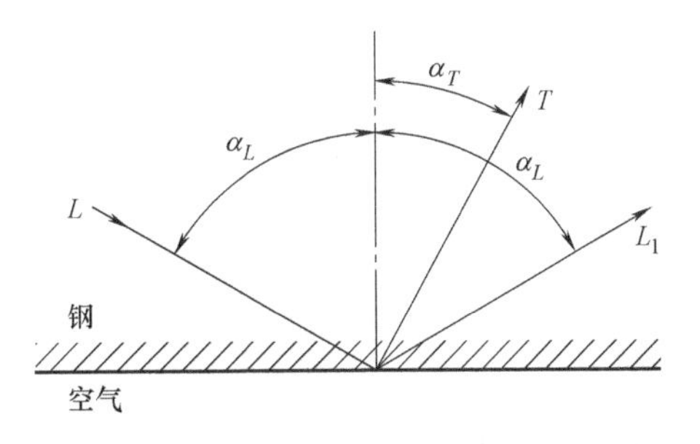

图 1-20　钢/空气界面纵波入射、反射示意图

图 1-21 所示为不同角度纵波斜入射时，反射纵波的声压分布，图 1-21 右侧为各个角度反射纵波的声压反射率。从该图可以看出，对于不同角度入射时，反射纵波的声压变化很大，在 60°～70°范围内，反射纵波声压非常微弱，其声压反射率低于 0.2。图 1-22 所示为反射横波的声压分布，从该图也可以看出，不同角度反射横波声压变化很大，在 10°～30°范围内反射横波声压较强，其对应的纵波入射角范围约为 18°～65°。

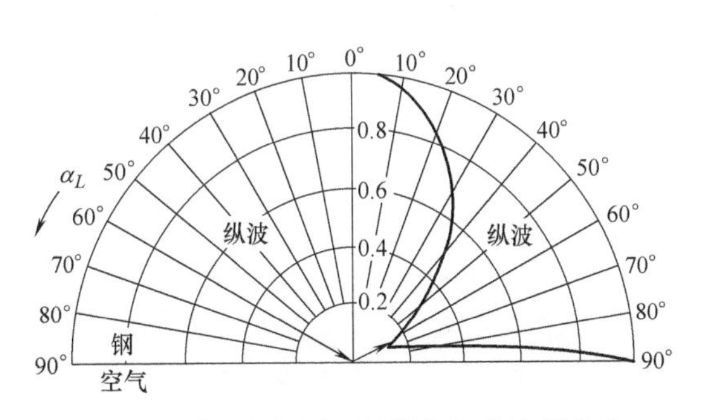

图 1-21　钢/空气界面反射纵波的声压分布

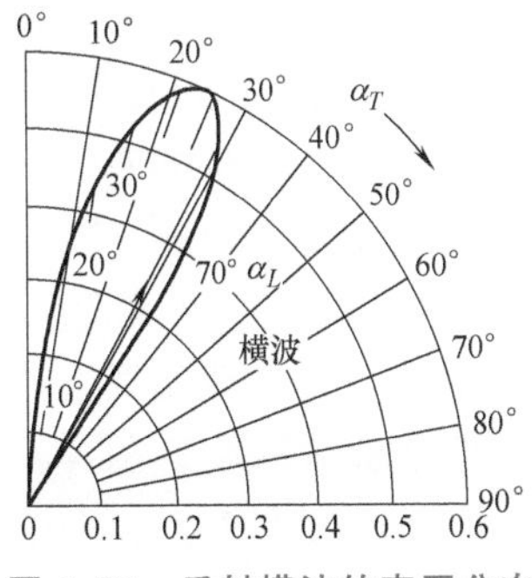

图 1-22　反射横波的声压分布

钢/空气界面横波入射、反射示意图如图 1-23 所示，当横波 T 以入射角 α_T 斜入射至钢/空气界面时，反射横波反射角也为 α_T，反射纵波 L 反射角为 α_L，反射横波的声压分布如图 1-24 所示，从该图可以看出，当横波入射角为 20°时，反射横波的反射角也为 20°，其声压反射率约为 0.5，从图 1-25 可以看出此时的纵波反射角约为 39°，此时的纵波反射率约为 1.25。从图 1-24 可以看出，当横波入射角为 30°时，此时反射横波声压很低，其声压反射率低于 0.2，此时的纵波反射角约为 65°，其声压反射率约为 2。当横波入射角为 33.2°时，反射横波全反射，而此时的反射纵波声压反射率约为 4.6，当横波入射角大于 33.2°时，横波全反射，此时钢内部只有横波，没有纵波。

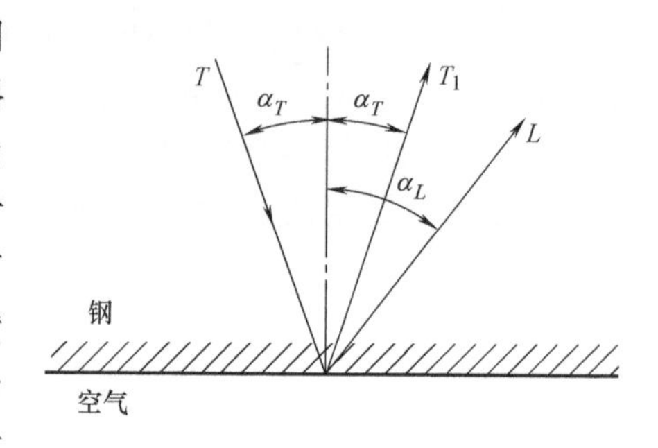

图 1-23 钢/空气界面横波入射、反射示意图

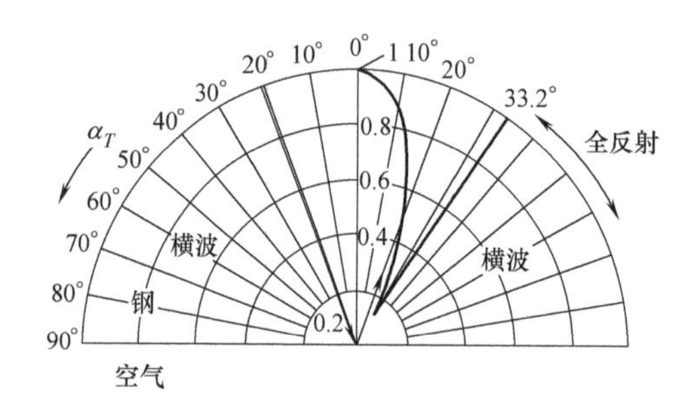

图 1-24 钢/空气界面反射横波的声压分布

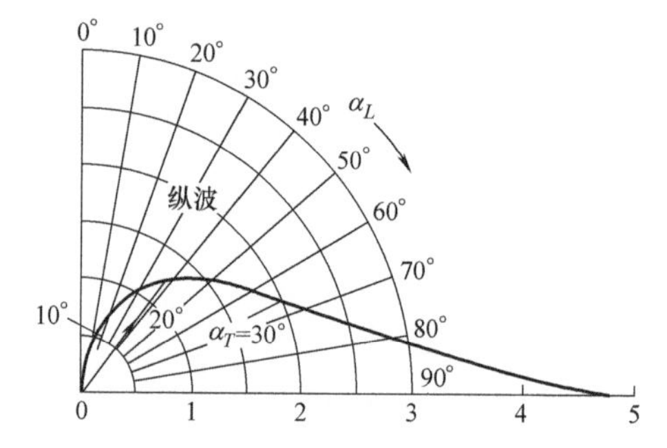

图 1-25 钢/空气界面反射纵波的声压分布

2. 水/铝界面斜入射

当超声纵波从水中斜入射至固体材料中时，以纵波从水中斜入射至铝材料为例，如图 1-26 所示，在水与铝的分界面上纵波将发生反射与折射现象，在水中只有反射纵波，在铝中存在折射纵波与折射横波。图 1-27 所示为不同角度纵波从水中斜入射到铝界面后反射和折射纵波和横波的声压分布图。从图中可以看出，当水中纵波入射角为 10°时，反射纵波声压反射系数为 0.8，折射纵波折射角约为 48°，声压系数为 2，折射横波折射角约为 21°，横波声压非常微弱。当水中纵波入射角为 13.5°时，此时铝中纵波折射角约为 90°，声压系数为 5，横波折射角约为 29°，声压系数约为 1，当入射角大于 13.5°时，横波在 30°～90°时，声压较强，当入射

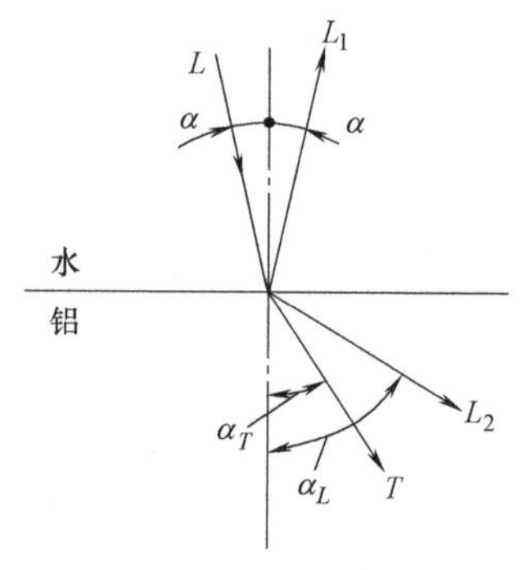

图 1-26 纵波斜入射水/铝界面示意图

角为 29.2°时，折射横波约为 90°，此时声压最强，当入射角大于 29.2°时，此时铝中没有横波。因此对铝进行水浸检测时，入射角必须在 13.5°~29.2°范围内。

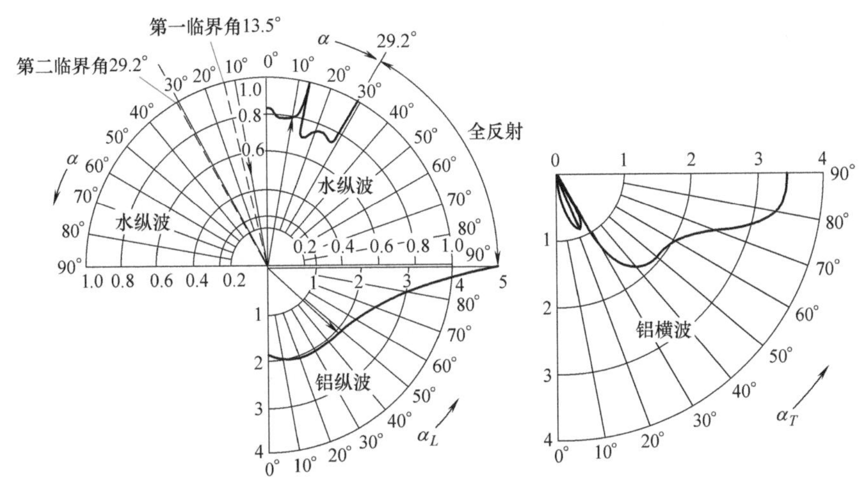

图 1-27　纵波斜入射至水/铝界面的声压分布

当超声波入射到铝中后，当传播到铝/水分界面时，超声波又会发生反射和折射现象，图 1-28 所示为纵波斜入射至铝/水界面的声压分布，从图中可以看出，纵波入射角在 0°~40°范围内时，纵波声压较强，水中在 0°~30°范围内有非常微弱的纵波，铝中反射横波在 10°~30°范围内有较强横波。

图 1-29 所示为横波从铝中斜入射至铝/水界面时的声压分布，在铝中将产生反

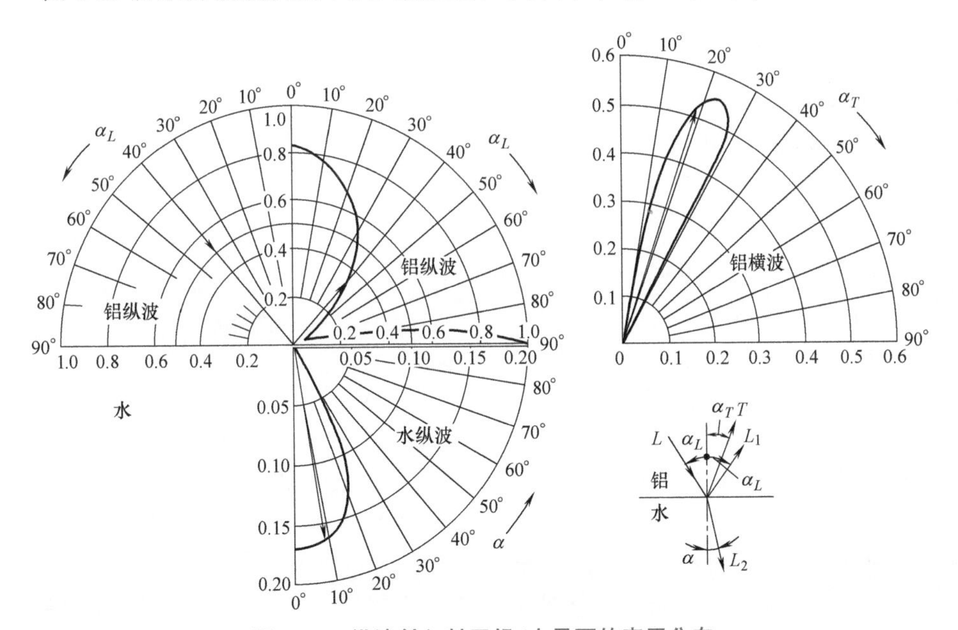

图 1-28　纵波斜入射至铝/水界面的声压分布

射横波与纵波，在水中产生较弱的折射纵波，从图中可以看出反射横波在 30°~90°范围内声压较稳定，因此检测时，尽量使反射横波在 30°~90°范围内。

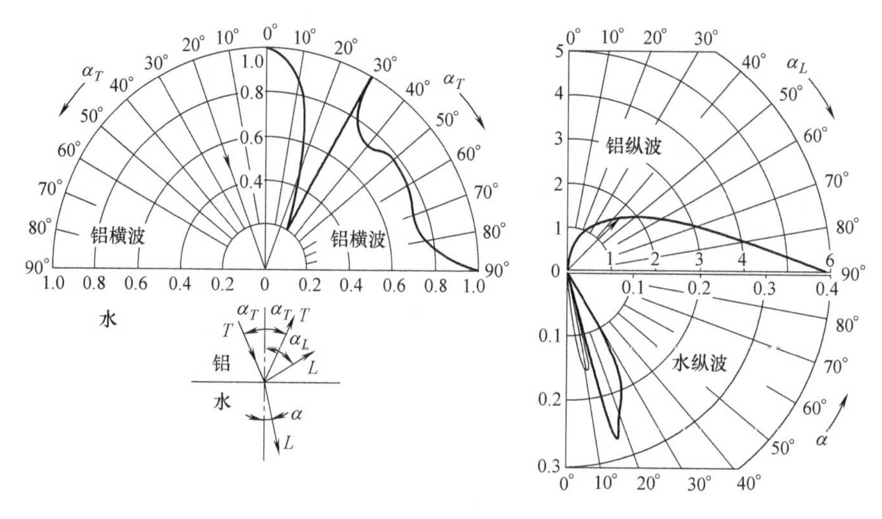

图 1-29 横波斜入射至铝/水界面的声压分布

3. 有机玻璃/钢界面斜入射

(1) 斜入射产生横波 超声纵波从有机玻璃斜入射至钢界面是超声检测中最常见的一种情况，也是最重要的一种情况，手动横波检测就是属于这种类型，横波检测时，横波探头通常都是以有机玻璃作为耦合楔块，如图 1-30 所示，纵波 L 以一定的角度 α_{1L} 从有机玻璃入射，在有机玻璃中将产生反射纵波 L 与横波 T，在横波检测时，必须控制有机玻璃的入射角，使钢中只有折射横波 T，有机玻璃纵波声速 c_{1L} 为 2730m/s，有机玻璃横波声速 c_{1T} 为 1430m/s，钢中折射横波声速 c_{2T} 为 3230m/s。

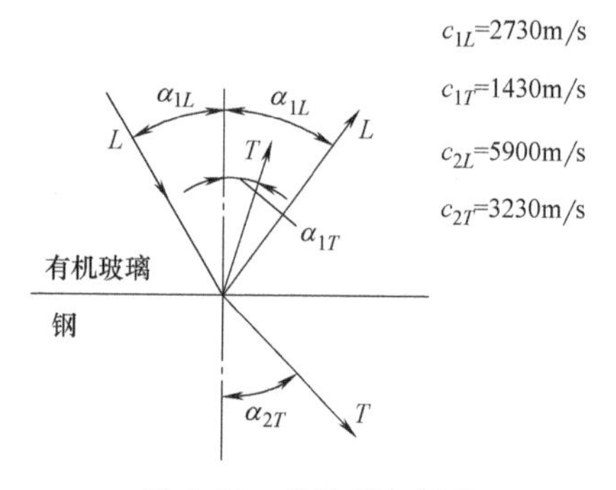

图 1-30 纵波斜入射至有机玻璃/钢界面

纵波从有机玻璃斜入射，折射横波与反射纵波的声压分布如图 1-31 所示，纵波入射第一临界角为 27.6°，第二临界角为 57.8°，图中实线曲线为液体耦合时的声压分布曲线，从图中可以看出折射横波在 33°~85°范围内，声压相对较稳定，而且声压很强。在有机玻璃中在 30°~60°范围内有较强的反射纵波，在 10°~30°范围内有较弱反射横波，因此在设计横波探头时，必须尽可能避免反射纵波与反射横波的干扰。

然而实际检测中，仪器直接接收到的超声信号声压强度并非如图 1-31 所示，50°的横波声压折射率约为 1.8，横波折射到钢中后遇到缺陷，横波将反射，反射

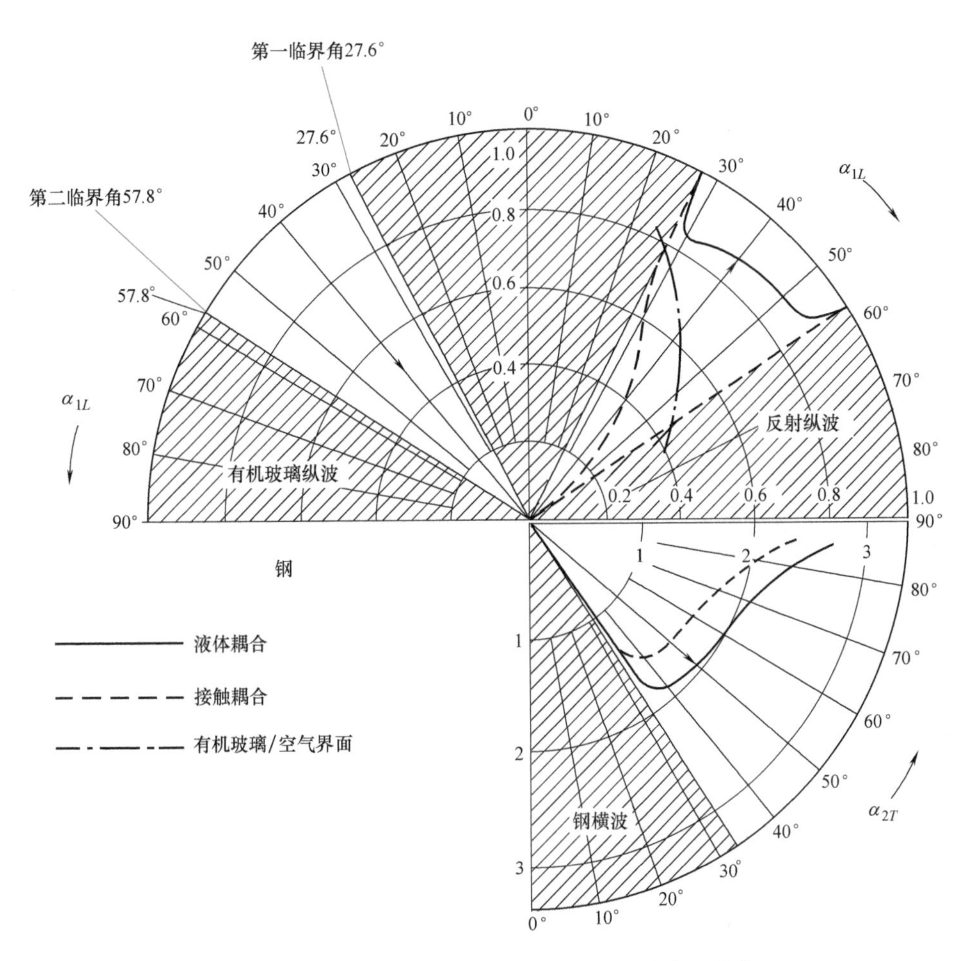

图 1-31　纵波斜入射至有机玻璃/钢界面的声压分布

横波遇到钢/有机玻璃界面时又发生折射，如图 1-32 所示，此时有机玻璃中的折射纵波声压强度才是仪器接收到的声压强度，此声压强度与入射声压强度之比也称为往复透射率。图 1-33 所示为有机玻璃/钢界面中产生的折射横波传播回有机玻璃后的往复透射声压分布，从该分布图中可以看出，35°～80°才是有效的横波检测范围，在 38°时声压最强，其往复透射率约为 0.3，在 30°～70°范围内声压透射率依次降低，至 80°时，声压往复透射率只有 0.1。

（2）斜入射产生爬波与表面波　在实际超声检测中，超声波的传播并非是在理想的无限空间内传播，产生的超声波也并非连续波，而是脉冲超声波，产生的超声波并非是单一频率，而是由各种频率成分组成。超声波的传播方向也并非像光一样以细窄单一的角度传播，而是以多角度能量空间的形式传播，因此，超声波进入固体工件中传播时，将产生更复杂的变形波。例如，超声纵波从有机玻璃入射到钢中，当入射角快到第一临界角时，将在钢工件表面产生表面爬波，其声速与纵波一

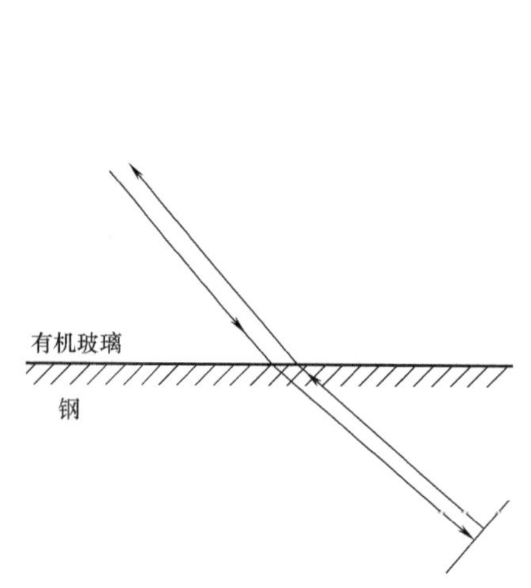

图 1-32　往复透射示意图

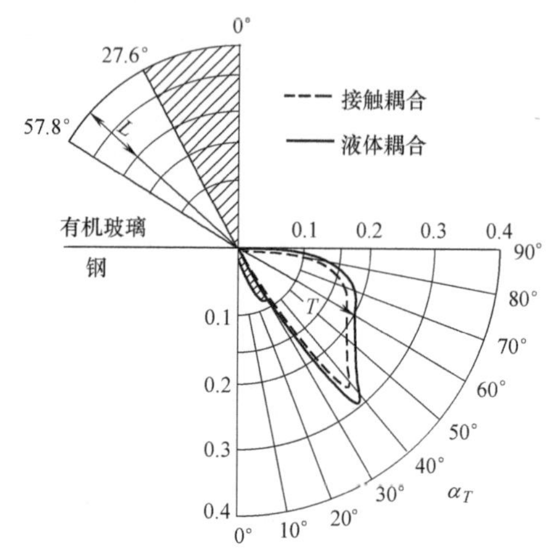

图 1-33　有机玻璃/钢界面横波往复透射声压分布

样。如图 1-34 所示，当超声纵波 L 从有机玻璃入射，当入射角快到第一临界角时，在钢中同时产生横波 T 与纵波 L，在钢的上表面产生表面爬波 C，当横波入射至工件平行下表面时，也将在工件下表面同时产生爬波 C'，这种上下表面产生的爬波在表面传播距离很短，传播很短距离能量就衰减完毕，爬波传播有效距离通常等于入射纵波的宽度。

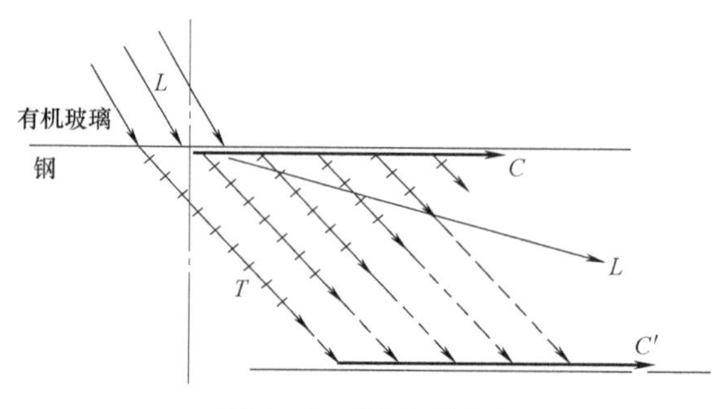

图 1-34　爬波示意图

超声纵波从有机玻璃入射到钢中，当入射角快到第二临界角时，也会在工件表面产生表面波，该波的声速略小于横波，这种波型通常叫作瑞利波。瑞利波示意图如图 1-35 所示，当超声纵波 L 从有机玻璃入射，当入射角快到第二临界角时，在钢工件表面将产生瑞利波 R，在工件内部也还存在一部分横波 T。如果工件表面有耦合剂，瑞利波的传播距离会大大降低，能量会迅速衰减，瑞利波的传播距离与工件表面的粗糙度有很大关系。

爬波和瑞利波在工件表面的传播深度约为一个波长，在爬波和瑞利波的有效传播距离内，如果表面存在裂纹或工件边缘，将产生较强的反射信号，然而爬波只会沿表面直线进行传播，如果表面有曲率，爬波不会沿着曲面传播，而当工件曲率较小时，瑞利波会沿着曲面进行传播。

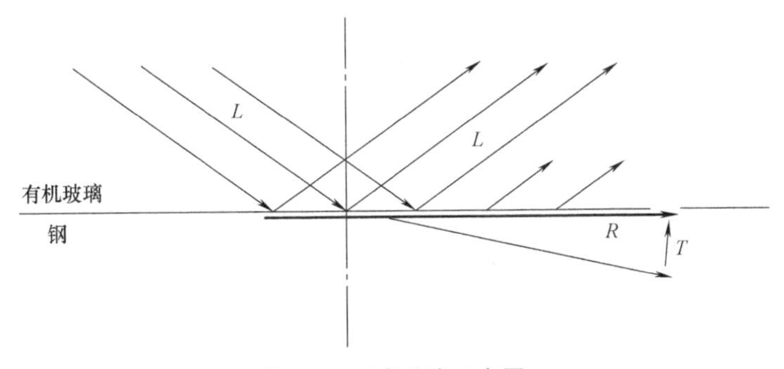

图 1-35　瑞利波示意图

瑞利波沿着工件表面传播，当遇到工件边缘或裂纹时，瑞利波一部分将发生反射，一部分将在端角发生衍射信号，如果端角另一面并非垂直，一部分瑞利波将沿着斜面传播，如图 1-36 所示，反射回波的能量主要取决于端角的锐利度与角度。如图 1-37 所示，当横波 *T* 以第二临界角入射，在表面产生瑞利波，如果表面两边都存在端角，瑞利波将传播至两边端角，而且将产生变形横波往回传播，通常探头能够接收到两个横波，而接收到的两个横波通常有一定的时间差，时间差与瑞利波传播距离相关。因此，通过分析接收到的两个回波时间差，可以得到表面波的传播距离，如果入射到平面缺陷时，通过该信息可以得到缺陷的大概尺寸大小。

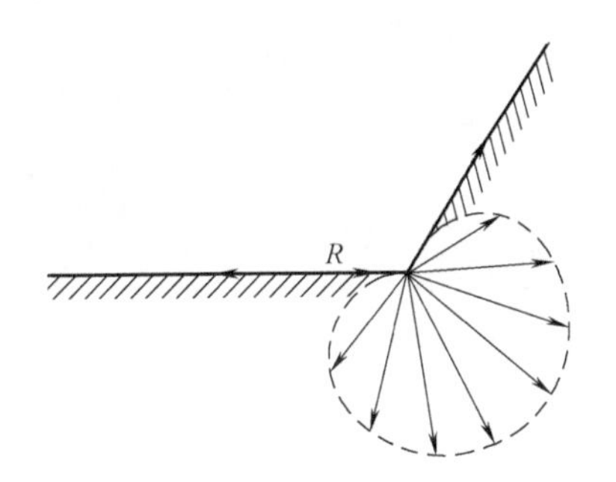

图 1-36　瑞利波遇端角传播

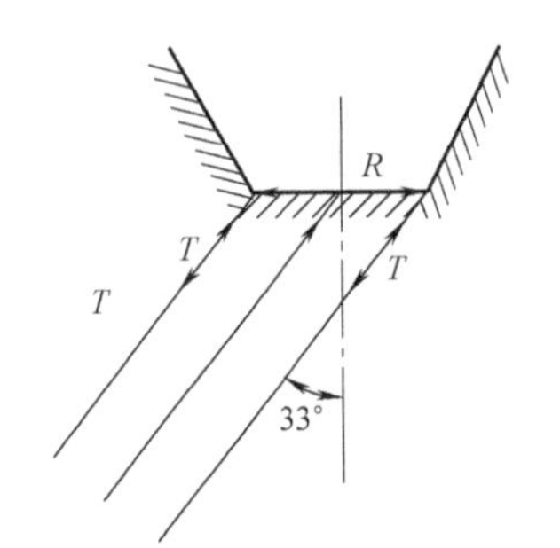

图 1-37　瑞利波在两端角传播

1.3.4　超声波边缘衍射特性

在超声检测中，超声波在检测工件中传播时，如果遇到缺陷，由于缺陷的反射面不可能无限大，超声波在缺陷反射面除了发生反射外，还会在缺陷表面产生瑞利波，如图 1-38 所示，除此之外，在缺陷的边缘还会发生更复杂的声学现象。

1. 超声纵波垂直入射至缺陷反射面

如图 1-38 所示，当超声纵波垂直入射到缺陷反射面时，在反射面大部分超声波将发生反射，反射超声波 *RT* 的传播方向与入射方向相反，在缺陷的边缘两端将同时产生纵波衍射波 RL_1 和 RL_2，其传播方向将以边缘端点为圆心向四周进行传播，衍射纵波声速与反射纵波声速一样，在反射纵波方向上，衍射纵波波阵面将与反射纵波波阵面重叠在一起，因此在检测仪上显示的回波中无法区分开反射纵波与衍射纵波。纵波入射至缺陷反射面时，将同时在缺陷表面产生表面瑞利波 Ra_1 与 Ra_2，瑞利波在表面传播遇到缺陷边缘时，将转换产生衍射横波 RT_1 与 RT_2，其传播方向与衍射纵波一样，也是以两边边缘为圆心向四周传播，在反射回波方向，也存在部分衍射横波能量，由于衍射横波声速比纵波慢，因此在检测仪上显示的回波信号中，在反射纵波后面会显示衍射横波信号，只是信号能量较弱，回波幅值较低。入射纵波除了发生反射与衍射外，如果反射缺陷小于声束宽度，超声波将透过缺陷继续传播，*IL* 为透射后纵波。

图 1-39 所示为超声纵波入射到 3mm 平底孔的反射回波信号，从图中可以看出，在平底孔反射回波信号之后有一个明显的衍射横波信号。

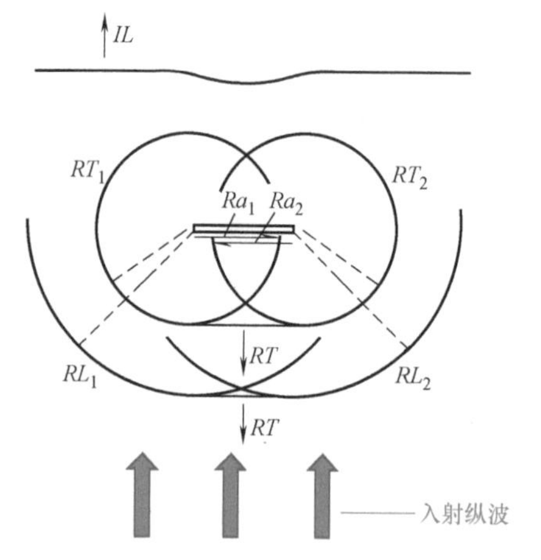

图 1-38 纵波垂直入射平面反射体

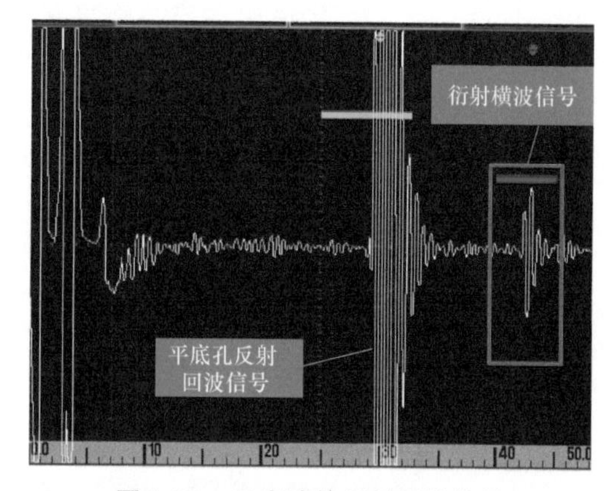

图 1-39 平底孔的反射回波信号

2. 超声纵波斜入射至缺陷反射面

纵波斜入射平面反射体如图 1-40 所示，当超声纵波以 60°斜入射至面状反射体时，在反射体左边将产生衍射纵波 RL_1，在反射体右边将产生衍射纵波 RL_2，两个端点衍射纵波都是以端点为圆心向四周传播，同时在面状反射体表面将产生 60°的反射纵波，反射纵波 *RL* 与衍射纵波 RL_1、RL_2叠加在一起形成一个新的波阵面。

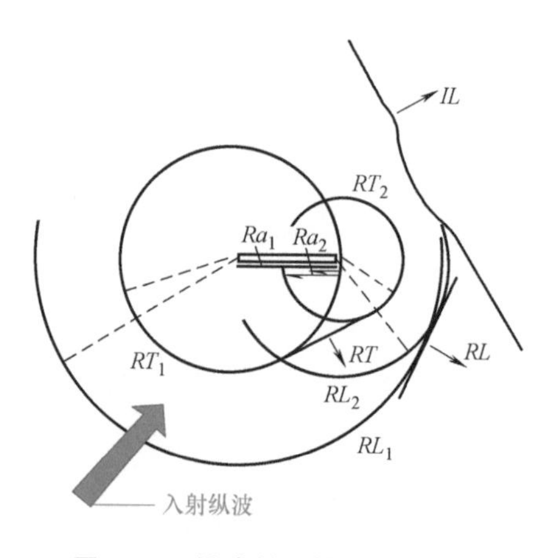

图 1-40 纵波斜入射平面反射体

由于波型转换，在反射面上将产生约 30°的反射横波 *RT*，在左右端点同时产生衍

射横波 RT_1 和 RT_2，在反射面表面同时产生的表面瑞利波 Ra_1 与 Ra_2 和衍射横波混合在一起，由于两端点的衍射横波也是以 360°向四周传播，与反射横波方向一致的一部分衍射横波将与反射横波 RT 重叠在一起形成新的波阵面。由于两端点的衍射纵波与衍射横波都是以 360°向四周传播，因此入射超声探头也能够接收到衍射波信号，只是衍射波的信号强度很弱。

横波垂直入射横孔如图 1-41 所示，当横波垂直入射至横孔反射体时，在入射方向的反方向将产生很强的反射横波 RT_0，在图示方向横孔两端将产生衍射纵波 RL_1 与 RL_2，由于 RL_1 与 RL_2 在垂直入射方向幅值非常弱，因此入射探头接收不到衍射纵波信号。在横孔的圆周方向将产生表面瑞利波 Ra_1 与 Ra_2，在横孔左右两端点处同样将产生衍射横波，表面瑞利波的能量将与衍射横波混合在一起，因此衍射横波的能量较强，在各个方向横波探头将接收到该衍射横波信号，因此在入射横波反方向上，左右两端点的衍射信号将叠加在一起形成新的波阵面 RT，该信号与反射回波信号 RT_0 有一定的时间延迟，延迟时间的长短与横孔直径直接相关，孔径尺寸越大，延迟时间越长，因此在仪器接收到的信号中可以明显看到反射横波信号与衍射横波信号，如图 1-42 所示为 2mm 横孔的反射信号与衍射信号波形。

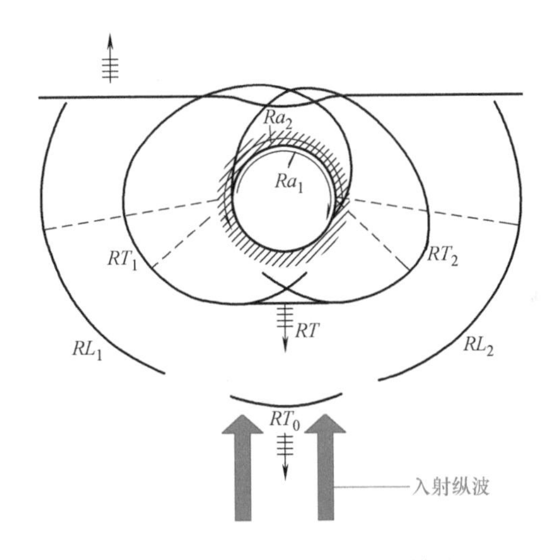

图 1-41　横波垂直入射横孔

1.3.5　特殊界面超声波反射特性

1. 端角界面反射

当一束超声波以 α 角入射到一个端角界面时，如图 1-43 所示，入射超声波在反射面 A 反射的超声波将在反射面 B 以 β 角入射，根据超声波在平面的反射原理，可得 $\alpha+\beta=90°$，因此在反射面 B 反射的超声波与入射超声波平行，方向相反。

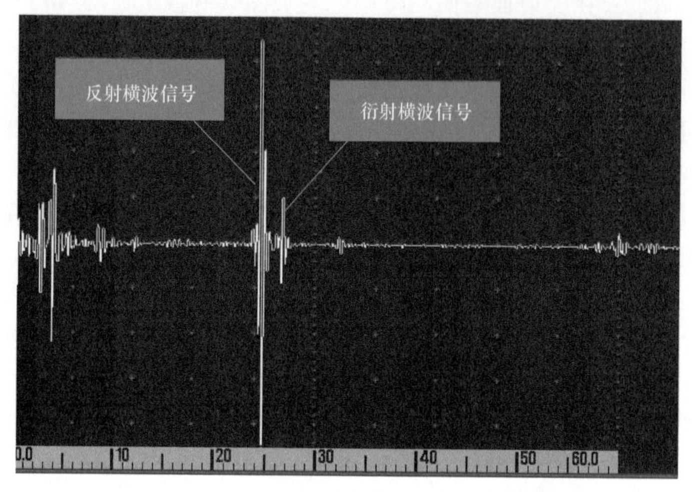

图 1-42 2mm 横孔反射横波与衍射横波信号

当多束超声波平行入射至端角界面时，超声波经端角界面反射后将平行于入射声束，方向与入射方向相反，如图 1-44 所示，如果声束经端角反射后的声束方向同样有声束入射，该声束经端角界面反射后的方向与之前的入射方向一致。

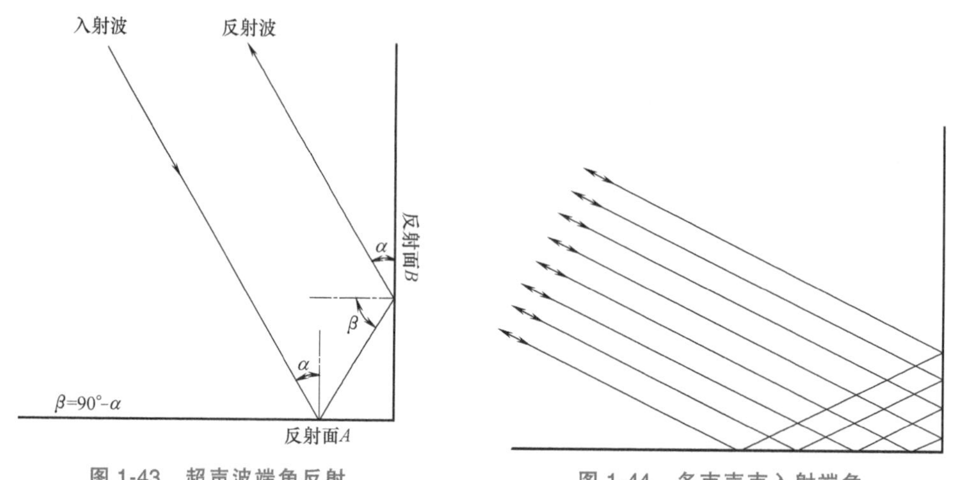

图 1-43 超声波端角反射

图 1-44 多束声束入射端角

超声纵波与横波入射端角界面后，反射超声波的声压与入射角度有很大关系，不同角度端角界面反射声压分布如图 1-45 所示，从分布图中可以看出，纵波从 10°~80°的端角界面反射回波声压都很低，其主要原因是纵波经两次端面反射都会发生波型转换至横波，在两次转换过程中大部分能量都转换成了横波，而折射横波的方向都不在探头接收方向，因此纵波端角界面反射回波声压很低。横波入射至端角界面时，反射横波在 35°~55°范围内回波声压很强，而在 60°附近，反射声压很低，因此在检测工件下表面裂纹时，通常使用 45°探头，使用 60°探头检测下表面裂纹灵敏度很低，很容易造成漏检。

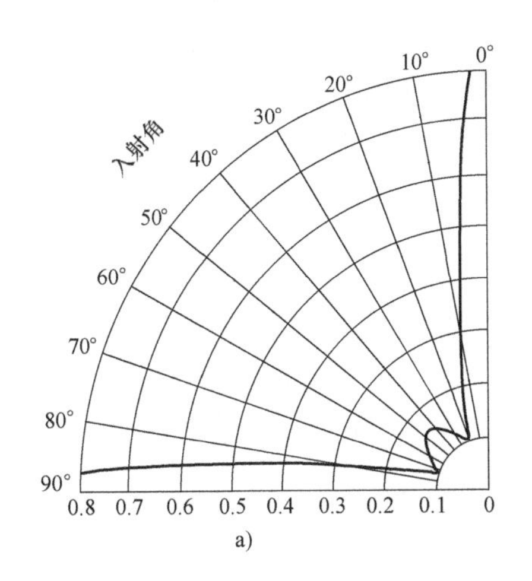

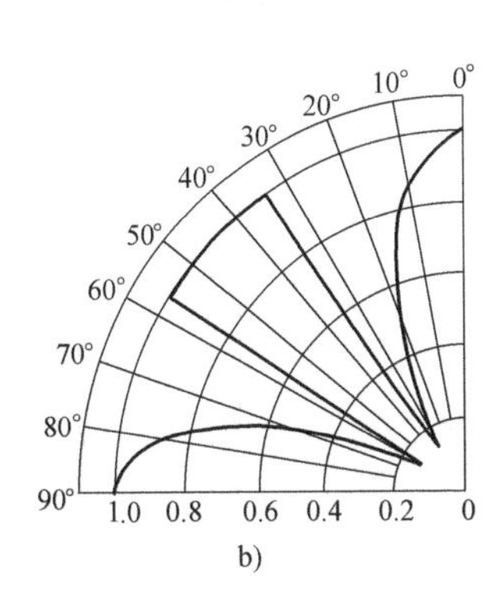

图 1-45　纵波与横波端角界面反射声压分布

a）纵波端角界面反射声压分布　b）横波端角界面反射声压分布

当端角界面不是垂直时，一般在入射超声波方向很难接收到端角反射信号，而当纵波以一定角度入射，如果变型横波刚好与斜端面垂直，则在入射方向能够接收到很强的回波信号，如图 1-46 所示。

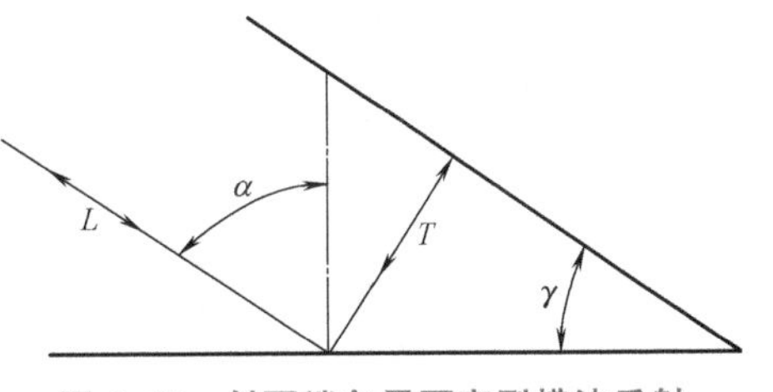

图 1-46　斜面端角界面变型横波反射

2. 窄长工件侧壁干扰

当超声波从窄长工件端面入射时，探头的部分扩散声束以一定的角度入射至工件侧壁平面，将产生反射纵波和变型横波，如图 1-47 所示，当扩散纵波 L 斜入射至侧边时，将产生反射纵波 L_1 与横波 S，反射纵波 L_1 入射至端面时将产生反射纵波 L_2，纵波 L_2 如果角度合适，探头将接收到该回波，反射横波入射至窄长工件的另一侧面时，同样将产生反射横波 S_1 与纵波 L_3，纵波 L_3 入射至工件端面时，将产生反射纵波 L_4，如果角度合适探头同样能接收到该回波，反射横波入射至窄长工件侧面时，同样将产生反射横波和纵波 L_5，纵波 L_5 入射至端面时，将产生反射纵波 L_6，因此当超声波入射至窄长工件时，将产生复杂的波型转换，产生侧壁干扰，探头有可能接收到多个迟到回波。

如果在侧壁附近有缺陷回波，当侧壁反射波与直射反射波声程满足干涉条件时，直射反射波将发生干涉，造成反射波声压降低，有可能造成漏检。

3. 圆柱界面三角反射

当探头从圆柱形工件弧面入射时，由于圆柱形工件有一定曲率，直探头与工件

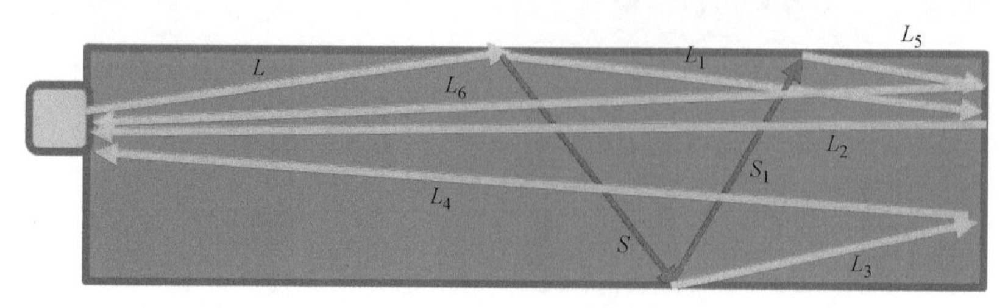

图 1-47 窄长工件侧壁干扰

直接接触时，接触面较小，声束扩散严重。当声束半扩散角为30°时，扩散纵波声束经圆柱面反射两次再返回探头接收，形成等边三角形的声束路径，如图1-48所示，这种声程路径为1.3d，d为圆柱工件直径。当声束半扩散角约为36°时，扩散纵波在圆弧面发生波型转换，将产生横波，横波入射至另一圆弧面时同样产生波型转换，产生折射纵波返回探头，该声程路径约为1.78d。

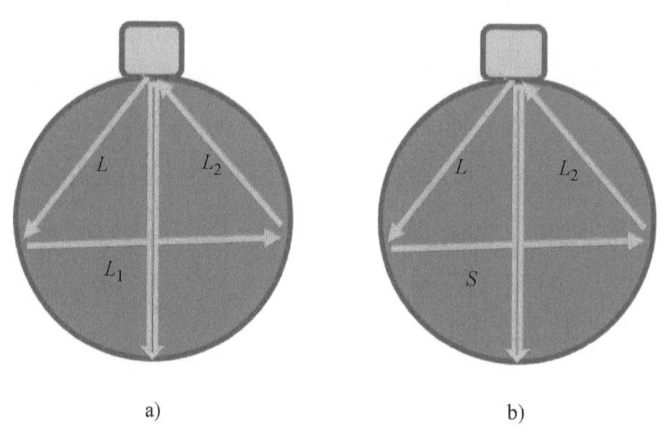

图 1-48 圆柱界面三角反射

a）纵波三角反射 b）横波三角反射

1.4 超声波声场

1.4.1 圆形晶片超声波声场

1. 圆形晶片超声波近场

对于超声检测来说，超声波的声压是超声检测中最重要的信息，因此在超声检测过程中了解超声波在工件各个位置的声压至关重要，工件中的声压分布也称为超声波声场。根据惠更斯原理，探头晶片产生的超声波可以看成是探头晶片各点产生超声波的叠加，在某一位置得到的超声波声压为探头晶片各点产生的超声波传播到该位置的叠加。由于探头晶片上各点到达某一位置的传播距离有一定的差异，这就会产生干涉现象，因此在一些位置超声波声压得到加强，而有些位置超声波声压会减弱，即在一些位置将产生声压极大值与声压极小值。产生声压极大值与声压极小值的位置与探头直径 D 和超声波波长 λ 有关。

图 1-49 所示为一个圆形晶片探头产生的超声波声压模拟示意图，白色区域为声压较强区域，黑色区域为声压较弱区域，从图中可以看出离探头较近区域声压极不稳定，一些区域出现声压极小值，一些区域出现声压极大值。但是过了这个区域后，声压就会比较稳定，不再出现声压极小值与极大值，从探头表面到最后一个声压极大值之间的区域通常称为近场区，近场区之后的区域称为远场区。从探头表面到最后一个声压极大值位置之间的距离称为近场值，用 N 表示，N 与探头直径 D 与波长 λ 有关，其关系见式（1-16），通常情况下，探头直径远大于波长，因此可将近场值的关系简化为式（1-17）。

$$N=\frac{D^2-\lambda^2}{4\lambda} \tag{1-16}$$

$$N=\frac{D^2}{4\lambda} \tag{1-17}$$

式中　N——超声探头近场值（mm）；

D——超声探头直径（mm）；

λ——超声波波长（mm）。

在近场区整个区域截面内声压都不是均匀变化的，极大值与极小值与 D/λ 有关，在 $N/2$ 近场区中间位置处为最后一个声压极小值位置。

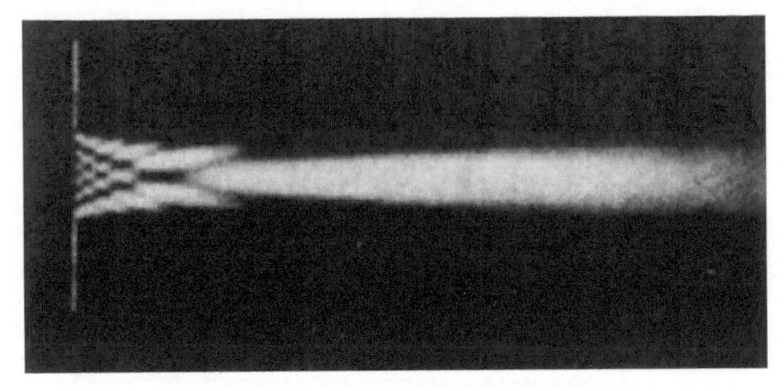

图 1-49　圆形晶片探头声压模拟示意图

超声探头主声束声压值的计算见式（1-18）。

$$P=P_0 2\sin\left[\frac{\pi}{\lambda}\left(\sqrt{\frac{D^2}{4}+z^2}-z\right)\right] \tag{1-18}$$

式中　P——超声探头主声束上声压；

P_0——超声探头初始声压；

λ——超声波波长；

D——超声探头晶片直径；

z——与探头表面的距离。

从式（1-18）可以看出，由于声压 P 是正弦函数计算值，因此其值有可能是负值，这表示相位相反。图 1-50 所示为根据式（1-18）计算出的声压绝对值示意图，从图中可以看出，在近场值 N 内声压极不稳定，当距离大于 N 时，声压相对稳定，逐步降低。图 1-51 所示为探头主声束 $6N$ 范围内的声压分布，从图中可以看出，在 $3N$ 位置处，声压约为 P_0，然后其声压逐步平滑下降，该曲线图上的虚线为球面波的声压分布，从图中可以看出，在 $3N$ 位置之后，其声压基本与平面波一致，也就是说在 $3N$ 位置之后，探头的形状对声压影响很小，可以把探头当作点状声源，探头的形状是圆形或方形对声压影响很小。因此当距离探头位置大于 $3N$ 后，式（1-18）可简化为式（1-19）。

$$P=P_0\frac{\pi D^2}{4\lambda z}=P_0\frac{\pi N}{z}=P_0\frac{S}{\lambda z} \tag{1-19}$$

式中　S——超声探头晶片面积。

从式（1-19）可以看出，在 $3N$ 范围之外，主声束上的声压与晶片面积成正比，与距离 z 成反比。

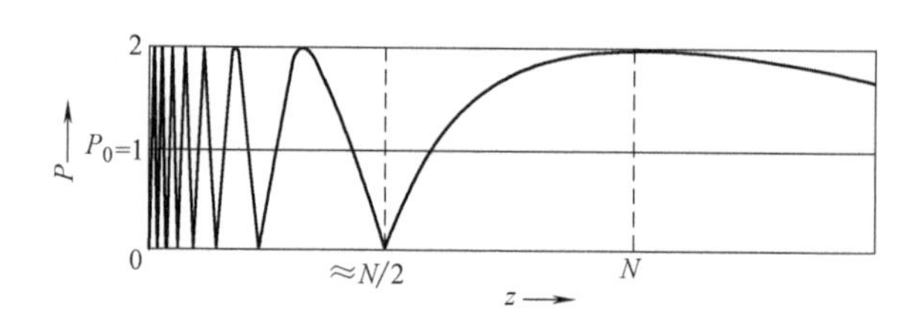

图 1-50　探头主声束的声压分布

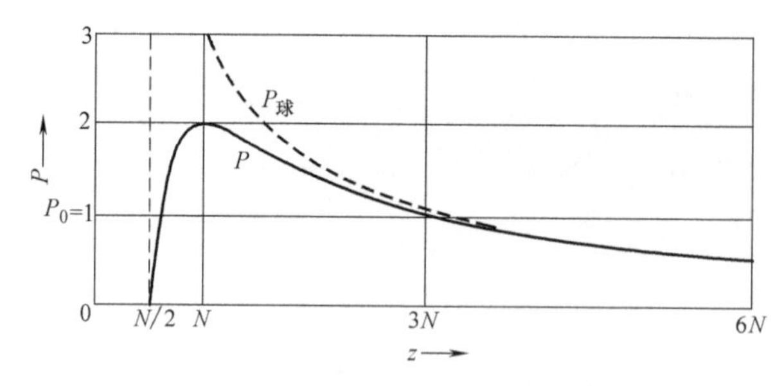

图 1-51　探头主声束 6N 范围内的声压分布

对于圆形晶片探头，之前分析的声压为主声束声压随着距离的变化关系，图 1-52 所示为圆形晶片探头垂直于主声束横截面的声压分布示意图，从图中可以看出，在不同距离范围，横截面内的声压分布变化也较大，在近场值 N 范围内，不同距离横截面内声压变化并不单一，同样会出现多个声压极大值与声压极小值，而在距离大于近场值 N 后，横截面上的声压变化单一，声压逐步降低。

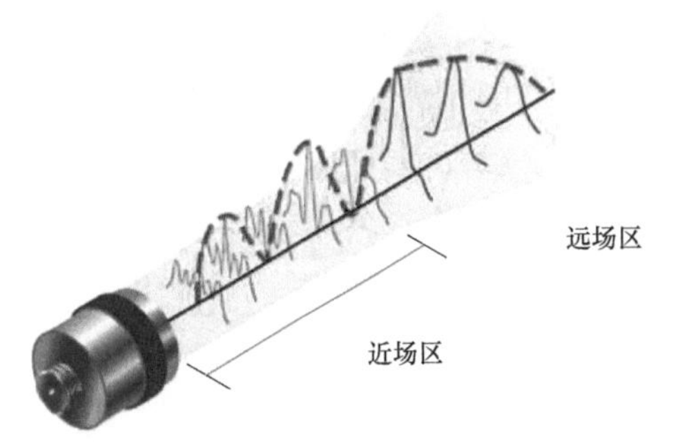

图 1-52　主声束各横截面声压分布示意图

图 1-53 所示为探头主声束不同位置横截面整个圆截面声压分布示意图，从图中可以看出，在整个圆截面上距离主声束等距离的圆周上的声压基本一致，圆形探头在同一位置截面形成的声场为一个圆形声场，以主声束为圆心，声压向四周方向降低，在近场值 N 范围内，声压向四周并非均匀降低，在近场值 N 以外，声压向四周方向均匀降低。

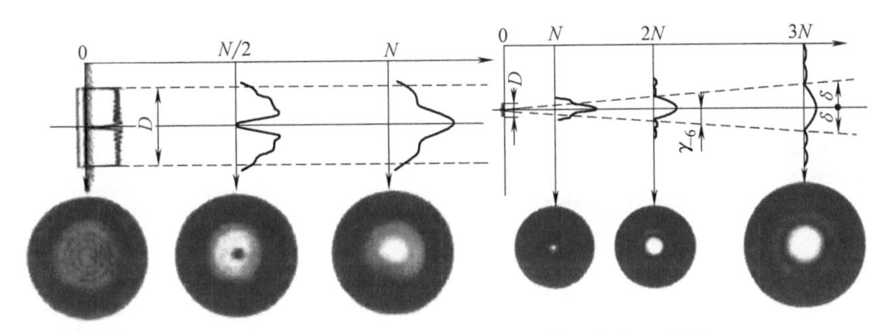

图 1-53　主声束不同位置横截面声压分布示意图

2. 圆形晶片半扩散角

对于圆形晶片探头，在圆心主声束轴线上能量最高，在近场区之外，超声波声压随着与主声束距离的增大而逐步降低，将各个位置比主声束声压下降 6dB 的各点画出来后，就能得到探头的主要声场能量区域，甚至可以得到声束的宽度，6dB 的声束宽度区域为检测的主要覆盖区域。图 1-54 所示为圆形晶片探头声束扩散示意图，图中所示为 6dB 声束边界线，相同大小的平底孔在该声束边界线上得到的回波信号比主声束上得到的回波信号低 6dB，图示中的 γ_{-6} 为 6dB 半扩散角。半扩散角的大小代表着超声波的指向性，半扩散角与探头的直径和超声波的频率有关，当探头直径远大于波长时，6dB 半扩散角满足式（1-20），从而可以根据式（1-21）计算出半扩散角 γ_{-6}。

$$\sin\gamma_{-6}=0.51\frac{\lambda}{D}=0.51\frac{c}{fD} \tag{1-20}$$

$$\gamma_{-6}=\arcsin\left(0.51\frac{\lambda}{D}\right) \tag{1-21}$$

式中　γ_{-6}——6dB 半扩散角；

λ——超声波波长；

D——超声探头晶片直径；

c——超声波声速；

f——超声波频率。

从式（1-21）可以看出，声束半扩散角与探头频率成反比，与探头晶片直径成反比，探头频率越高，探头晶片直径越大，声束半扩散角越小；相反，探头频率越低，探头晶片直径越小，声束半扩散角越大。声束的半扩散角与距离无关，因此在远场区，可以近似算出不同位置声束的宽度 B，当声束半扩散角小于 10°时，6dB 声束宽度 B 可由式（1-22）计算得到。

$$B=2z\tan\gamma_{-6}\approx 2z\sin\gamma_{-6}=2z\times 0.51\frac{\lambda}{D}=z\frac{\lambda}{D} \tag{1-22}$$

式中 B——6dB 声束宽度；

z——与探头表面的距离；

γ_{-6}——6dB 半扩散角；

λ——超声波波长；

D——超声探头晶片直径。

在近场值 N 位置处，声束能量最强，声束宽度最窄，此处声束宽度 $B=\frac{D}{4}$，因此可以看出近场处的 6dB 声束宽度只与探头晶片直径有关，约为探头晶片直径的 1/4。

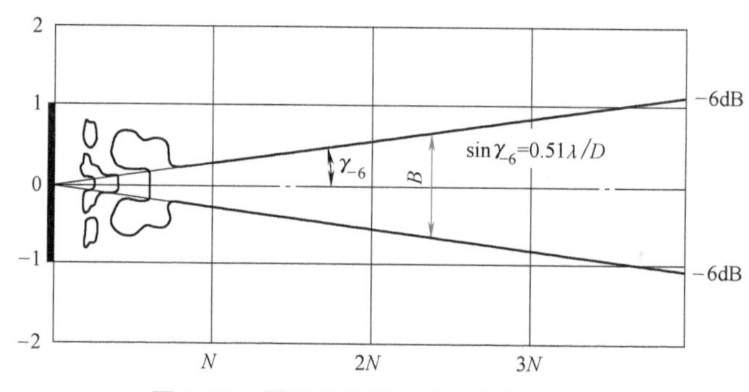

图 1-54　圆形晶片探头声束扩散示意图

12dB 声束半扩散角根据式（1-23）计算，20 dB 声束半扩散角根据式（1-24）计算。

$$\sin\gamma_{-12}=0.7\frac{\lambda}{D} \tag{1-23}$$

$$\sin\gamma_{-20}=0.87\frac{\lambda}{D} \tag{1-24}$$

需要注意的是，以上半扩散角计算式适用于当探头晶片直径远大于波长时，当探头晶片直径与波长相近时，产生的超声波基本接近于球面波。

1.4.2　方形晶片超声波声场

在一些超声检测应用中广泛使用方形晶片探头，特别是横波斜探头，主要是以方形晶片为主，方形晶片探头产生的超声波声场与圆形晶片探头产生的声场形状有较大的差异，方形晶片探头在与主声束垂直截面上形成的等声压线不再是对称的圆形，而是椭圆形。图 1-55 所示为长宽比 0.6 的方形晶片探头在 3 倍近场值位置截面产生的等压线示意图，从图中可以看出 6dB 与 12dB 的等压线形状基本一致，都为椭圆形，在长度方向产生的声压更窄，在宽度方向产生的声压更宽。图 1-56 所示为方形晶片探头立体声场示意图，从图中可以看出方形晶片探头声场为椭圆锥体，形状发散，不再是以主声轴各方向对称。

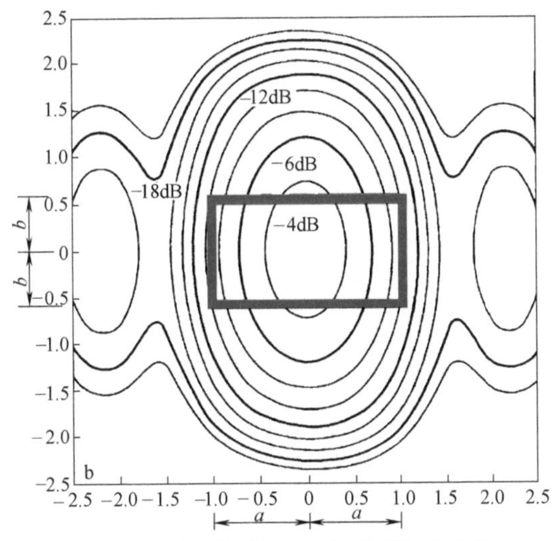

图 1-55　方形晶片探头截面等压线形状

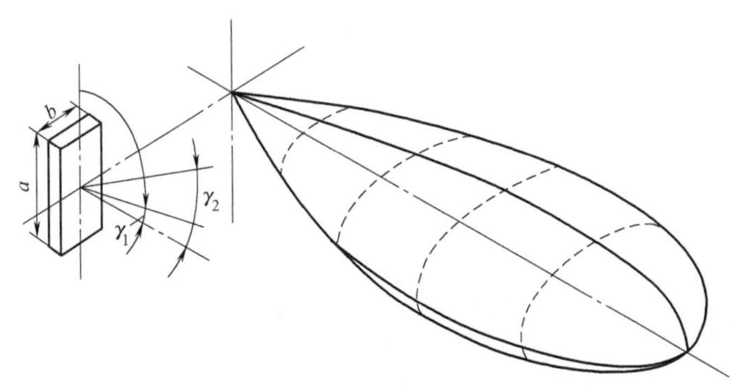

图 1-56　方形晶片探头立体声场示意图

对于方形晶片探头，其近场值的计算方式与圆形晶片探头有一定的差异，将方形晶片探头长度定义为 D_1，宽度定义为 D_2，长度的一半定义为 a，宽度的一半定义为 b，如图 1-57 所示，则近场值 N 根据式（1-25）计算，式中的 h 为修正系数，h 的值与 b/a 的比值有关，其值根据图 1-58 查得。

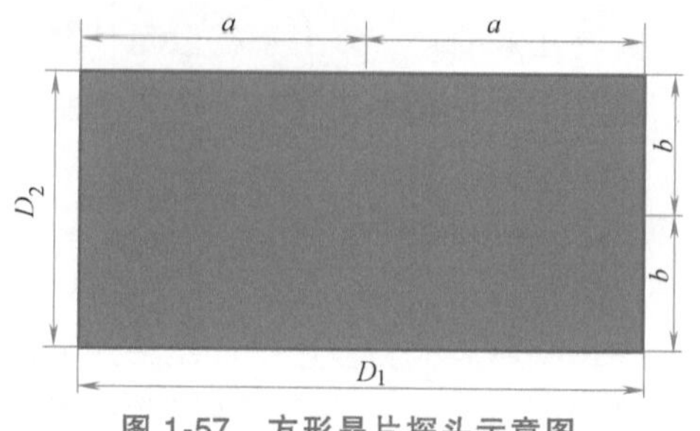

图 1-57　方形晶片探头示意图

$$N=h\frac{a^2}{\lambda} \tag{1-25}$$

式中　N——无延迟块近场值；

h——方形晶片探头修正系数；

a——方形晶片较长边的一半；

λ——超声波波长。

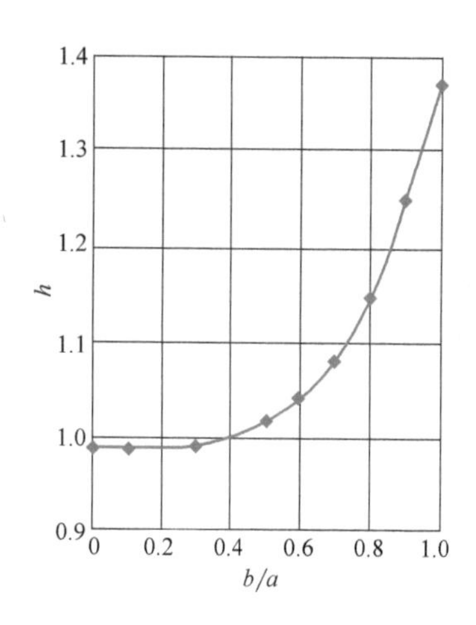

b/a	h
1.0	1.37
0.9	1.25
0.8	1.15
0.7	1.09
0.6	1.04
0.5	1.01
0.4	1.00
0.3	0.99
0.2	0.99
0.1	0.99

图 1-58　方形晶片探头修正系数

从图 1-56 可以看出，方形晶片探头的声场并非轴对称，长度方向声束的半扩散角与宽度方向声束的半扩散角并不一致，长度方向 6dB 声束半扩散角可根据式（1-26）计算，宽度方向 6dB 声束半扩散角可根据式（1-27）计算，某距离位置处长度方向声束宽度可根据式（1-28）计算，某距离位置处宽度方向声束宽度可根据式（1-29）计算。

$$\gamma_{-6}=\arcsin\left(0.44\frac{\lambda}{D_1}\right) \tag{1-26}$$

$$\gamma_{-6}=\arcsin\left(0.44\frac{\lambda}{D_2}\right) \tag{1-27}$$

$$B = 2z\tan\gamma_{-6} \approx 2z\sin\gamma_{-6} = 2z \times 0.44\frac{\lambda}{D_1} = 0.88z\frac{\lambda}{D_1} \tag{1-28}$$

$$B = 2z\tan\gamma_{-6} \approx 2z\sin\gamma_{-6} = 2z \times 0.44\frac{\lambda}{D_2} = 0.88z\frac{\lambda}{D_2} \tag{1-29}$$

式中 γ_{-6}——6dB 声束半扩散角；

λ——超声波波长；

D_1——方形晶片长度；

D_2——方形晶片宽度；

B——6dB 声束宽度；

z——与探头表面距离。

1.4.3 有延迟块声场

当超声波在单一材料中传播时，一个探头产生的超声波声场如前文分析所述，然而在实际检测中，超声波通常会在多个介质材料中传播，超声波声场也会因此而发生变化。以水浸检测为例，图 1-59a 显示了超声波在水中的声场，其半扩散角为 γ_w。当超声波从水中垂直入射至钢界面时，如图 1-59b 所示，由于钢中声速大于水中声速，根据斯涅耳定律，其折射角将大于入射角，因此声束在钢中的半扩散角 γ_s 大于其在水中的半扩散角 γ_w。当超声波从水中斜入射至钢界面时，如图 1-59c

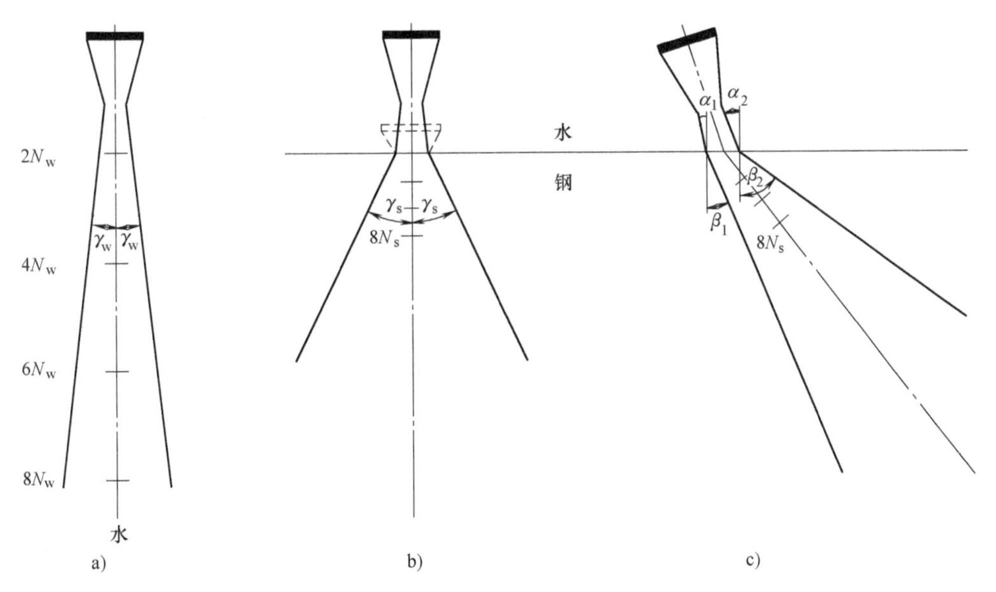

图 1-59 超声波声场在水钢界面变化示意图

a）超声波在水中的声场 b）超声波从水中垂直入射至钢界面时的声场

c）超声波从水中斜入射至钢界面时的声场

所示，超声波将发生折射，声束的半扩散角也将发生变化。

当超声波从水中入射至钢中时，超声波在钢中的近场值由式（1-30）计算。

$$N_s = \frac{D^2}{4\lambda} - \frac{l_{水} v_{水}}{v_{钢}} \tag{1-30}$$

式中 N_s——超声波在钢中的近场值；

D——超声探头晶片直径；

λ——超声波波长；

$l_{水}$——超声波在水中的传播声程；

$v_{水}$——超声波在水中的声速；

$v_{钢}$——超声波在钢中的声速。

使用横波检测时，通常会在探头晶片前加楔块将纵波转换成横波，因此进行横波检测时，超声波先产生纵波入射到楔块，然后经波型转换在钢中产生以一定角度入射的横波。在这个过程中，超声波声场也将发生变化，声场将不再是以主声束为中心对称分布。图 1-60a 所示为 60°探头产生的声场示意图，图 1-60b 所示为 70°探头产生的声场示意图。

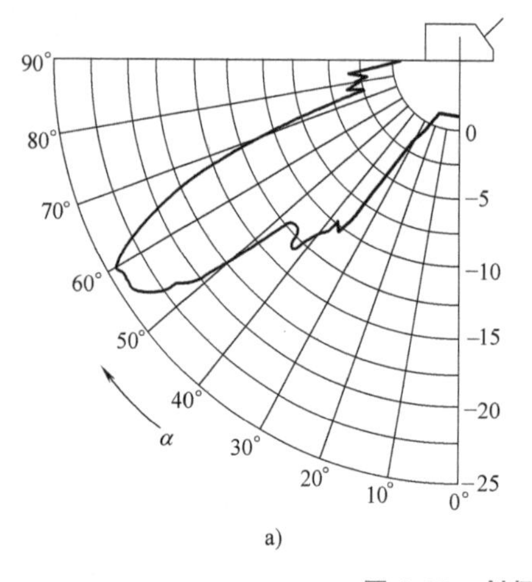

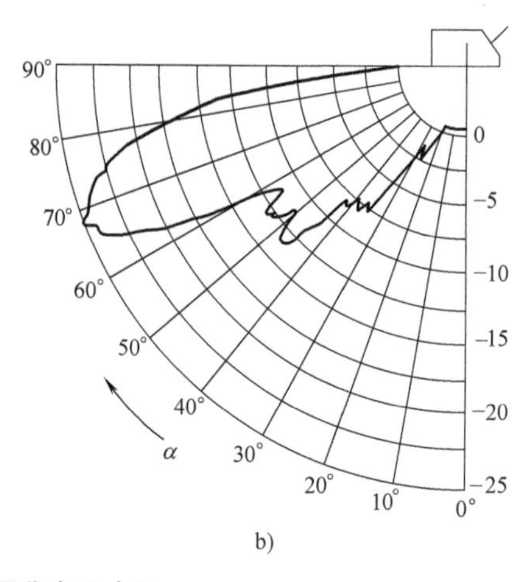

图 1-60　斜探头横波声压分布示意图

a）60°探头产生的声场示意图　b）70°探头产生的声场示意图

横波检测中常用的斜探头为方形晶片探头，因此斜探头在钢中的近场值在计算时需要减去超声波在楔块中的等效近场值，见式（1-31）。

$$N_s = h\frac{a^2}{\lambda} - \frac{l_{楔} v_{楔}}{v_{钢}} \tag{1-31}$$

式中 N_s——超声波在钢中的近场值；

h——方形晶片修正系数；

a——方形晶片较长边的一半；

λ——超声波波长；

$l_{楔}$——超声波在楔块中的传播声程；

$v_{楔}$——超声波在楔块中的声速；

$v_{钢}$——超声波在钢中的声速。

以常用的 4MHz、晶片尺寸 8mm×9mm、60°斜探头为例，该探头产生的超声波在楔块中的声速为 2730m/s，在楔块中的传播声程为 7mm，超声横波在钢中的声速为 3230m/s，h 修正系数可根据图 1-58 查得约为 1.25，因此其在钢中的近场值 N_s 计算如下

$$N_s = h\frac{a^2}{\lambda} - \frac{l_{楔}v_{楔}}{v_{钢}}$$

$$= 1.25\times\frac{4.5^2}{0.8}\text{mm} - \frac{7\times2730}{3230}\text{mm}$$

$$= 31.6\text{mm} - 5.9\text{mm} = 25.7\text{mm}$$

以上分析为一个探头产生的声场理论计算方法。需要注意的是，以上计算式都是简化计算式，这些计算式有一些假设前提。如探头晶片尺寸远大于波长，还有一个探头的带宽对近场值与半扩散角都有一定的影响，另外斜探头角度的变化也会对声场产生一定的影响，而计算式中并没有将这些因素考虑在内，因此以上计算式计算出来的声场与实际声场会有一定的差异。但是在实际检测过程中，这些误差并不会对超声检测产生太大的影响，由以上简化计算式计算出来的值已能够对实际检测产生积极的指导意义。

1.4.4 聚焦声场

在实际超声检测中，为了提高某一检测区域的灵敏度与分辨力，可以对声场进行聚焦，在聚焦区域的灵敏度与分辨力最大，一个探头的声场在近场值位置的灵敏度与分辨力最佳，因此近场值处是一个探头的自然焦点，近场值处的声束宽度约为探头直径的 1/4。为了对声场进行聚焦，通常会在超声探头上加一个棱镜，如图 1-61 所示，在探头前面加一个球面凹棱镜即能实现点聚焦，如在探头前面加一个柱形凹棱镜即能实现线聚焦，图中 F 为聚焦的焦点，N 为探头没加棱镜时的近场值。以聚焦系数 K 表示聚焦效果，K 由式（1-32）计算。

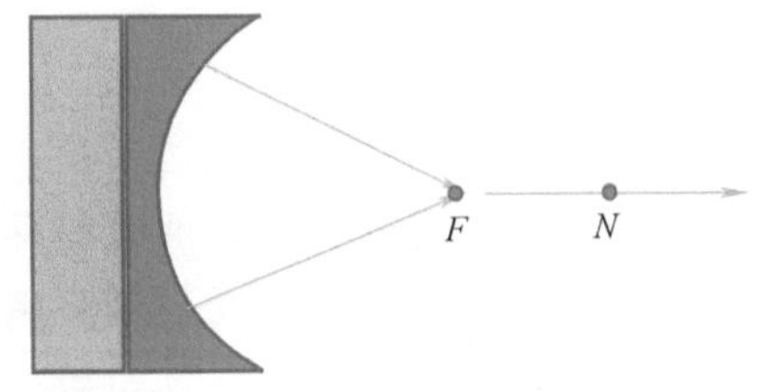

图 1-61　声束聚焦示意图

$$K = \frac{F}{N} \tag{1-32}$$

式中　K——聚焦系数；

F——聚焦焦距；

N——超声波近场值。

K 在 0.1~0.3 范围内时聚焦效果很强，在 0.3~0.6 范围内时聚焦效果一般，在 0.6~1 范围内时聚焦效果较弱。在实际检测中，应尽量使聚焦探头的聚焦系数 K 小于 0.6，需要注意的是超声波只能在近场区之内进行聚焦，无法在近场区之外进行聚焦。

当聚焦系数 $K<0.6$ 时，焦点处 6dB 焦柱长度 L_{6dB} 可由式（1-33）计算得到。

$$L_{6dB}=7\lambda\left(\frac{F}{D}\right)^2 \tag{1-33}$$

式中 L_{6dB}——焦点处 6dB 焦柱长度；

λ——超声波波长；

F——聚焦焦距；

D——探头晶片直径。

焦点处 6dB 声束宽度 B_{6dB} 可由式（1-34）计算得到。

$$B_{6dB}=\frac{KD}{4}=\frac{\lambda F}{D} \tag{1-34}$$

式中 B_{6dB}——焦点处 6dB 声束宽度；

K——聚焦系数；

D——探头晶片直径；

λ——超声波波长；

F——聚焦焦距。

从式（1-34）可以看出，聚焦系数越小，焦点声束宽度越小，焦柱宽度越短。

1.4.5 平面反射声压

超声检测就像在一个黑房子里拿着一个手电筒寻找一块小镜子一样，只有当手电筒的光入射到镜面，经镜面反射后刚好反射到我们的眼睛里，我们就能看到小镜子，当反射光的角度没有反射到眼睛里，我们就看不到镜子，如果镜面上有灰，这将同样影响到光的反射量，这时手电筒的光虽然照到了镜子，我们有可能还是看不到镜子。然而真正的超声检测远比这复杂，当超声波入射到一个反射面后，其反射量不仅仅和入射角度、反射面表面粗糙度有关，还与反射面的材质、波型转换等因素有关。根据惠更斯原理，当超声波入射到一个反射面时，反射面可以看成是一个新的波源，反射面上的每一个点都可以看成是一个点状波源，每个波源将产生球面波，反射面的所有波源叠加在一起将形成新的波阵面，波阵面朝着接收探头方向的超声波将被接收探头接收到，如图 1-62 所示，接收探头接收到的超声波是反射面上各个点状波源传播到接收探头位置超声波的叠加，接收到的超声波的叠加不仅仅只是波幅的叠加，还与相位有关。

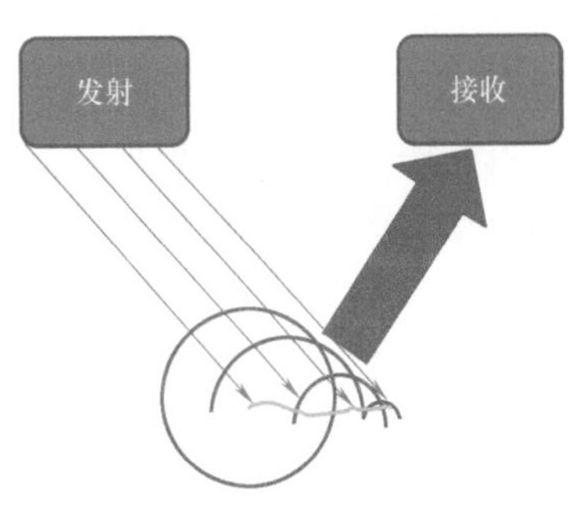

图 1-62　超声波反射示意图

当超声探头 S_T 在工件发射超声波时，工件中如有一个平面缺陷，如平底孔，平底孔反射面与入射超声波方向垂直，根据惠更斯原理，平底孔反射面上的每一点将产生新的波源，新产生的超声波将朝着与入射超声波方向相反的方向传播，而平底孔反射面可以看成是一个新的探头面 S_R，就像一个与平底孔面积相同的超声探头一样产生超声波。如图 1-63a 所示，其声场与一个相同面积探头产生的超声波声场一致。当使用单晶探头进行检测时，发射探头 S_T 也将接收平底孔 S_R 产生的超声波，由于平底孔反射面与入射超声波垂直，因此平底孔反射面上各点到接收探头 S_T 的距离相等，传播到接收探头的超声波相位一致，接收探头 S_T 接收到的超声波波幅是平底孔反射面上各点波源波幅的叠加。

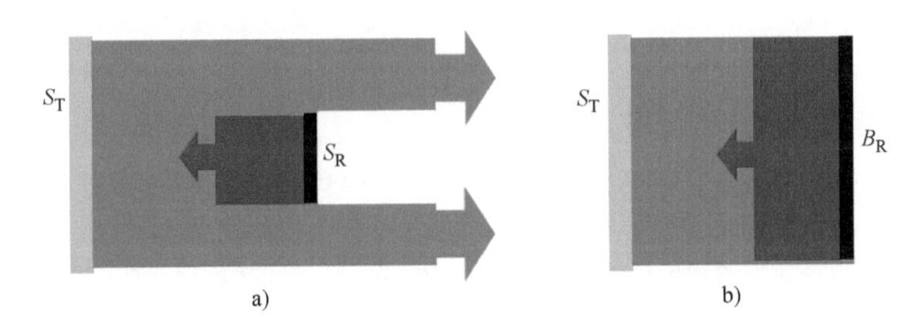

图 1-63　平面反射体反射声压示意图

a）平底孔反射示意图　b）大平底反射示意图

假设超声探头 S_T 激发产生的超声波声压为 H_0，经大平底 B_R 后将全反射，如图 1-63b 所示，如果将 S_T 看成是平面波，反射后的超声波传播到 S_T 后其声压仍为 H_0，通常把该声压作为参考声压信号，一般把与工件表面平行的光洁底面信号作为参考信号，该信号很容易测出。如果 S_T 产生的超声波遇到平底孔 S_R 后，接收探头 S_T 接收到的声压为 H_R，这时可以得到式（1-35）。

$$\frac{H_R}{H_0}=\frac{S_R}{S_T} \tag{1-35}$$

式中　H_R——平底孔反射信号声压强度；

H_0——大平底反射信号声压强度；

S_R——平底孔面积；

S_T——探头晶片面积。

以上的 H_0 与 H_R 可以测出，S_T 也是已知，因此可以通过上式得到面积 S_R，这样就有可能得到缺陷的面积信息，这是缺陷定量的主要解决方法。

当平底孔反射面与超声波入射方向不垂直时，接收探头基本上接收不到反射超声波，因此将产生漏检。平底孔反射面与超声波入射方向不垂直，但是反射超声波反射角小时，接收探头还是能够接收到超声波，如图 1-64 所示，这时由于从反射面上各点产生的波源到接收探头的距离不一样，造成一定的相位差，有些波源波幅相互抵消，同时由于有可能产生波型转换等因素，此时接收到的声压信号将变弱，很难通过该信号的强弱得到反射面积的大小，这些问题通过超声相控阵技术能够得到改善。

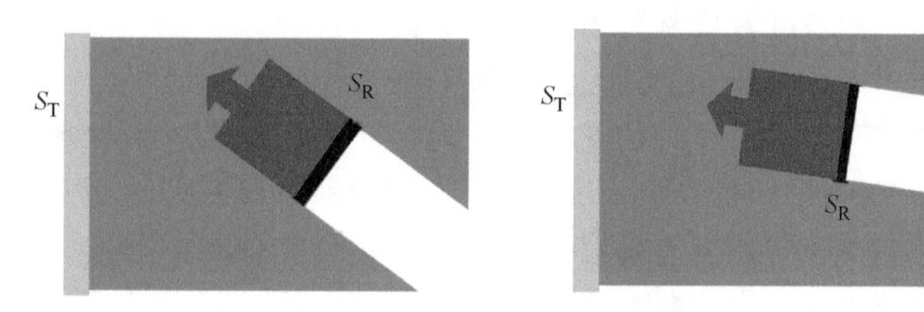

图 1-64　反射面与入射超声波不垂直

1.4.6　曲面反射声压

在实际超声检测中，有不少曲面反射面，当超声波入射到曲面时，经曲面反射后的波源不再是平面波。如果反射曲面为凹曲面，则经凹曲面反射后，相当于在超声探头前加了凹透镜，对超声波有一定的聚焦效果，如图 1-65a 所示，此时超声探头能够接收到的超声波比平面反射面多，即超声探头接收到的反射回波声压比平面反射面高。如果反射曲面为凸曲面，经凸曲面反射后，相当于在超声探头前加了凸透镜，对超声波有一定的发散效果，如图 1-65b 所示，此时超声探头接收到的反射回波声压比平面反射面低。如果检测中以曲面回波信号作为基准信号，则需测量出曲面反射面与平面反射面的回波声压差，以该信号计算缺陷当量面积时，需以回波声压差值进行修正计算。

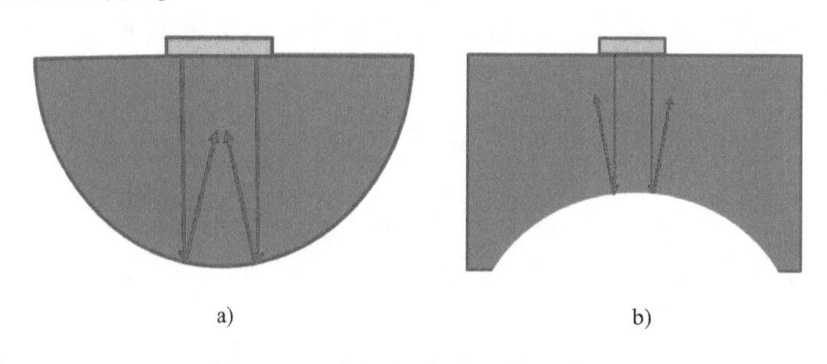

图 1-65　曲面超声波反射示意图

a）凹曲面反射　b）凸曲面反射

1.5　超声波当量定量

1.5.1　计算法定量

超声检测时，当超声波入射至缺陷反射面时，超声检测仪将接收到一个回波信号，要通过该信号判断缺陷的大小，我们得到的主要信息就是反射回波的强度信息。根据以上分析可以发现，只有当超声波的入射方向和缺陷的反射面垂直时，反射回波的强度与反射面的面积成一定的比例关系，当缺陷反射面与超声波入射方向不垂直时，通过反射回波的强度很难得知缺陷的面积大小，因此下面主要分析超声波入射方向与缺陷反射面垂直时，超声回波信号强度与缺陷大小的对应关系。

从前文的介绍了解到，超声探头产生的主声束超声波在不同距离的声压分布如图 1-66 所示，该图水平轴代表距离，垂直轴为声压的幅值，当声场距离大于 3 倍近场值时，该处声波可以近似为球面波，其声压可根据式（1-36）算出。

$$P=P_0\frac{S}{\lambda X}=P_0\frac{\pi D^2}{4\lambda X} \tag{1-36}$$

式中　P——声束在主轴 X 位置处的声压；

P_0——探头初始声压；

S——探头晶片面积；

λ——超声波波长；

X——与探头表面距离；

D——探头晶片直径。

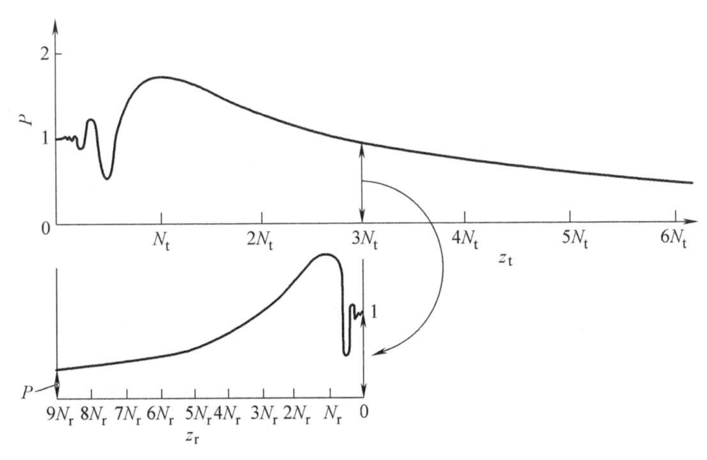

图 1-66　平底孔反射回波声压分布

假设在3倍近场值处有一平底孔，根据惠更斯原理，超声波在平底孔面上产生新的波源，该波源与一个与该平底孔面积一样的探头产生的超声波一样，其声压分布与超声探头的声压分布一致，只是其传播方向与入射超声波方向相反，如图1-66下部所示，接收探头接收到的声压根据式（1-37）计算。

$$P_r = P\frac{\pi d^2}{4\lambda X_r} = P_0\frac{\pi D^2}{4\lambda X_r}\frac{\pi d^2}{4\lambda X_r} \tag{1-37}$$

式中 P_r——探头接收到的平底孔反射回波声压；

P——声束在主轴 X 位置处的声压；

d——平底孔直径；

λ——超声波波长；

X_r——与探头表面距离；

P_0——探头初始声压；

D——探头晶片直径。

在探头的近场区之内，超声波可以看成是平面波，近场区内大平底的反射声压就是探头的初始声压，因此只要在近场区内测试大平底回波信号就可得到探头的初始声压 P_0，反射回波信号 P_r 也可以通过仪器测得，以上等式中除了平底孔直径 d，其他参数都是已知量，因此平底孔直径 d 可由式（1-38）计算得到。

$$d = \frac{4\lambda X_r}{\pi D}\sqrt{\frac{P_r}{P_0}} \tag{1-38}$$

式中 d——平底孔直径；

λ——超声波波长；

X_r——与探头表面距离；

D——探头晶片直径；

P_r——探头接收到的平底孔反射回波声压；

P_0——探头初始声压。

然而需要注意的是，式（1-38）在 X 大于3倍近场值时才比较准确，在3倍近场值内误差较大。另外，如果被检测材料的材质衰减系数较大，材质衰减因素也要考虑在内。在大于3倍近场值范围内，超声场可以看成是球面波，接收探头接收到的大平底平面回波声压 P_R 根据式（1-39）计算。

$$P_R = P_0\frac{\pi D^2}{4\lambda \times 2X_R} \tag{1-39}$$

式中 P_R——探头接收到的大平底反射回波声压；

P_0——超声探头初始声压；

D——探头晶片直径；

λ——超声波波长；

X_R——与探头表面距离。

从式（1-39）可以看出，大平底的反射回波声压与传播距离成反比，其反射特性更接近于镜面反射，而平底孔的反射回波声压与传播距离的平方成反比，其反射特性更接近于波动特性。

在实际超声检测中，如果被检测工件厚度远大于 3 倍近场值，而且工件上下表面平行，下表面光滑，中间没有缺陷，此时可以用大平底回波声压与缺陷回波声压之差计算缺陷回波当量，式（1-40）为大平底回波信号声压与平底孔回波信号声压之比。

$$\frac{P_R}{P_r}=\frac{P_0\dfrac{\pi D^2}{4\lambda\times 2X_R}}{P_0\dfrac{\pi D^2}{4\lambda X_r}\dfrac{\pi d^2}{4\lambda X_r}}=\frac{2\lambda X_r^2}{\pi d^2 X_R} \tag{1-40}$$

式中　P_R——探头接收到的大平底反射回波声压；

P_r——探头接收到的平底孔反射回波声压；

P_0——超声探头初始声压；

D——探头晶片直径；

λ——超声波波长；

X_R——大平底反射面与探头表面距离；

X_r——平底孔反射面与探头表面距离；

d——平底孔直径。

对$\dfrac{P_R}{P_r}$取对数，$20\lg\dfrac{P_R}{P_r}$为大平底回波信号与平底孔回波信号之差，其单位为 dB，该值一般通过超声检测仪测量大平底回波信号与平底孔回波信号幅值能够得到，例如将大平底回波信号与平底孔回波信号幅值均调为 80%，看超声检测仪的增益差即可。如果大平底的回波信号与缺陷回波信号差以 Δ_{dB} 表示，则平底孔直径 d 可由式（1-41）计算得到。

$$d=\sqrt{\frac{2\lambda X_r^2}{\pi X_R 10^{\frac{\Delta_{dB}}{20}}}} \tag{1-41}$$

式中　d——平底孔当量直径（mm）；

λ——超声波波长（mm）；

X_r——平底孔反射面与探头表面距离（mm）；

X_R——大平底反射面与探头表面距离（mm）；

Δ_{dB}——大平底与缺陷回波信号幅值差（dB）。

假设一个频率为 4MHz，直径为 24mm 的圆探头检测一个钢锻件，以 700mm 处的大平底信号作为参考信号，大平底信号为80%高度时，仪器增益为14dB，检测过程中在400mm处发现一缺陷信号，将该缺陷信号调为80%时，仪器增益为50dB，不考虑材质衰减，则该缺陷的平底孔当量直径计算方法如下：

该探头超声波波长 $\lambda=5.92/4\text{mm}=1.48\text{mm}$，$\Delta_{\text{dB}}=50\text{dB}-14\text{dB}=36\text{dB}$，则平底孔当量直径为

$$d=\sqrt{\frac{2\times1.48\times400\times400}{3.14\times700\times10^{\frac{36}{20}}}}\text{mm}=1.85\text{mm}$$

一般只通过计算法计算平底孔当量，较少通过计算法计算横孔当量值。

1.5.2 距离波幅曲线定量

通过计算方法可以得到3倍近场值外缺陷回波的当量尺寸大小，如果在3倍近场值范围内发现缺陷回波信号，由于在这一区域内声压变化复杂，很难通过计算方法得到准确当量尺寸，因此需要通过对比试块进行定量。对比试块需要将同样大小的人工缺陷加工在不同深度，深度范围覆盖整个需要检测的区域，然后记录不同距离人工缺陷反射回波的幅值，将不同距离回波幅值点连接在一起将形成一条距离波幅曲线（Distance Amplitude Curve，DAC），如图1-67所示。从曲线上可以看出，在近场区附近超声回波最强。通过前文分析可知，近场区内的声压由于干涉现象，其声压不稳定，有些区域声压加强，有些区域声压减弱，因此在近场区内得到的回波强度不是单一随着距离增强或减弱；然而在近场区外，得到的回波幅值随着距离的增加而减小。得到DAC曲线后，将任何位置发现的缺陷回波都与DAC曲线进行比较，从而可得到缺陷当量。例如，以 ϕ3mm平底孔为参考信号记录DAC曲线，如果发现缺陷信号比DAC曲线高3dB，则缺陷当量为3mm平底孔+3dB。

使用DAC方法进行定量时，加工人工缺陷的材料需与被检测材料一致，记录的参考回波信号越多，定量越准确，特别是在0.5~3倍近场值范围内。

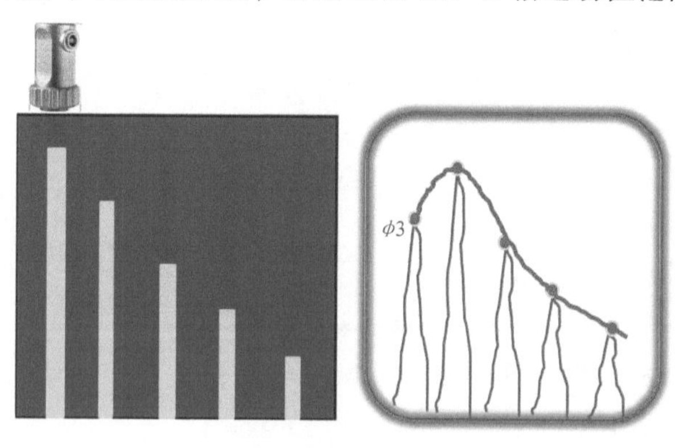

图1-67 DAC曲线示意图

1.5.3 距离增益当量曲线定量

使用 DAC 曲线进行定量时，需要加工大量对比试块，当工件尺寸较大时，在现场检测携带试块很麻烦，为了解决这些问题，可以使用距离增益当量曲线（Distance Gain Sizing，DGS）定量技术。图 1-68 所示为纵波直探头通用 DGS 曲线图，该图为不同大小平底孔在不同距离的回波信号强度图。水平轴为距离，纵轴表示接收到的回波信号强度，以$\frac{H_R}{H_0}$为单位，H_R 为接收到的反射超声波声压强度，H_0 为基准参考，即探头的初始声压，该轴标尺 0.1 表示接收到的信号为初始声压的 0.1 倍。图中的曲线为不同平底孔的距离波幅曲线，0.2 的曲线表示其当量为探头直径的 0.2 倍，如探头直径为 20mm，则该曲线当量为 0.2×20mm = 4mm，0.4 表示该曲线当量为 8mm 平底孔。

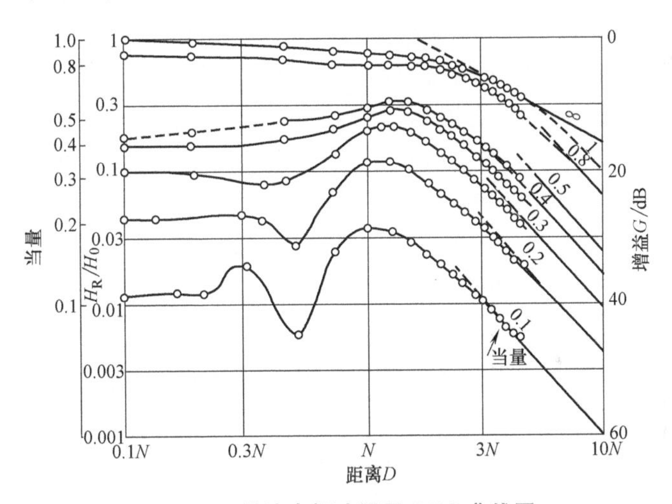

图 1-68　纵波直探头通用 DGS 曲线图

通用 DGS 曲线图 3 倍近场值之后的曲线由理论公式计算得到，0.5 倍近场值内的曲线也是通过式$\frac{H_R}{H_0}=\frac{S_R}{S_T}$计算得到，$S_R$ 为接收到的反射超声波的反射体面积，S_T 为发射超声波的波源面积，通常为探头面积，0.5~3 倍近场值范围内的曲线很难通过简单的公式计算得到，该段曲线需要由复杂的公式通过计算机计算得到。图 1-68 所示为通过多种理论公式计算得到的完整通用 DGS 曲线图，通过实际测试验证该曲线时发现，当当量尺寸在 0.1~0.4 范围内时，曲线与实测数据比较接近，当当量尺寸为 0.5 时，曲线与实测数据误差很大，当当量尺寸大于 0.5 时，曲线与实测数据误差也较小，因此在使用通用 DGS 曲线时，要尽量避免使用当量尺寸为 0.5 的曲线。

在使用通用 DGS 曲线图时发现，在 0.5~3 倍近场值范围内，实测数据和探头的带宽有较大的关系，特别是在近场区附近，不同带宽实测数据变化更大，使用不同规格的探头实测数据与通用 DGS 曲线图都有一定的误差。为了减少这些误差，提高定量精度，一些探头生产厂家针对一些探头制订了专用 DGS 曲线图，该曲线图只适用于该型号的探头，该曲线图由理论计算数据与实测数据相结合得到，特别是 0.5~3 倍近场值范围内的曲线都经过实测进行修正，其准确性比通用 DGS 曲线图有了很大的提高。

图 1-69 所示为 2MHz、探头直径 24mm、B2S 直探头的专用 DGS 曲线图，专用 DGS 曲线图与通用 DGS 曲线图有一定的差异，专用 DGS 曲线图横轴直接显示水平距离，水平轴上的刻度并不是等距显示，从 10~100mm 范围内，每一刻度表示 10mm，曲线图上的刻度依次表示 10mm、20mm、30mm 一直到 100mm，而从 100~1000mm 范围内，每一刻度表示 100mm，曲线图上的刻度依次表示 100mm、200mm、300mm 一直到 1000mm，而从 1000mm 以外，每一刻度表示 1000mm，然后依次递增。曲线图的纵轴表示信号增益值，该刻度值为均匀刻度，每一刻度表示 2dB，使用专用 DGS 曲线图定量比通用 DGS 曲线图更简单方便，例如用 B2S 探头检测锻件，以 500mm 的大平底作为参考信号，将该信号调至 80%显示屏高度，此时的增益值约为 17dB，如图 1-69 所示，在检测过程中如果在 300mm 处发现一缺陷信号，将该信号调至 80%显示屏高度，然后记下此时的增益值，假如此时增益值为 42dB，则缺陷信号与参考信号的增益差为 42dB-17dB=25dB，然后在基准信号点位置向下降 25dB 画线，如果该缺陷信号深度位置为 500mm，则该缺陷的当量约为 7mm，但实际缺陷在 300mm 位置处，因此，在基准位置下降 25dB 位置处往左平移至 300mm 位置处，如图 1-69 中橙色指示线所示，此点对应的当量曲线为 4mm，因此，该缺陷的当量为 4mm。如果使用的超声检测仪内置了 DGS 曲线图，则在仪器上可以直接显示出该缺陷信号的当量值，无须手动查图得到缺陷当量。

在使用 DGS 曲线进行定量时需要注意，DGS 曲线图是基于低碳钢的，该材料的材质衰减系数为 0，如果被检测材料的材质衰减系数不为 0，则需要测出被检测材料的材质衰减系数，定量时需要将材质衰减也考虑在内。另外需要注意的是，直探头与斜探头的 DGS 曲线图都是以平底孔作为当量，得到的尺寸都是平底孔当量。

对于一些检测工艺，如果使用横通孔作为参考信号，平底孔反射信号与横通孔反射信号可根据式（1-42）进行换算。

$$d_{平}=0.67\sqrt{\lambda\sqrt{d_{横}X}} \tag{1-42}$$

式中 $d_{平}$——平底孔当量直径（mm）；

λ——超声波波长（mm）；

$d_{横}$——横通孔当量直径（mm）；

X——平底孔与横通孔距上表面的距离（mm）。

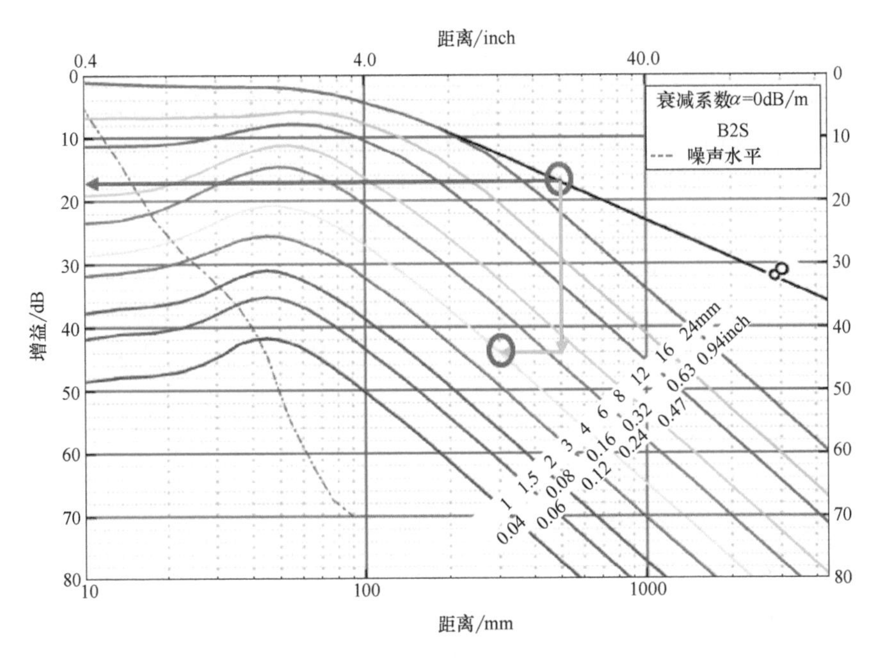

图 1-69　B2S 直探头专用 DGS 曲线图

式（1-42）所示关系在 X 大于 0.7 倍近场值、$d_{横}>1.5\lambda$ 时成立。

通过 DGS 曲线定量得到的只是缺陷信号的当量尺寸，实际的缺陷尺寸通常都比当量尺寸大，这是因为当量尺寸是根据理想的反射体信号得到，超声波声束入射方向与反射面垂直，反射面都是光滑反射面。实际工件中的自然缺陷不一定规则，反射面不一定光滑，缺陷中填充的不一定是空气，超声波在入射过程中有波型转换等因素，这些都会导致当量尺寸比实际缺陷小。另外一个很重要的因素是很难保证超声波声束的入射方向与缺陷反射面刚好垂直，不过超声波入射方向与缺陷反射面垂直的问题可以通过相控阵技术改善。

1.5.4　超声波衰减

从 1.2 节的分析中可知，对于平面波，超声波的声压保持不变，不会随着传播距离的增加而减小，而球面波的声压存在扩散衰减，其声压与传播距离成反比。在实际检测中应用到的超声波更加复杂，在近场区范围内的超声波可以看成是平面波，其声压不随距离而变化，在 3 倍近场值范围外可以看成是球面波，其声压与传播距离成反比。以上分析都是假设被检测工件的材质衰减为零或者可以忽略不计，然而不同材质、不同加工工艺生产出来的材料材质衰减差异很大，有些材料材质衰减很小，而有些材料材质衰减很严重，材料的材质衰减主要包括散射衰减与吸收衰减。

1. 散射衰减

散射衰减产生的主要原因是一般的材料内部晶粒并非均匀一致，内部晶粒的晶格与晶格分界面之间存在一定的声阻抗差，超声波在晶粒分界面上有一定的反射，特别是通常的材料并非一种单一物质，而是由两种或多种物质合成在一起。散射衰减的严重程度与两种晶粒的声阻抗、晶格之间的面积及其存在形态有很大的关系。如钢中的主要成分为铁元素，其中主要还含有碳元素，此外还含有一定的硅、磷、硫等元素，在不同热处理工艺下形成不同形态的金相组织，如铁素体、奥氏体等，不同组织状态下的晶粒尺寸也不相同，通常用晶粒度来评定不同状态的晶粒大小，表 1-3 所示为钢中不同晶粒度等级与晶粒平均尺寸的对应关系，从表中可以看出，晶粒度等级越高，晶粒尺寸越小。工业中常用的细晶低碳钢为 8 级，其平均晶粒尺寸约为 0.022mm。图 1-70 所示为不同晶粒度等级钢对应的晶界图。

表 1-3 钢晶粒度等级与晶粒平均尺寸对应关系

晶粒度等级	1	2	3	4	5	6	7	8	9	10
晶粒平均尺寸/mm	0.25	0.177	0.125	0.088	0.062	0.044	0.030	0.022	0.0156	0.011

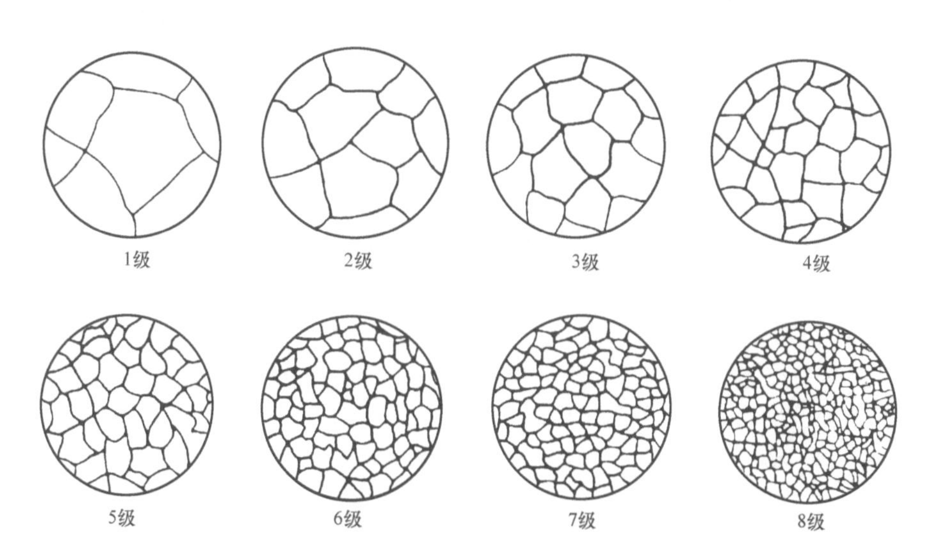

图 1-70 不同晶粒度等级钢对应的晶界图

从图 1-70 所示的晶界图中可以看出，当超声波入射到晶界面时，如果晶界尺寸与超声波波长相当，超声波除了一部分透过晶界外，在晶界面也将产生较强的反射信号，由于晶格界面的方向是随机的，因此反射方向也是随机的，有一部分晶界反射信号反射回接收探头，这就会产生草状噪声信号，如图 1-71 所示。超声波在工件的传播过程中，晶界面的反射、折射、波型转换造成的超声波在主声束传播方向上的能量衰减就是散射衰减。因此散射衰减的严重程度与材料的晶粒尺寸、晶粒度有直接的关系，晶粒尺寸越大，散射衰减越严重。一般情况下，当晶粒尺寸小于超声波波长的 0.01 倍时，散射衰减很弱，在实际检测应用中，散射衰减可以忽略不计。当晶粒尺寸大于波长的 0.1 倍时，散射衰减非常严重，此时超声波的衰减非常严重，草状噪声波很强，缺陷信噪比很低，能检测的工件厚度变薄，甚至一些材料无法用超声波进行检测。一般情况下，铸件的散射现象比锻件强很多，为了提高铸件的信噪比，通常只能降低超声波频率，然而降低超声波频率会牺牲检测灵敏度与最小缺陷的检测能力。

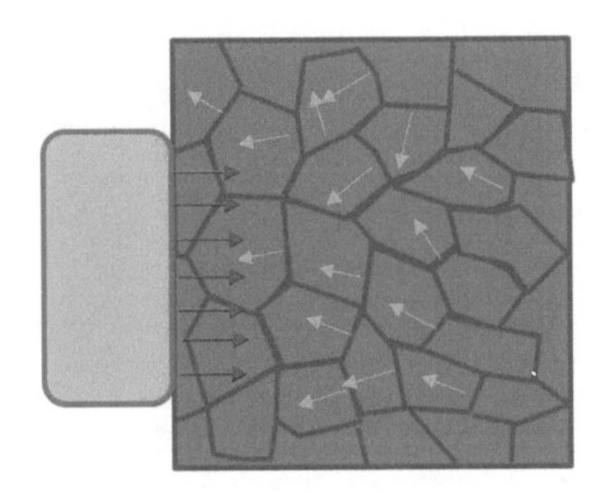
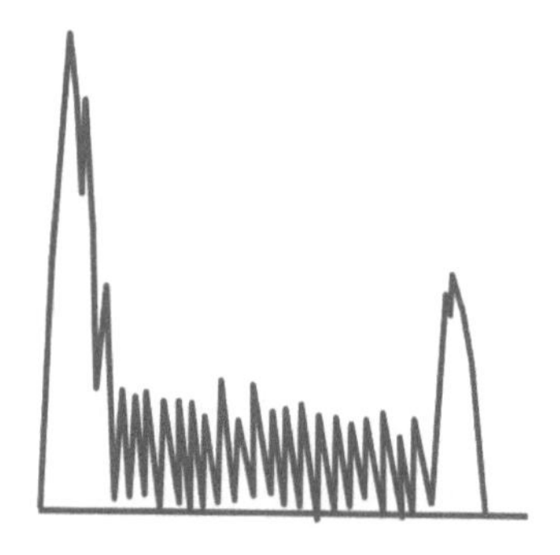

图 1-71　晶界散射示意图

2. 吸收衰减

吸收衰减主要是因为超声波在传播过程中，材料内部质点在振动后突然停止振动所造成的质点动能转换为热能而带来的衰减，因此质点振动得越快，其突然停止振动转换成的热能就越多，因此超声波频率越高，吸收衰减越严重，然而由于超声波频率升高造成的散射衰减比吸收衰减更加严重。

吸收衰减与散射衰减都会对超声检测产生一定的影响，吸收衰减不仅会降低发射超声波的能量，同时也会降低缺陷回波与底面回波的能量。为了补偿吸收衰减造成的能量衰减，可以通过提高激发电压与增益进行补偿，也可以通过降低超声波频率减少吸收衰减。然而散射衰减会产生草状噪声回波信号，提高激发电压与增益不仅会提高缺陷回波与底面回波信号强度，同时也会提高草状噪声回波信号，缺陷回波将仍然会掩盖在草状噪声回波中，无法识别。要减小散射衰减对超声检测的影响，只能通过降低超声波频率与增加超声波的脉冲宽度来改善缺陷信号的信噪比，然而降低超声波频率将降低超声波对小缺陷的检测能力，增加超声波的脉冲宽度将降低分辨力。因此，一种材料的检测灵敏度及其能检测出的最小缺陷主要取决于材料的晶粒尺寸，晶粒尺寸越小，能检测出的缺陷越小，晶粒尺寸越大，能检测出的缺陷越大。

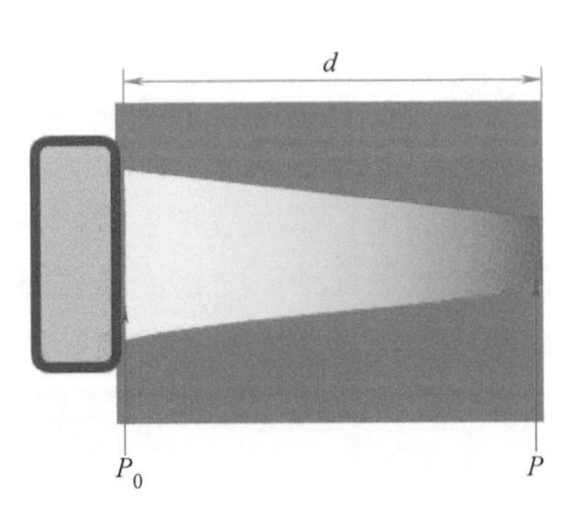

图 1-72　超声波衰减示意图

超声波衰减示意图如图 1-72 所示，超声波

的初始声压为 P_0，超声波在工件中的传播距离为 d，超声波传播距离 d 后的声压为 P，超声波衰减系数为 α，其中超声波衰减系数包含散射衰减与吸收衰减，超声波衰减系数 α 满足式（1-43）。工业上用的材料的超声波衰减系数通常在 1~300dB/m 范围内，像常见经过热处理的细晶材料，如铝、低碳钢的超声纵波衰减系数一般在 1~10dB/m 范围内，该类材料的最大探测范围能至 10m。一些金属，如低合金铸铁、铸钢，经过热处理的黄铜、青铜的超声纵波衰减系数在 10~100dB/m 范围内，该类材料的衰减主要以散射衰减为主。一些塑料，如有机玻璃、PVC 塑料的衰减主要以吸收衰减为主，其衰减系数也在 10~100dB/m 范围内，该类材料的最大检测范围低于 1m。而对于一些高合金铸钢、铸铜、灰口铸铁，其超声衰减系数一般大于 100dB/m，该类材料的检测范围一般低于 100mm，甚至一些材料无法检测。

$$\alpha d = 20\lg\frac{P_0}{P} \tag{1-43}$$

1.5.5 超声波衰减系数测量

材料的超声波衰减系数并非一个绝对值，对于不同频率的超声波，其衰减系数都会有一定的差异，对于同一中心频率的探头，由于带宽不同，其衰减系数也会有差异。因此，材料的超声衰减系数并非一个定值，只有当针对某一型号的探头时，其衰减系数才是一个定值。在实际检测过程中，为了使缺陷定量更准确，需要测量出该材料针对检测中使用探头的衰减系数或者衰减系数差异值，特别是对于一些衰减较严重的材料。

超声波在近场内的多次反射示意图如图 1-73 所示，当超声波垂直入射至较薄工件时，超声波在工件中的多次反射回波还处于近场区范围内，在此区域之内可以看成是平面波，此区域内超声波的声压不会随距离而变化。因此，如果一次底面回波与二次底面回波还处于近场区范围内，二次底面回波的回波幅值应该与一次底面回波的幅值相同，而如果二次底面回波幅值与一次底面回波幅值不相同，主要由两个影响因素，其一是超声波从工件表面入射至探头表面时由于工件与探头表面存在声阻抗差异，造成一部分能量损失；其二是由于工件材料的衰减造成的能量损失。因此要测出衰减系数，先要测出超声波由工件表面入射至探头表面的能量损失。图 1-73 所示的二次底面回波经过两次工件与探头的界面，如果检测另一相同材质，相同表面状况，厚度是其 2 倍的工件，如图 1-74 所示，其一次底面回波与其相同声程的二次底面回波的幅值之差即为超声波从工件入射至探头表面的能量损失，假设相同声程的一次底面回波比二次底面回波幅值高 G_0 dB，一次底面回波 B_1 比二次底面回波 B_2 幅值高 G_{12} dB，则衰减系数满足式（1-44），从而可根据式（1-45）计算出衰减系数 α。

$$\alpha d = G_{12} - G_0 \tag{1-44}$$

$$\alpha=\frac{G_{12}-G_0}{d} \tag{1-45}$$

式中　α——超声波衰减系数（dB/m）；

d——产生两次回波试块厚度的两倍（m）；

G_{12}——二次底面回波与一次底面回波幅值差（dB）；

G_0——表面状况引起的回波信号幅值衰减（dB）。

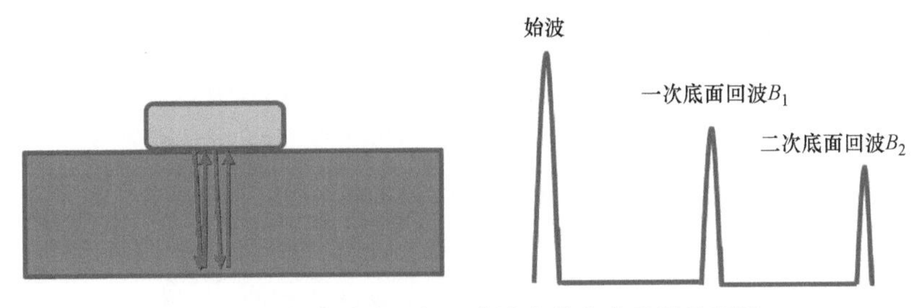

图 1-73　超声波在近场区范围内的多次反射示意图

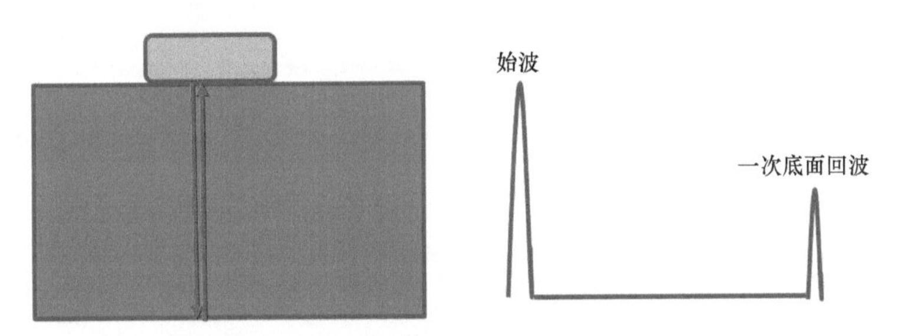

图 1-74　超声波在近场区范围内检测 2 倍厚度工件的反射示意图

当被检测工件较厚，底面回波在 3 倍近场值范围外时，此时还需要考虑扩散衰减，如果还是用一次底面回波与二次底面回波计算，由于二次底面回波声程是一次底面回波的两倍，因此扩散衰减为 6dB，则衰减系数根据式（1-46）计算。

$$\alpha=\frac{G_{12}-G_0-6}{d} \tag{1-46}$$

式中　α——超声波衰减系数（dB/m）；

G_{12}——二次底面回波与一次底面回波幅值差（dB）；

G_0——表面状况引起的回波信号幅值衰减（dB）；

d——产生两次回波试块厚度的两倍（m）。

如果没有条件测出超声波从工件表面穿透到探头表面的能量衰减值 G_0，则可以在 2 个不同厚度工件上都以一次波进行测量，假设两个工件的表面状况一致，一个工件厚度为 X_1，其回波幅值高度为 H_1，另一工件厚度为 X_2，其回波幅值为 H_2，X_1、X_2 均大于 3 倍近场值，则衰减系数可根据式（1-47）计算。

$$\alpha=\frac{20\lg\frac{H_1}{H_2}-20\lg\frac{X_2}{X_1}}{2(X_2-X_1)} \tag{1-47}$$

式中 α——超声波衰减系数（dB/m）；

H_1——试块 1 一次底面回波高度（%）；

H_2——试块 2 一次底面回波高度（%）；

X_1——试块 1 厚度（m）；

X_2——试块 2 厚度（m）。

第2章

超声相控阵理论基础

2.1 超声相控阵技术基本原理

将一块复合材料压电晶片切成若干个小晶片，并以一定的阵列方式进行排列，每个晶片都由独立的脉冲发射与接收电路进行控制，通过控制每一个晶片的激发时间，可以达到控制波阵面的效果。如图 2-1 所示，如果同时激发各个晶片，每个晶片将同时产生超声波，此时各个晶片产生的超声波波阵面会叠加在一起形成一个新的波阵面，各晶片产生的超声波叠加之后合成的超声波与单个相同面积同样晶片产生的超声波基本一致。

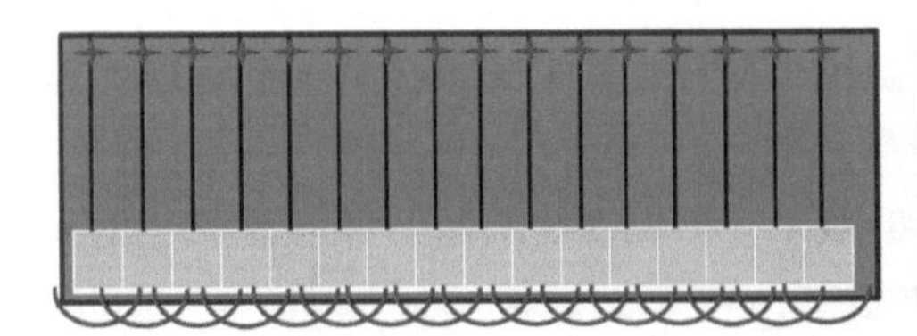
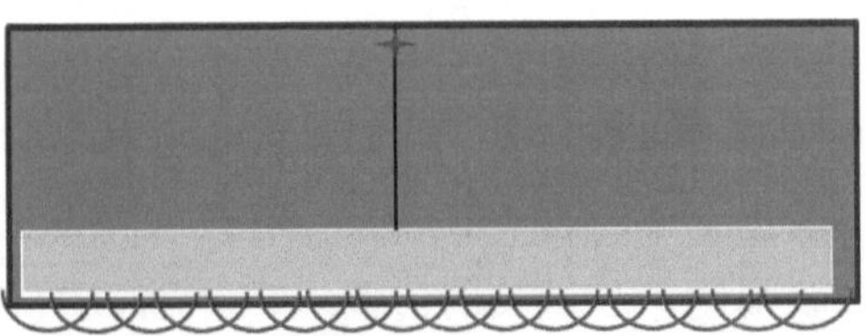

图 2-1 同时激发各个晶片产生的波阵面

1. 改变声束传播方向

如果激发各晶片的时间不一样，如图 2-2 所示，激发晶片的时间依次向后有一定的延时，此时各晶片产生的波阵面叠加在一起所形成的新波阵面传播方向已不是垂直向下，而是以一定的角度斜向传播，图 2-2 所示箭头方向即为新波阵面的传播方向，在该方向上超声波的能量最强。因此，只要精确控制各晶片激发的时间，使各晶片产生的超声波相位与想要的方向一致，就可以达到精确控制超声波传播方向的效果，激发晶片的延迟间隔越大，声束传播角度越大。

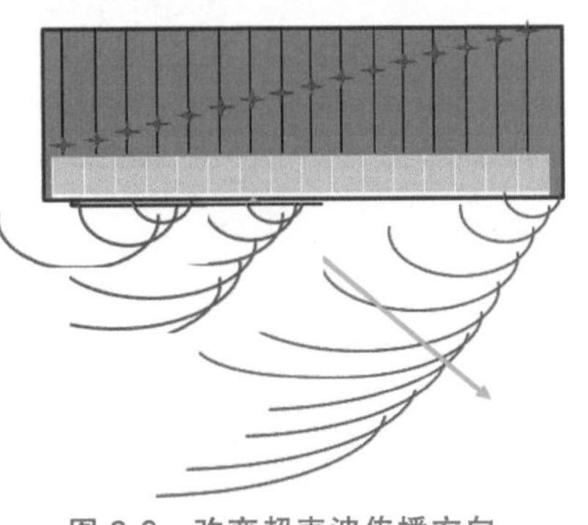

图 2-2 改变超声波传播方向

假设通过精确计算后，超声波传播方向为 5°时，晶片的延时激发间隔为 20μs，则 16

个晶片的激发时序依次为 [0,20,40,60,80,100,120,140,160,180,200,220,240,260,280,300,320,340]μs，通常把各晶片的一组激发时序称为一个延时法则。通过延时法则改变的声束传播方向为各晶片叠加合成后的声场，叠加合成后的声场在改变的声束方向上能量最强，并沿着该方向传播，然而各个晶片产生的超声波还是各自沿着原来的传播方向垂直向下传播。各个晶片在改变后的声束传播方向上的能量贡献主要靠扩散的声场能量，而半扩散角越大，其能量越弱，因此通过延时法则改变声束传播方向有一定的角度范围限制，并不能无限改变声束传播方向，一般通过延时法则改变的声束角度通常在20°之内能保证较好的声学性能。由于各个传播方向上的能量主要是靠各个晶片产生超声波的扩散能量叠加而成，因而各个方向上的叠加效果均不一样，因此，通过延时法则改变的各个声束方向上的能量均不一致，存在一定的差异，偏转角度越大，主声束上的能量越弱。从半扩散角的计算式（1-21）可知，探头的晶片尺寸越大，其半扩散角越小，因此单个晶片尺寸越小，通过延时法则能够控制的偏转角度越大。例如，一个相控阵探头的单个晶片宽度为1mm，另一探头的单个晶片宽度为0.5mm，则单个晶片宽度为0.5mm的探头可偏转能力比1mm的强。探头的频率越高，其半扩散角越小，通过延时法则能够控制的偏转角度越小，因此，如果需要大角度偏转，尽量选择频率较低一些的探头，相控阵探头只能在晶片切割方向进行声束偏转。

2. 声束电子聚焦

如果精确控制每个晶片的激发时间，使每个晶片激发的超声波同时到达某一位置，而且相位一致，这样在该位置处所有晶片的超声波叠加在一起都是正向叠加，在该位置处回波幅值最高，可以达到聚焦的效果。如图2-3所示，各晶片产生的超声波到达 F 位置处的时间一致，而且相位相同，在 F 处回波幅值最高，声束宽度最窄。为了使各晶片产生的超声波同时到达 F 处，两侧的晶片需要先激发，中间

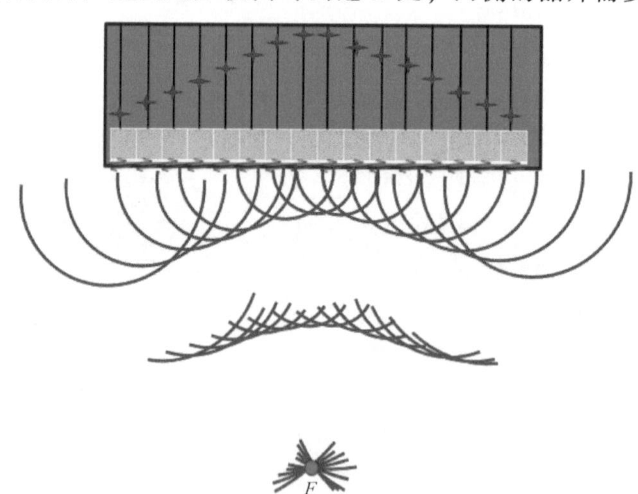

图2-3 超声相控阵声束电子聚焦示意图

的晶片需要慢激发。与常规单晶聚焦探头一样，相控阵电子聚焦的深度也不能超过近场深度，聚焦系数小于 0.5 时的聚焦效果更明显。

2.2　超声相控阵超声信号

2.2.1　超声相控阵探头声场

超声相控阵探头通常由压电复合材料加工生产，将一块大晶片切割成多块小晶片，并以阵列方式排列。如图 2-4 所示，相控阵探头切割成的小晶片数量通常称为晶片数，相控阵探头的晶片数一般都是以 8 为基数，如 8 晶片、16 晶片、32 晶片、64 晶片、128 晶片，选择探头时需根据具体的应用需要选择合适的晶片数量探头。相邻两个晶片的中心间距 p 称为晶片间距，单个晶片的宽度 e 为晶片宽度，通常晶片间距略大于晶片宽度，单个晶片的长度 w 为晶片长度，一次激发的晶片数总长称为激发孔径尺寸，图 2-4 所示尺寸 A 为激发 16 晶片时的激发孔径尺寸，激发孔径尺寸可以通过 $A=np$ 估算，其中 n 为激发晶片数，p 为晶片间距。相控阵探头激发的超声波能量与常规超声探头一样取决于激发总晶片的面积，例如对于一个 4MHz、16 晶片，晶片间距为 0.5mm，单个晶片长度为 9mm 的相控阵探头，如果激发 16 个晶片，其激发孔径尺寸 A 为 8mm，其激发的总面积约为 $8\times9\text{mm}^2$，如果激发一个相同晶片的单晶常规探头，其面积也为 $8\times9\text{mm}^2$，则相控阵探头得到的声场与单晶常规探头得到的声场基本一致，声场计算方法也与单晶常规探头一样。

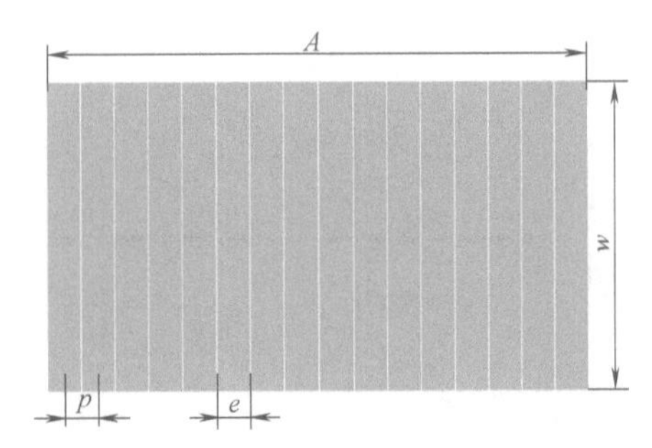

图 2-4　相控阵探头晶片分布

相控阵探头的近场值按方形晶片探头的计算式（1-25）计算，其中晶片的长和宽由激发的晶片总面积决定，以较长的边进行计算。以上述 4MHz、16 晶片相控阵探头为例，假如激发的晶片数为 16，则激发的晶片面积为 $8\times9\text{mm}^2$，其中 a 为 4.5，b 为 4，根据图 2-5 查得修正系数 h 约为 1.25。如该探头直接接触钢以纵波检测，其 λ 为 1.5mm，其近场值 N 为 $1.25\times\dfrac{4.5^2}{1.5}\text{mm}=17\text{mm}$，因此用该探头激发 16 晶片进行纵波检测时，其聚焦深度只在 17mm 范围内有效。当用该探头进行横波检测时，通常要在探头上加一楔块，此时计算钢中近场值时，需要减去超声波在楔块中传播的等效距离，按式（2-1）进行计算。

$$N_{钢}=h\frac{a^2}{\lambda}-\frac{l_{楔}}{v_{钢}}v_{楔} \tag{2-1}$$

式中 $N_{钢}$——横波在钢中的近场值；

h——方形晶片修正系数；

a——超声探头方形晶片长度的一半；

λ——超声波波长；

$l_{楔}$——超声波在楔块中的传播声程；

$v_{钢}$——超声波在钢中的横波声速；

$v_{楔}$——超声波在楔块中的纵波声速。

假设超声波在该探头楔块的传播距离 $l_{楔}$ 为 12mm，楔块中声速为 2337m/s，钢中横波声速为 3200m/s，钢中横波波长为 0.8mm，横波在钢中的近场值约为 23mm，计算如下

$$N_{钢}=1.25\times\frac{4.5^2}{0.8}\text{mm}-\frac{12}{3.2}\times2.3\text{mm}=31.6\text{mm}-8.6\text{mm}=23\text{mm}$$

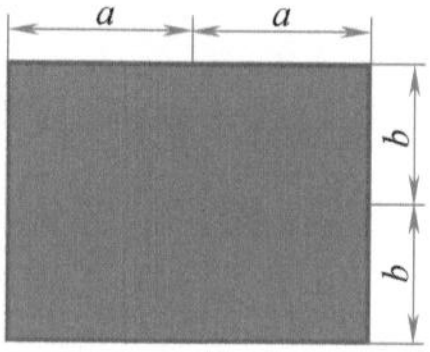

b/a	1.0	0.9	0.8	0.7	0.6	0.5	0.4	0.3	0.2	0.1
h	1.37	1.25	1.15	1.09	1.04	1.01	1.00	0.99	0.99	0.99

图 2-5 方形晶片修正系数

2.2.2 超声相控阵信号合成

超声相控阵仪器有多个独立的发射与接收电路，一般仪器至少有 16 个独立的发射与接收电路，仪器根据延时法则得到每个晶片的激发时间，然后通过各个发射与接收器激发各晶片产生超声波，随后超声相控阵仪器将一直测量各个发射与接收器接收到的各晶片超声信号，然后将各晶片接收到的超声信号按激发的延时法则进行合成，合成后得到一个 A 扫描信号，如图 2-6 所示。信号合成时用的延时法则与激发晶片时用的延时法则一致，一组延时法则激发各晶片将得到一个 A 扫描信号，因此有几组延时法则将得到几个 A 扫描信号。例如，当进行扇形扫查时，角度范围为 35°~75°，角度步距为 1°，每一个角度对应一组延时法则，总共有 41 组延时法则，因此完成 35°~75°扇形扫查将总共产生 41 个 A 扫描信号。

2.2.3 超声相控阵信号显示

常规超声检测仪激发超声探头产生超声波后将一直测量超声探头晶片上的电

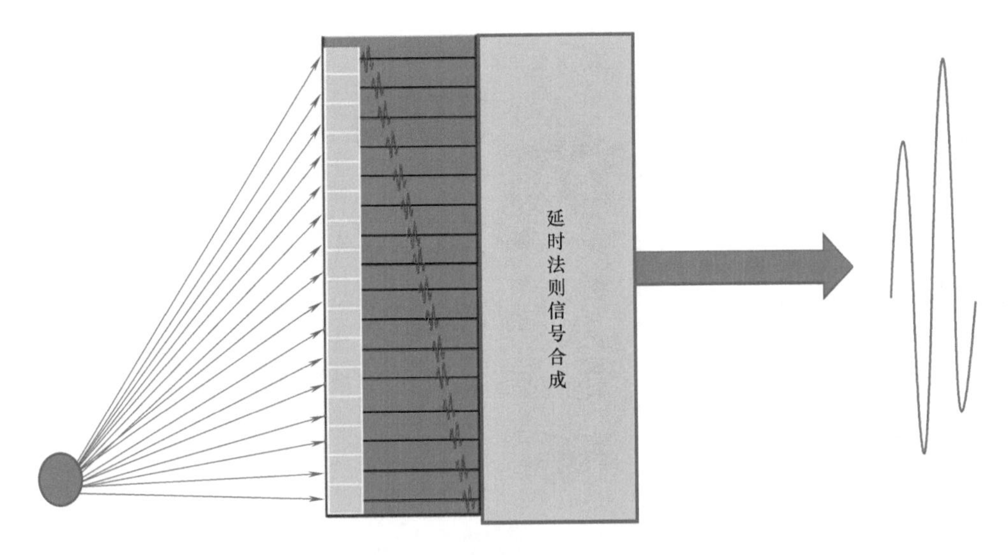

图 2-6　相控阵信号合成示意图

压，并且需要将各个时间点接收到的电压信号幅值显示出来，当超声探头接收到较强的超声信号后，探头晶片上将产生较强的电压信号，超声检测仪器上会显示出较强的电压幅值信号。A 扫描信号如图 2-7 所示，该图水平轴代表时间，垂直轴代表信号的幅值，通过该图可以得到各个时间点测量到的超声回波信号幅值信息，通常把这种各个时间点的超声回波信号幅值图称为 A 扫描波形图。常规的超声检测仪显示的就是 A 扫描波形图，如果超声波在工件中的传播速度已知，就可以将水平轴转换成超声波传播的距离，这样就可以在 A 扫描图上直接得到超声波传播在工件中的位置信息，从而知道缺陷回波在工件中的位置，达到缺陷定位的目的。

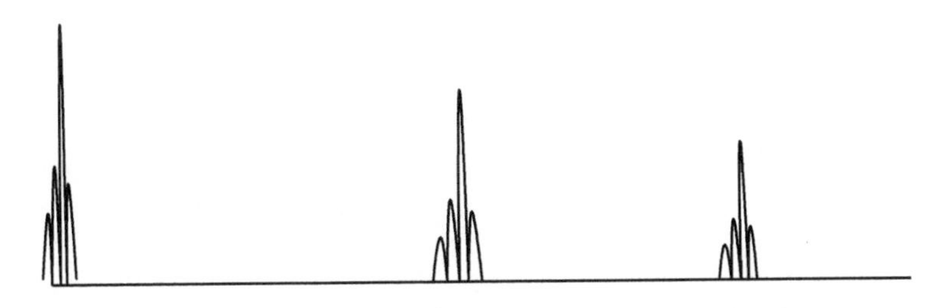

图 2-7　A 扫描信号

从以上分析可以得知，一个 A 扫描图主要包含了超声波传播的位置信息以及超声回波的幅值信息，相控阵通过一个延时法则即可得到一个 A 扫描回波信息，而相控阵扇形扫查各个角度都将得到一个 A 扫描回波信息。例如，相控阵 35°~75° 的扇形扫查中将得到 41 个 A 扫描回波信息，为了将这些 A 扫描回波信息都直观地显示出来，需要将回波幅值信息通过颜色显示出来。A 扫描波形颜色量化示意图如

图 2-8 所示，将 A 扫描波形图像化时，水平轴仍然保持为超声波传播的位置信息或时间信息，回波的幅值通过右侧的颜色条进行量化，0～100%范围内的每一个幅值都能在颜色条中找到对应的一种颜色。例如，回波幅值如果为显示屏的 80%，其对应的颜色为橙色，回波幅值如果为 50%，其对应的颜色为绿色，回波幅值如果为 10%，其对应的颜色为淡蓝色。将 A 扫描波形图上每一个位置对应的幅值到颜色条中取出相应的颜色，然后将该颜色显示在其对应的位置处，这样就能得到图 2-8 所示的 A 扫描波形量化颜色条。将相控阵各种扫查中得到的 A 扫描波形通过颜色量化后以各种特定的方式拼在一起，就能得到完整的显示图像。

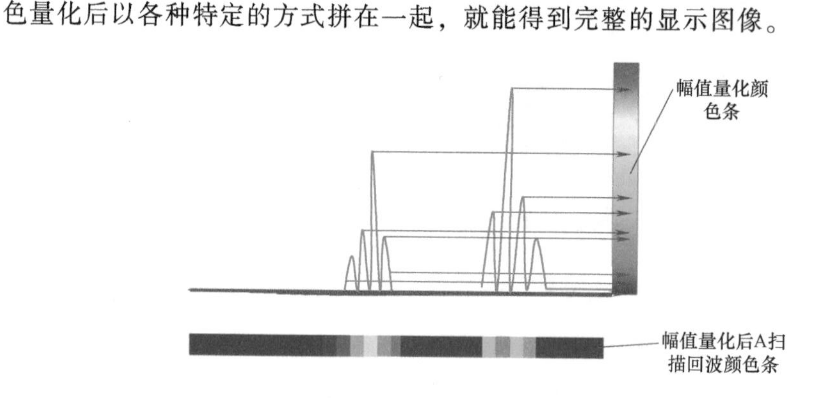

图 2-8　A 扫描波形颜色量化示意图

2.3　超声相控阵信号显示模式

2.3.1　相控阵扇形扫查

相控阵扇形扫查是通过控制延时法则，使超声波以不同的角度以扇形的方式进行扫查，要进行相控阵扇形扫查只需要在相控阵仪器中输入扇形扫查的角度范围，相控阵仪器会根据设定的角度计算出各角度相应的延时法则，然后依次激发。例如横波扇形扫查的角度范围为 35°～75°，角度递增步距为 1°，相控阵仪器及探头将依次激发产生 35°,36°,37°,38°,…,75 °的超声波，相控阵仪器最终将得到 41 个 A 扫描信号，如果角度递增步距为 0.5°，这时将依次激发产生 35°,35.5°,36°,…,75°的超声波，相控阵仪器最终将得到 81 个 A 扫描信号。相控阵仪器需要将得到的各个角度 A 扫描信号转换成量化颜色条，然后将各角度的颜色条以入射点为圆心，按其角度位置以扇形的方式对应叠加在一起，这样就得到了一幅扇形扫描显示图，如图 2-9 所示。扇形扫查显示图的原点 O 点对应相控阵探头超声波入射点位置，水平 X 轴对应扇形扫查方向的水平位置，也代表工件的水平位置，垂直 Y 轴代表扇形扫查的深度位置，也代表了工件的深度位置。因此在扇形图上可以直观地得到缺陷信号在工件中的水平位置信息及深度位置信息，通过颜色可以大概知道缺陷回波信号的幅值信息，如果需要精确知道缺陷回波的幅值，需要通过测量的方式显示出其回波幅值。由于超声波在不同位置的声束宽度并不一致，这会导致同样大小的横孔信号在不同深度的显示宽度尺寸不一致，因此扇形图像显示出来的缺陷尺寸和真实缺陷尺寸存在一定的误差。

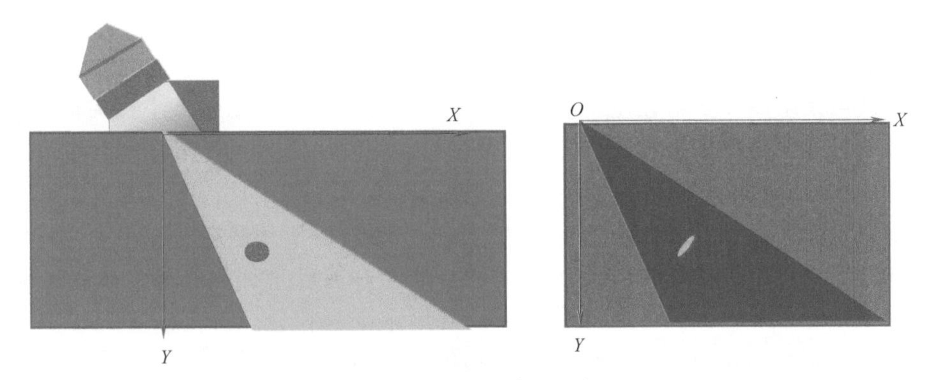

图 2-9　扇形扫查显示示意图

通过相控阵扇形扫查不仅能直观地将缺陷显示出来，而且还能够显示出内部缺陷的分布情况。如图 2-10 所示，在扇形扫查显示图上可以很清楚地显示出多个缺陷的分布情况，对缺陷的分析更加准确。

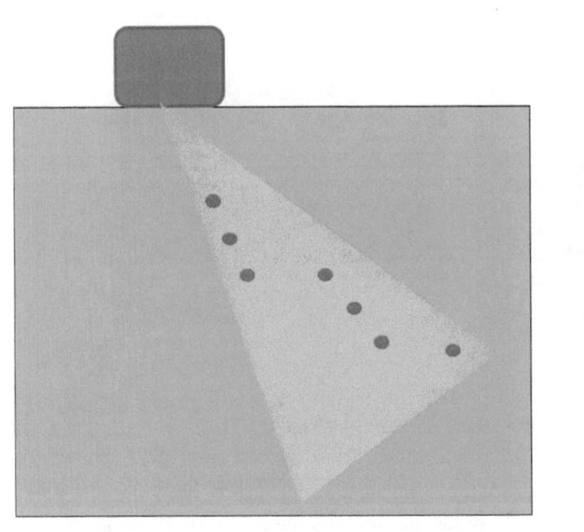

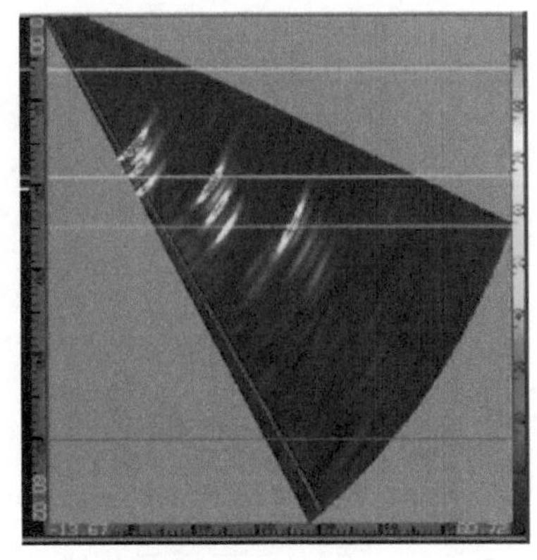

图 2-10　扇形扫查显示内部缺陷分布示意图

2.3.2　线性电子扫查

1. 线性电子扫查基本原理

超声相控阵探头由多个晶片以阵列的方式进行排列，超声相控阵仪器可以灵活控制激发的激片数及激发方式。假设一个相控阵探头由8个晶片线性排列，相控阵仪器一次同时激发第1个至第4个晶片，总共激发4个晶片，其对应为一个延时法则，这时这4个晶片产生的超声波将叠加在一起合成一个超声波。等超声相控阵仪器接收合成完这4个晶片接收到的超声信号后，超声相控阵仪器再激发第2个至第5个晶片，也是总共激发4个晶片，同样等接收合成完这4个晶片接收到的超声信号后，再激发第3个至第6个晶片，然后再依次激发第4至第7个晶片，第5至第8个晶片。通过这样的激发方式将得到5个A扫描信号，总共5个延时法则，这好像超声波声束从晶片2位置连续移动至晶片7位置处，就像拿1个小探头从晶片2位置移动扫查至晶片7位置处。像这种通过控制延时法则达到超声波声束移动效果的扫查方式称线性电子扫查。线性电子扫查同时激发各晶片时，可以通过延时法则让其垂直入射，或者以某个固定的角度斜入射，也可以让其聚焦入射。

线性电子扫查中得到的A扫描信号同样需要转换成量化颜色条，然后将量化颜色条放置于对应的工件位置处叠加在一起形成B扫描图像。如图2-11所示，B扫描图的X轴代表相控阵电子扫查声束移动方向，也代表工件的水平位置信息，B扫描图的Y轴代表工件的深度方向，原点位置通常为第一次激发的晶片位置处，颜色代表各位置处相对应的回波幅值信息。

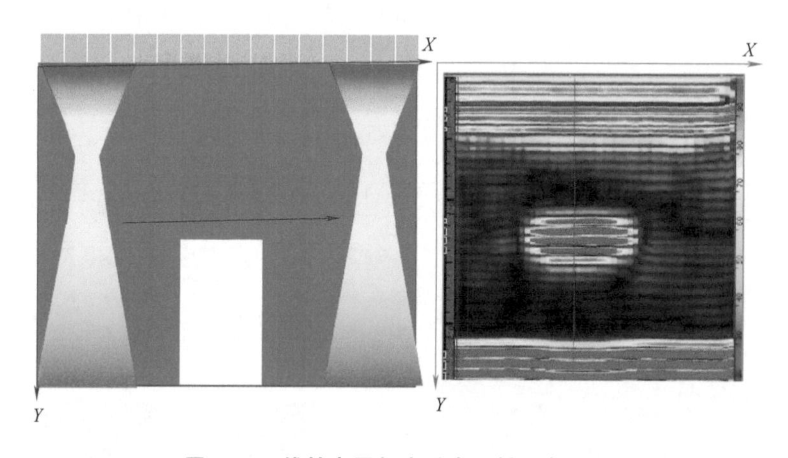

图2-11 线性电子扫查垂直入射示意图

当线性电子扫查的延时法则并非垂直入射，而是以一个固定角度斜入射时，如图2-12所示，每个位置电子扫查得到的A扫描波形图经颜色量化后，量化颜色条以其入射角度在其相对应的位置显示，这些所有角度量化颜色条叠加在一起将形成一幅斜入射B扫描图，该B扫描图与垂直入射B扫描图类似，X轴代表电子扫查方向，即工件水平位置，Y轴代表工件的深度信息，各点的颜色代表各位置处的回波幅值信息。

2. 线性电子扫查图像分析

通过前文了解到，超声波声束在其传播方向不同位置的声束宽度并非一致，声

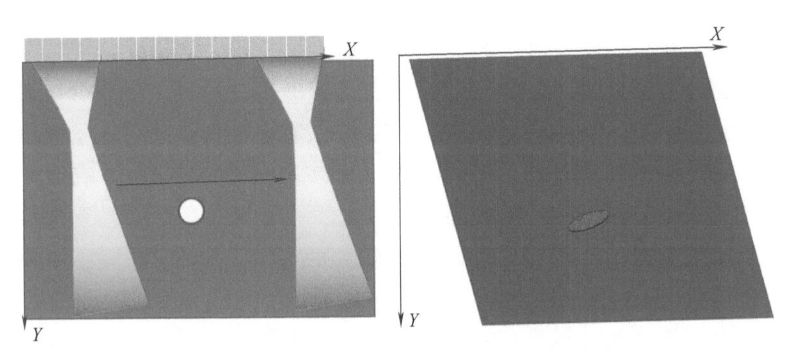

图 2-12　线性电子扫查斜入射示意图

束宽度从探头表面到近场值位置处越来越窄，在近场值位置处的声束宽度最窄，其 6dB 声束宽度约为探头直径的四分之一，从近场值位置处开始之后的声束宽度越来越宽，与探头的半扩散角相关。

不同深度相同大小缺陷的 B 扫描显示图如图 2-13 所示，当缺陷尺寸小于声束宽度时，相同大小的缺陷在不同声束位置的 B 扫描图像显示的大小不一样。从图

图 2-13　不同深度相同大小缺陷的 B 扫描显示图

中可以看出，在近场值位置处，缺陷 B 扫描图显示的大小与真实缺陷尺寸最接近。在声束扩散区域，B 扫描图上显示的缺陷相比真实缺陷有一定的放大，这主要是因为在扩散区域，由于声束宽度大于缺陷，相控阵进行电子扫查时，当声束移动到缺陷旁边时，其扩散声场也会入射到缺陷位置处，而且也能接收到回波信号，在该位置处也会将缺陷回波信号显示出来，而并非只有当主声束入射到该缺陷时才有回波信号。声束宽度越宽的位置处，其图像放大越厉害。因此，在检测过程中如果发现缺陷，需要对该缺陷进行准确测量分析时，可以通过调整激发晶片数和延时法则，使缺陷尽量在声场近场值位置处，或者使缺陷在声场近场区范围内，通过聚焦使声场聚焦在缺陷位置处，使缺陷显示图像尺寸尽量和真实缺陷接近。当缺陷尺寸大于声束宽度时，在缺陷边界处显示的图像同样会有一定的放大效果，此时可以通过 6dB 法测量减小测量误差。声束宽度的计算方法可以参考 1.4.2 节所述的计算方法。

3. 线性电子聚焦扫查

超声相控阵技术可以通过控制延时法则，很容易实现声束聚焦，从而在聚焦位置得到最高灵敏度与最佳分辨力。当进行线性电子扫查时，可以使每个位置的声束均以相同的聚焦方式进行扫查，这种扫查方式称为线性电子聚焦扫查。当使用相控阵延时法则聚焦时，聚焦的深度只能在近场区范围内，而且聚焦系数在 0.1~0.3 范围内时聚焦效果最好，聚焦系数在 0.3~0.6 范围内时，聚焦效果一般，聚焦系数在 0.6~1 范围内时，聚焦效果较弱。

当使用一个 64 晶片相控阵探头进行线性电子聚焦扫查时，其频率为 5MHz，晶片间距为 1mm，单个晶片长度为 10mm，如果一次激发 8 个晶片，产生超声波的晶片面积约 $8\times10\text{mm}^2$，则可根据方形晶片近场值计算式（1-25）估算。其中 a 为较长边的一半 5mm，修正系数 h 可根据图 2-5 查得为 1.15，波长 λ 为 5.9/5mm = 1.18mm，则近场值 $N=1.15\times\frac{5^2}{1.18}\text{mm}=24.4\text{mm}$。在电子扫查方向声束的 6dB 半扩散角 $\gamma_{-6}=\arcsin\left(0.44\frac{\lambda}{D_2}\right)=\arcsin\left(0.44\times\frac{1.18}{8}\right)=3.7°$，其在近场值位置处在电子扫查方向的声束宽度约为该方向晶片尺寸的 1/4，即约为 2mm。其在近场区外电子扫查方向的声束宽度可估算出 $B=0.88z\frac{\lambda}{D_2}$，如在 45mm 处，声束宽度 $B=0.88\times45\times\frac{1.18}{8}\text{mm}=5.8\text{mm}$。图 2-14 所示为该电子扫查对不同深度 2mm 平底孔未聚焦与聚焦的效果图像。从图中可以看出，近场区范围内 15mm 深的平底孔聚焦后的图像效果明显比未聚焦时分辨力更好，其测量出的尺寸与真实尺寸更接近，在近场区范围外 30mm 深与 45mm 深的平底孔，聚焦后的效果与未聚焦的效果基本一致。45mm 深的平底孔，由于在该深度处声束宽度约为 5.8mm，因此在该位置处测量出的尺寸有明显的放大，比真实尺寸更大。

如果用该探头一次激发 4 个晶片，产生超声波的晶片面积约为 $4\times10\text{mm}^2$，则其近场值 $N=1.0\times\frac{5^2}{1.18}\text{mm}=21.2\text{mm}$，在电子扫查方向声束的 6dB 半扩散角 $\gamma_{-6}=$

$\arcsin\left(0.44\times\frac{1.18}{4}\right)=7.5°$，其在近场值位置处在电子扫查方向的声束宽度约为该方向晶片尺寸的 1/4，即约为 1mm。其在近场区外电子扫查方向的声束宽度可估算出 $B=0.88\times z\frac{\lambda}{D_2}$，如在 45mm 处，声束宽度 $B=0.88\times45\times\frac{1.18}{4}\text{mm}=11.7\text{mm}$。由此可以看出，在 45mm 处，用该延时法则扫查时，其声束宽度明显比激发 8 晶片时宽，图 2-15 所示为激发 4 晶片时 2mm 平底孔在不同深度时的显示图像。从图像中可以看出，在 15mm 处平底孔的显示图像分辨力明显比 30mm 处的分辨力好，在 45mm 处显示的平底孔图像比激发 8 晶片时的图像扩散更严重。

从以上分析可以看出，不同的激发晶片方案与延时聚焦法则对缺陷的显示影响很大。设定好延时聚焦方案后，需要对该方案产生的声场进行分析，对显示的缺陷图像进行一定的修正，检测过程中发现缺陷后，最好能使超声波在该位置进行聚焦，提高分辨力后再对缺陷进行测量，提高测量精度。

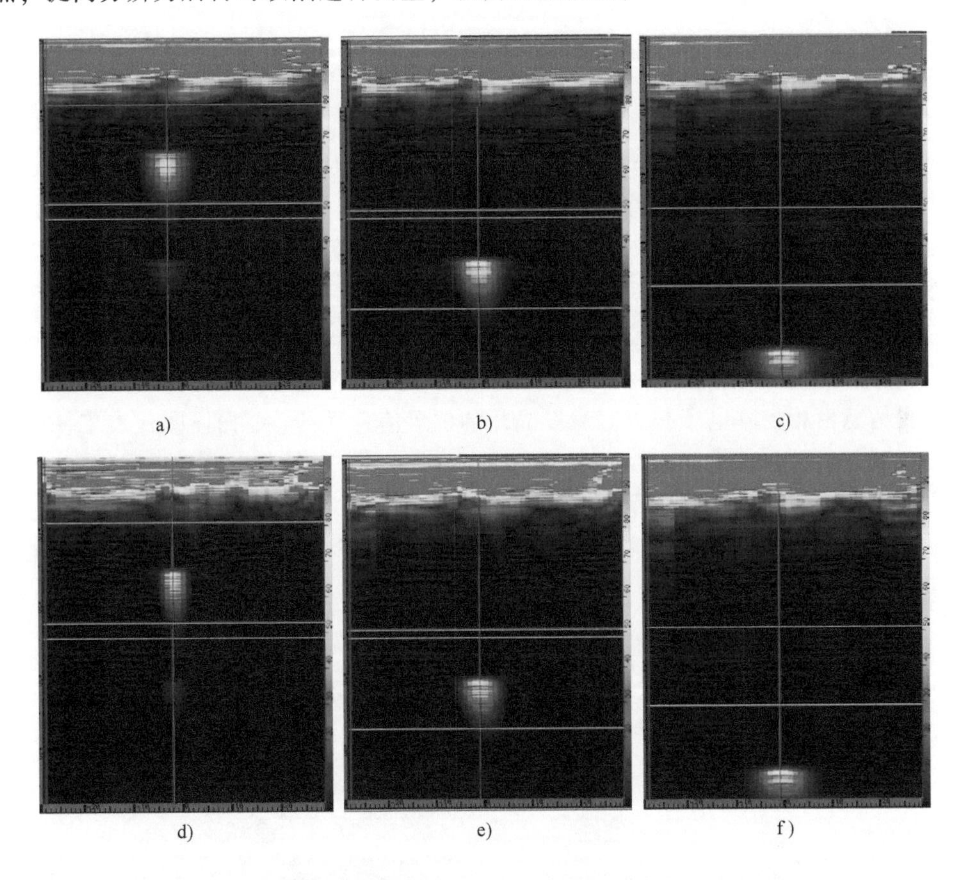

图 2-14 不同深度 2mm 平底孔未聚焦与聚焦效果图像

a）15mm 深未聚焦 b）30mm 深未聚焦 c）45mm 深未聚焦 d）15mm 深聚焦 e）30mm 深聚焦 f）45mm 深聚焦

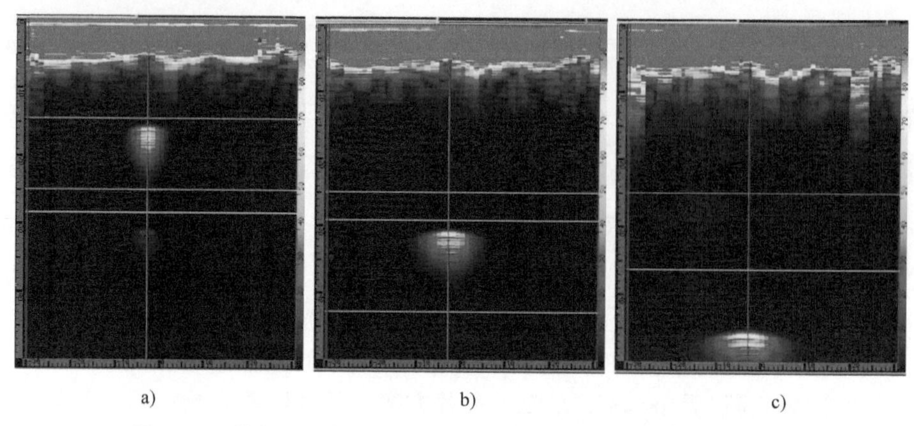

图 2-15 激发 4 晶片扫查不同深度 2mm 平底孔未聚焦效果图像

a）15mm 未聚焦 b）30mm 未聚焦 c）45mm 未聚焦

2.3.3 C 扫描显示

1. 幅值 C 扫描显示

相控阵探头固定在检测工件上进行线性电子扫查时，得到的是在探头位置处工件内部截面的信息，当探头移动扫查时，仪器上将动态显示探头移动到各位置处的 B 扫描图像。如果在探头上装一个位置编码器，在移动扫查过程中，将对应的工件位置信息与该位置 B 扫描信息都记录存储下来，然后选择好数据源，就可以得到相应的 C 扫描显示图。C 扫描显示图的 *X* 轴代表工件的水平轴，*Y* 轴对应工件的纵轴，图 2-16 所示为 C 扫描显示示意图。C 扫描图的 *X* 轴位置信息由编码器得到，*Y* 轴位置信息由相控阵电子扫查时激发晶片的位置信息得到，C 扫描图代表工件的俯视图，能把工件内部缺陷的 *X* 轴长度信息与 *Y* 轴长度信息直观显示出来，能把 *XY* 面方向上缺陷的形状轮廓显示出来。如图 2-16 所示，如果缺陷从上往下俯视看是方形，在 C 扫描图上显示出来也是方形图像，如果俯视看是圆形，在 C 扫描图上显示的就是圆形图像。

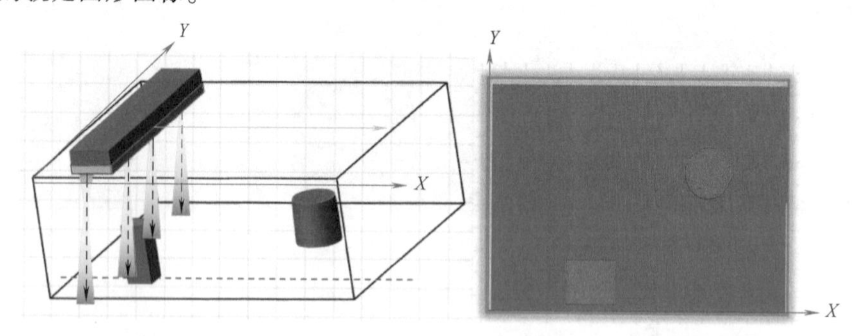

图 2-16 C 扫描显示示意图

C 扫描图的每一个坐标位置处都对应有一束超声波 A 扫描信号，一个 A 扫描信号包含各个时间点接收到的回波幅值信息，既包含时间信息，也包含回波幅值信息，但该坐标位置处只能显示一个颜色信息，也就是说只能显示该位置处 A 扫描信号中一个点的信号，因此选择 A 扫描信号中的哪一点信号在 C 扫描图上显示至关重要。图 2-17 所示为 A 扫描幅值量化颜色条，如果 C 扫描成像数据源为闸门内幅值，则该位置点 C 扫描图上颜色为闸门内最大幅值对应的颜色。如图 2-17a 所示设置闸门时，其对应的 C 扫描颜色为橙色，如图 2-17b 所示设置闸门时，其对应的 C 扫描颜色为绿色，如图 2-17c 所示设置闸门时，其对应的 C 扫描颜色为蓝色。

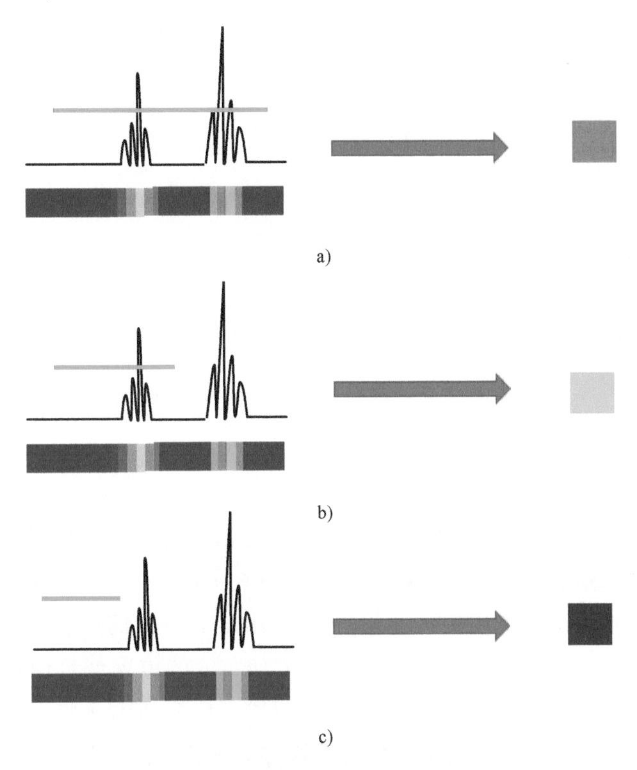

图 2-17 不同闸门设置对应的 C 扫描颜色显示

a）橙色 b）绿色 c）蓝色

2. 深度 C 扫描显示

A 扫描信号中不仅包含幅值信息，也包含深度信息，在 C 扫描成像时如果想直观显示深度信息，同样可以将深度信息转换成量化颜色条。如图 2-18 所示，A 扫描信号深度为 1mm 时，其颜色为红色，深度为 30mm 时，其颜色为蓝色，这样对应不同的深度可以在颜色条上取相应的颜色。闸门如图 2-18a 所示设置时，当 C 扫描数据源为闸门内所测深度值时，其对应的颜色为淡绿色，当闸门如图 2-18b 所示设置时，其对应的颜色为淡蓝色。

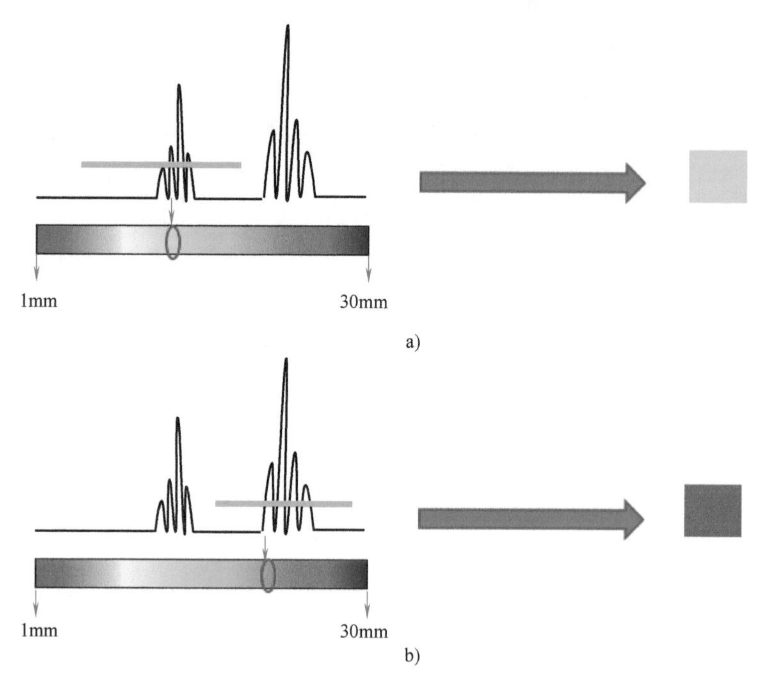

图 2-18 以深度为 C 扫描数据源时的显示

a）淡绿色 b）淡蓝色

3. 扇形扫查 C 扫描显示

用相控阵横波扇形扫查检测焊缝时，在探头扫查方向装上编码器，也可以得到 C 扫描显示图，如图 2-19 所示，探头沿 *X* 轴方向扫查，起点为 *O* 点，*Y* 轴为超声波入射方向，*Z* 轴为工件深度方向。C 扫描图的 *X* 轴位置信息由编码器得到，*X* 轴每一位置对应一幅原始扇形扫描图像数据，*Y* 轴对应的位置信息由每个角度声束根据其角度信息及声程信息计算出的水平位置得到。C 扫描图 *Y* 轴上每一点的颜色由该位置对应扇形图所选闸门范围内的最大幅值信号决定。如图 2-20 所示，*Y* 轴虚线位置处对应的 C 扫描颜色由垂直虚线穿过扇形图所选闸门范围内的最大幅值信号决定，在该图中即为黄色。*XZ* 侧视图中对应 *Z* 轴深度方向的颜色由图 2-20 所示水平虚线穿过扇形图所得到的最大幅值决定，该图中在该水平虚线上的最大幅值也

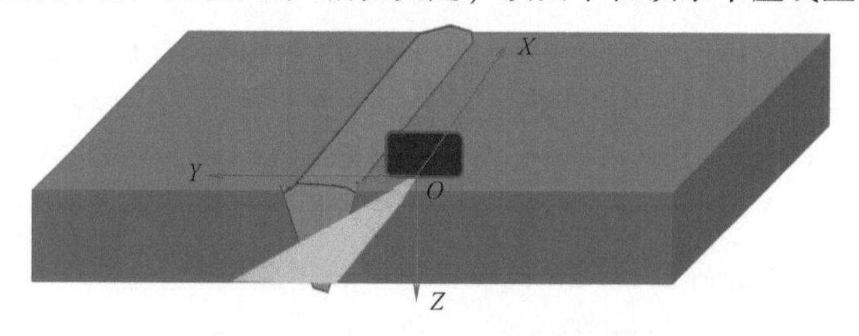

图 2-19 焊缝 C 扫描坐标示意图

是图示中所显示的黄色。因此，扇形扫描图 C 扫描成像时，闸门的设置同样至关重要，直接影响 C 扫描成像的数据源。图 2-21 所示为焊缝扇形扫查成像的 C 扫描图及侧视图，其对应的坐标位置信息如图中所示，该图不仅可以直观显示出缺陷在 *XY* 平面的位置信息，还能直观显示出缺陷在 *XZ* 平面的深度位置信息。

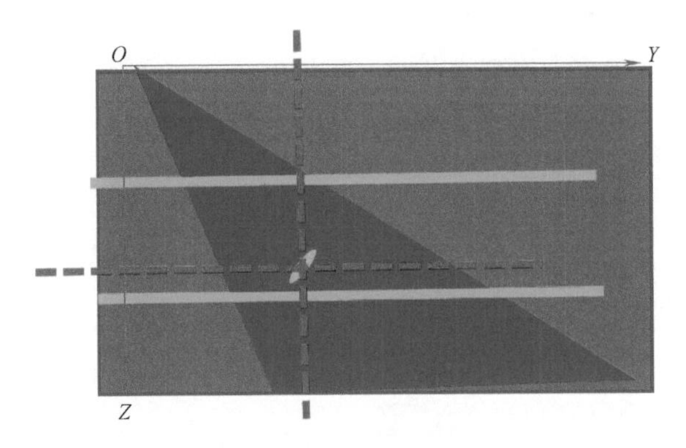

图 2-20　横波斜入射闸门设置示意图

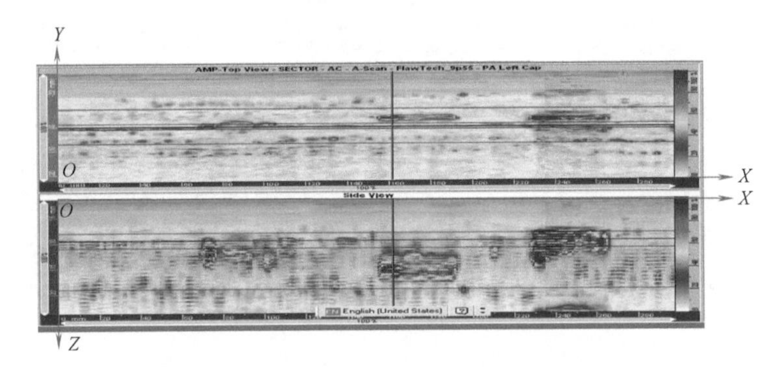

图 2-21　焊缝扇形扫查成像 C 扫描图及侧视图

2.4　超声相控阵灵敏度修正

2.4.1　扇形扫查灵敏度修正

超声相控阵技术可以通过电子的方式控制超声波的入射角度从而实现扇形扫查，通过控制激发晶片的位置方式，从而实现线性电子扫查，这两种扫查方式都将激发产生多个超声波。例如，扇形扫查模式扫查角度从 35°～70°，角度步距为 1°，这时将激发产生 36 个 A 扫描信号，电子扫查模式使用 64 晶片探头，一次激发 8 个晶片，移动步距为 1，这时将产生 57 个 A 扫描信号。由于各种因素的影响，这些激发产生的不同角度超声波与不同位置激发的超声波的声学性能有一定的差异，特别是灵敏度存在一定的差异性，因此使用相控阵技术进行检测时，激发产生的所有超声波都需要进行灵敏度修正，使其处于同一灵敏度基准水平。

图 2-22 所示为扇形扫描不同角度扫查同一横孔的信号显示图。从图中可以看出，当 45°声束扫查到横孔时，其幅值约为 80%，当 60°声束扫查到横孔时，其幅值约为 40%，当 70°声束扫查到横孔时，其幅值约为 20%，角度越大，其灵敏度越低。不同角度声束灵敏度的差异主要由以下几个原因造成，其一是不同角度的声束到达横孔的声程有一定的差异，不仅声束在楔块中传播的声程不一样，在材料中传播的声程也不一样；其二是相控阵产生的不同角度声束均为多晶片声束叠加合成后的声束，大角度声束的能量有相当一部分是小晶片大角度扩散能量的叠加，其叠加合成的声束能量更低，灵敏度更低。

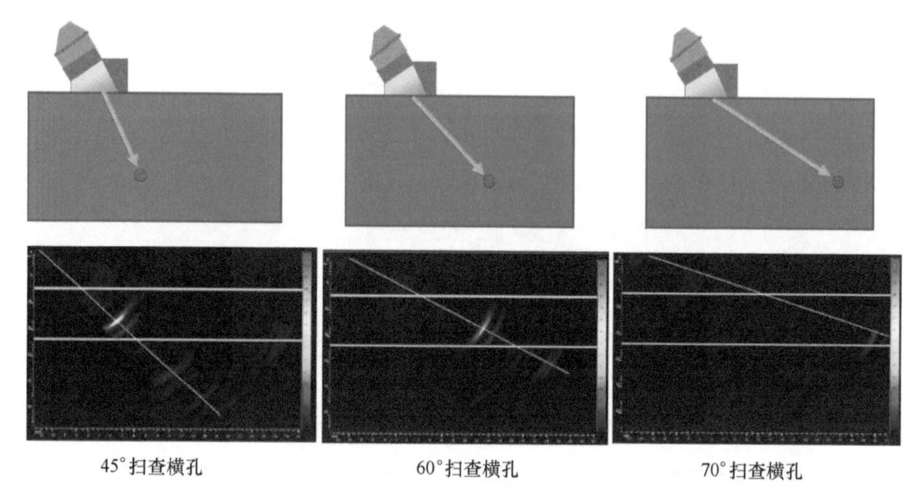

图 2-22 扇形扫描不同角度扫查同一横孔的信号显示图

各角度声束灵敏度的差异将严重影响对缺陷的定量，因此必须将各角度的声束灵敏度进行修正。为了修正各角度声束的灵敏度，需要记录各角度对同一参考反射体的最大回波幅值信号，然后超声相控阵仪器将各角度的灵敏度补偿到同一灵敏度基准。图 2-23 左图所示为不同角度扫查同一横孔记录的最大回波幅值曲线，从图中可以看出，角度越大，幅值越低；图 2-23 右图所示为不同角度声束幅值补偿到同一基准灵敏度后的曲线，均为 80%左右。

图 2-24 所示为各角度灵敏度补偿为同一基准后，各角度扫查同一横孔的信号图像，从图像中可以看出，经过补偿后，各角度扫查横孔得到的信号幅值基本一致，均为 80%左右。通过角度增益补偿后，可以使同一深度每一角度的灵敏度一致，保证每一角度定量准确。然而对于同样大小的缺陷，在不同深度时，由于声程的差异，回波幅值信号也不一致，也就是说同样大小的缺陷在不同深度时，其显示颜色将不一致，这也会影响对缺陷的判断及定量，因此也需要在深度上对不同角度

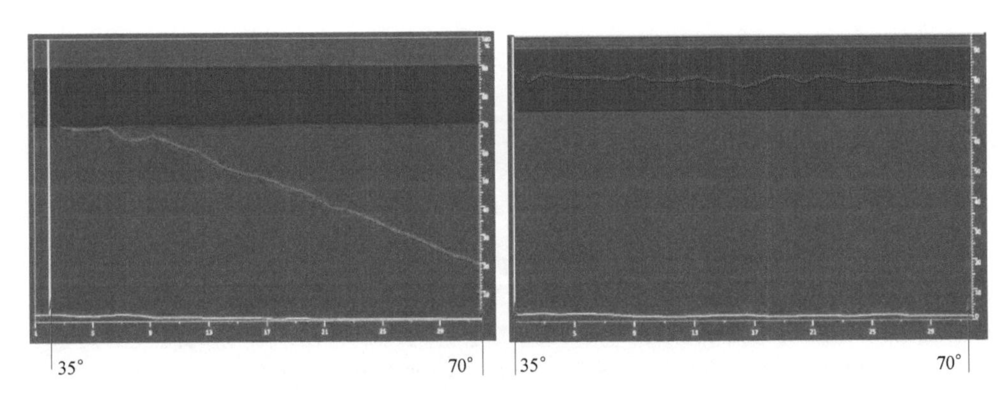

图 2-23　不同角度声束幅值原始曲线及补偿后曲线

声束进行补偿，使同一大小缺陷在不同深度时的回波幅值一致，使其颜色一致，这样就可以在整个扇形扫描图上通过颜色对缺陷进行定量。扇形扫描图上每一位置检测到同一缺陷，其显示颜色为同一种颜色。

为了补偿扇形扫描声束不同角度、不同深度的灵敏度，通常需要记录不同深度参考反射体的回波信号。每一深度的参考反射体每一角度都要记录其最大回波幅值信息，这样才能达到较好的补偿效果。图 2-25 所示为补偿前及补偿后同样大小参考反射体在不同位置的扇形扫描显示图。从图中可以看出，补偿前不同位置参考反射体的回波幅值信息差异较大，其显示颜色差异较大，补偿后不同位置参考反射体的回波幅值基本一致，其显示颜色也基本一致。

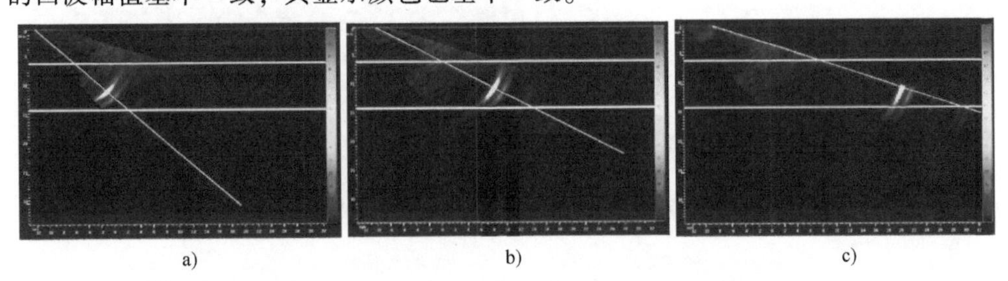

图 2-24　扇形扫描灵敏度补偿不同角度扫查同一横孔信号显示图

a）45°扫查横孔　b）60°扫查横孔　c）70°扫查横孔

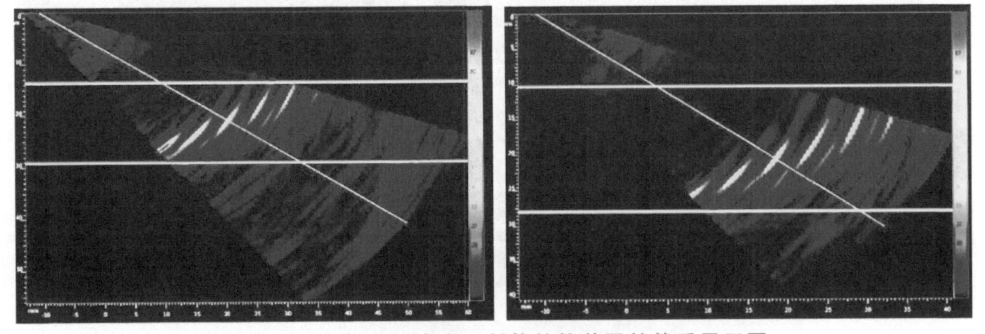

图 2-25　不同位置参考反射体补偿前及补偿后显示图

2.4.2 线性扫查灵敏度修正

当使用线性电子扫查方式进行检测时，由于相控阵探头各晶片的灵敏度存在一定的差异，因此激发不同晶片时其合成的声束灵敏度也存在一定的差异，特别是当有些晶片损坏或其灵敏度明显下降时，各个声束之间的灵敏度差异更大。因此，线性电子扫查时，也需要对各个声束的灵敏度进行补偿，使其处于同一灵敏度基准。图 2-26 所示为 64 晶片探头线性电子扫查图像，从图中看出，红色圆圈处的声束灵敏度明显比其他位置灵敏度低，这有可能是该位置处某个晶片损坏或灵敏度下降明显造成的。因此需要记录各位置声束对同一反射体的最大回波幅值信号。图 2-26 右图所示为记录的不同位置声束最大回波幅值曲线图，相控阵仪器记录了该曲线后就可以对每个声束逐一补偿，使其都处于同一灵敏度基准。图 2-27 所示为补偿后各声束对同一反射体的回波幅值显示图。与扇形扫查模式一样，不同深度声束的灵敏度不一致，为了使相同大小缺陷在任何位置的回波幅值都一致，使其显示颜色一致，线性电子扫查时，也需要记录各声束对相同反射体在不同深度的最大回波幅值，然后进行补偿。

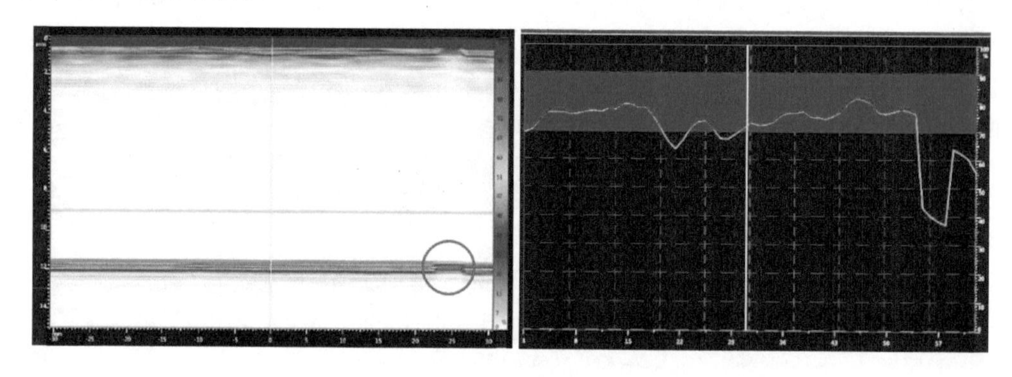

图 2-26 补偿前各声束回波幅值曲线

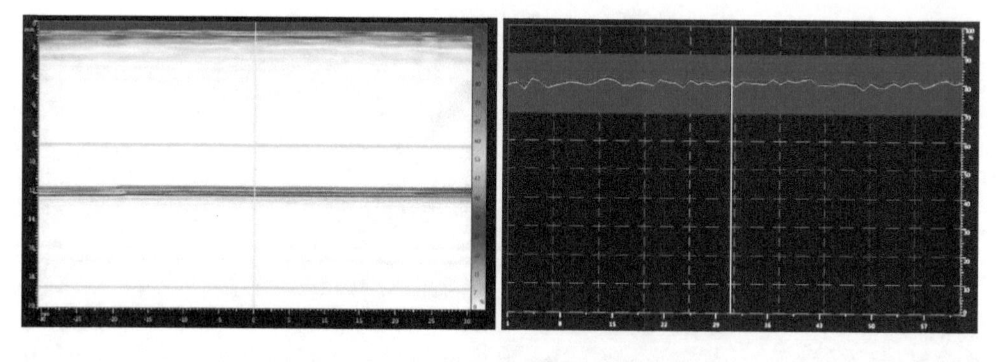

图 2-27 补偿后各声束回波幅值曲线

2.5 超声相控阵技术关键性能

1. 扇形扫查角度误差

超声相控阵技术可以通过控制延时法则控制超声波入射角度，这是超声相控阵技术的最大优点之一。然而相控阵控制超声波入射角度的精度很大程度上取决于超声相控阵仪器的算法，另外探头在使用过程中楔块的磨损也将给入射角度造成一定的偏差。因此，在检测之前很有必要验证扇形扫查的角度偏差，这对缺陷定位精度有很大影响。通常情况下验证45°、60°与70°的角度偏差，在测量角度之前，需要测量每个角度的楔块前沿，由于每个角度在楔块上的入射点存在一定的差异，其前沿也有一定的差异。各角度楔块前沿的测量方法如图2-28所示，先选择需要测量角度的声束，并显示A扫描，探头放置于CSK-IA试块A位置，前后移动，找到最大回波位置，此时声束入射点为半径为100mm圆弧的中心点，然后量出探头前端面至试块端面位置的距离 m，则楔块前沿 $l_0=100-m$。

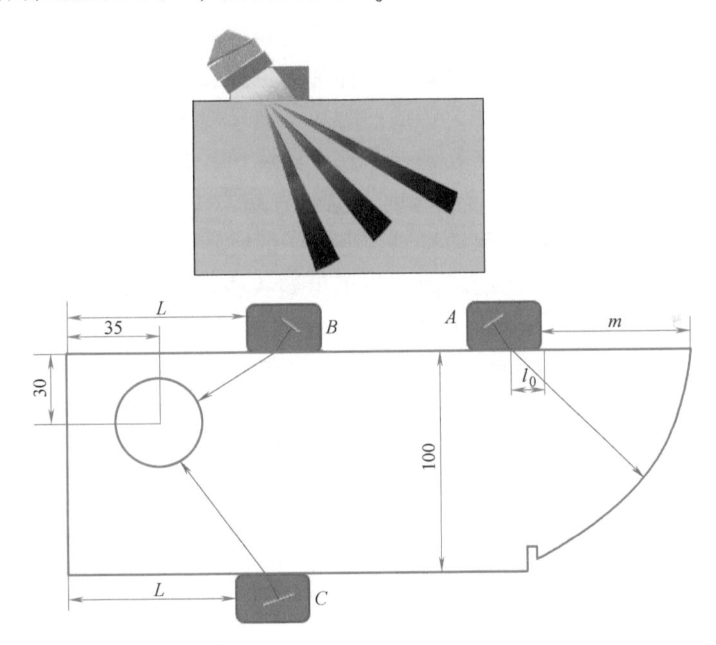

图2-28　探头前沿及声束角度测量

测量声束角度时，探头可以放置于图2-28所示 B 或 C 位置处，利用直径为50mm的圆弧反射信号进行测量，探头前后移动，找到最大回波位置处。理论上最大回波位置处声束中心线穿过圆心，此时量出探头前端面至试块端面的距离 L。当探头放置于 B 位置时，根据式（2-2）计算出折射角 β；当探头放置于 C 位置时，则根据式（2-3）计算其折射角 β。

$$\tan\beta = \frac{L+l_0-35}{30} \tag{2-2}$$

$$\tan\beta = \frac{L+l_0-35}{70} \tag{2-3}$$

式中 β——测量声束折射角；

L——探头前端面至试块端面的距离；

l_0——某角度超声波在楔块中的前沿距离。

进行声束角度测量时，应尽量使声束入射到圆弧的位置处于声束近场值至2倍近场值位置之间，这样能够更准确地找到最大回波位置处，并且声束中心线穿过圆心。如果在近场值范围内测量，有可能最大回波位置处并非在主声束上，造成测量误差。因此，测量时应根据所测声束的近场值距离选择在 B 位置或 C 位置进行测量。

2. 定位误差

超声检测不仅需要检测出工件内部的缺陷，而且需要准确知道缺陷的位置，对超声检测仪器来说，它只知道什么时间激发产生超声波，什么时间接收到超声回波信号。因此，如果想要准确知道缺陷在工件中的位置，就需要准确知道超声波在工件中传播的速度及超声波在工件中传播的时间。通常超声探头有一层保护层或者有延迟块，因此当超声检测仪器接收到一个超声回波信号时，其接收到超声回波的时间不仅包含超声波在工件中传播的时间，也包含超声波在保护层或延迟块中的时间，因此必须先测出超声波在保护层或延迟块中的时间，通常称为探头延迟，然后才能知道超声波在工件中传播的时间。为了得到探头延迟的时间，需要测量校准。探头延迟校准如图2-29所示，将探头放置于已知厚度为 T 的工件上，得到 B_1、B_2 两次回波，只要测量 B_1、B_2 两个回波信号即可得到仪器接收到一次回波 B_1 的时间为 t_1 和二次回波 B_2 的时间为 t_2。其中，一次回波的时间 t_1 中包含了超声波在探头保护层或延迟块中传播的时间 t_p 和超声波在工件中传播的时间 t_0，即 $t_1=t_p+t_0$。二次回波时间 t_2 中包含了探头延迟时间 t_p 和二次回波在工件中传播的时间，即 $t_2=t_p+2t_0$，因此 t_2 与 t_1 的时间差只包含超声波在工件中传播一次的时间，而不受探头延迟的影响。因此只要用已知厚度 T 除以 t_2 与 t_1 的时间差即可得到超声波在该工件中的材料声速 v，即 $v=\frac{T}{t_2-t_1}$。当知道声速 v 之后，仪器即可准确算出超声波在工件中传播一次所需的时间，即 $t_0=\frac{T}{v}$，从而算出探头延迟 $t_p=t_1-t_0$。通过该方法可以同时准确测出材料声速与探头延迟时间，这就是超声检测仪自动校准功能的基本原理。当测出材料声速 v 与探头延迟 t_p 之后，只要发现缺陷回波信号，测出接收到缺陷回波信号的时间 t，则可算出缺陷距离上表面的距离 $d=v(t-t_p)$。

横波斜探头的探头延迟测量校准方法与直探头类似，只是斜探头需要用50mm

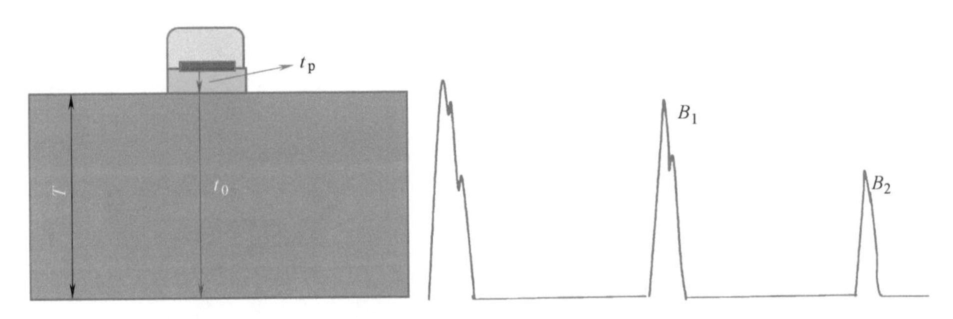

图 2-29　探头延迟校准

与 100mm 圆弧面反射信号作为参考信号，或者其他两个已知声程距离的圆弧面反射信号作为参考。斜探头检测时，由于是以一定的角度斜入射，仪器能够直接测量出反射信号的传播距离，即声程距离 S，反射信号水平距离与深度位置需要根据角度计算得到。斜入射定位示意图如图 2-30 所示，超声波斜入射的入射角为 β，则缺陷距离上表面的深度为 $Y=S\cos\beta$，其距离入射点的水平距离 $X=S\sin\beta$。由于测量距离入射点的水平距离不方便，通常测量缺陷距离探头楔块前端的水平距离 $X_0=X-l_0$，其中 l_0 为楔块前沿。

用相控阵扇形扫查进行检测时，其定位误差比常规超声斜探头更复杂，这主要是因为通过相控阵改变声束的入射角，每个角度声束在楔块中的传播距离不一样，也就是每个角度的探头延迟都不一样，而且不同角度的声束在楔块上的入射点有一定的差异，另外相控阵控制角度也存在一定的误差，这些因素都将造成缺陷水平定位与深度定位的误差。同时，相控阵扇形扫查的校准测试更加困难，每款相控阵仪器的校准效果都存在一定的差异，因此检测之前，测量出定位误差对缺陷的定位精度至关重要，使用一个横孔即可测出水平定位及深度定位误差，如图 2-31 所示。

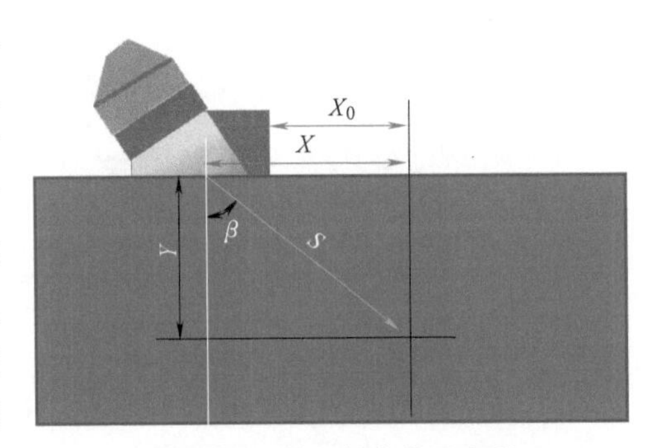

图 2-30　斜入射定位示意图

3. 水平分辨力

超声相控阵检测时，由于其大面积扫查覆盖面积广，能够在图像上同时显示多个缺陷，多个单独缺陷在图像上的分辨能力在水平方向与垂直方向均不一样，这主要是因为在水平方向与垂直方向声束宽度不一致造成其分辨力不一样。超声相控阵横向分辨力示意图如图 2-32 所示，在水平方向上多个缺陷在图像显示上能够区分开的能力称为水平分辨力，当多个缺陷在水平方向上很近，其间距小于声束在水平方向的宽度时，这几个缺陷就会显示成一个缺陷，而不能显示成几个独立缺陷信

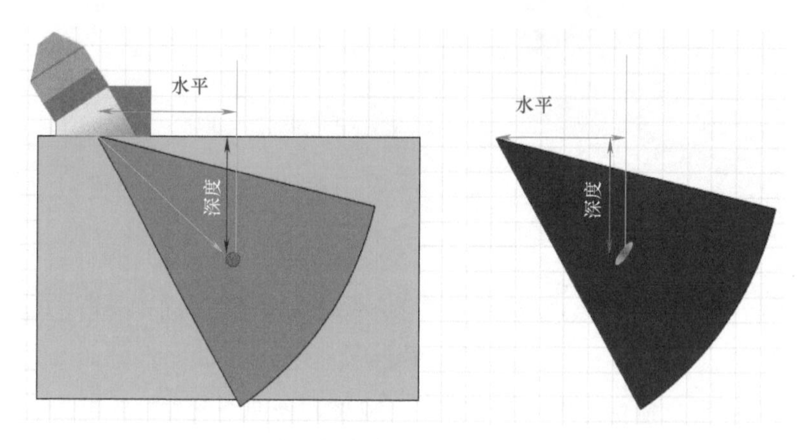

图 2-31 扇形扫查水平及深度定位误差测量

号。当多个缺陷的间距大于声束在水平方向的宽度时，这几个缺陷就能显示成几个独立的缺陷信号。例如，当两个横孔水平方向间距为 1mm 时，这两个横孔信号在图像上显示能够独立分开，则水平方向分辨力大于 1mm。

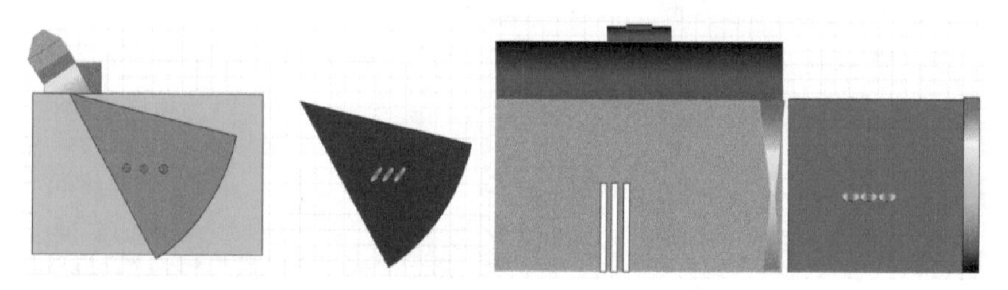

图 2-32 超声相控阵横向分辨力示意图

4. 垂直分辨力

在垂直方向上多个缺陷在图像显示上能够区分开的能力称为垂直分辨力，扇形扫查与线性电子扫查的垂直分辨力影响因素不一样，扇形扫查的垂直分辨力主要由该位置垂直方向声束宽度决定。当两个缺陷的间距小于垂直方向声束宽度时，这两个缺陷在显示图像上无法区分开，当两个缺陷的间距大于垂直方向声束宽度时，这两个缺陷在显示图像上能够区分开。线性电子扫查的垂直分辨力主要由超声波的频率及超声波脉冲宽度决定，超声波频率越高，超声波脉冲长度越短，其垂直分辨力越好。图 2-33 所示为超声相控阵垂直分辨力示意图。

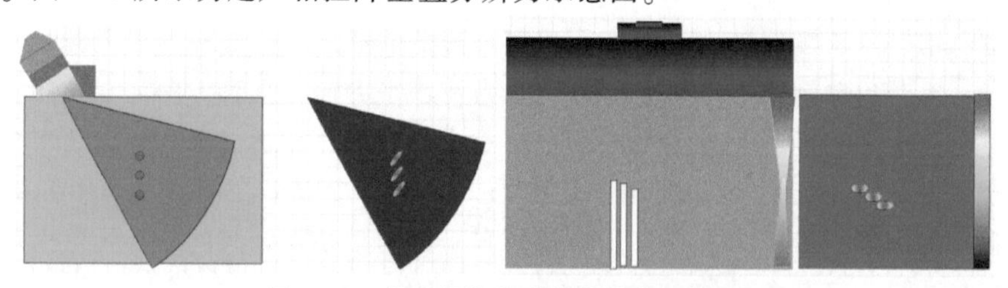

图 2-33 超声相控阵垂直分辨力示意图

5. 角度显示分辨力

扇形扫查方向上声程相同的多个缺陷在图像显示上能够区分开的能力称为角度显示分辨力。角度显示分辨力示意图如图 2-34 所示，假设两个横孔之间的间距为 1mm，其在显示图像上能够明显区分开，则角度显示分辨力为 1mm。角度显示分辨力也与该位置处的声束宽度有关，声束宽度越窄，显示分辨力越高，声束宽度越宽，显示分辨力越低。需要注意的是，水平分辨力、角度显示分辨力都与声束宽度有关，而不同声程位置的声束宽度均不同，因此不同位置的水平分辨力、角度显示分辨力都不同。

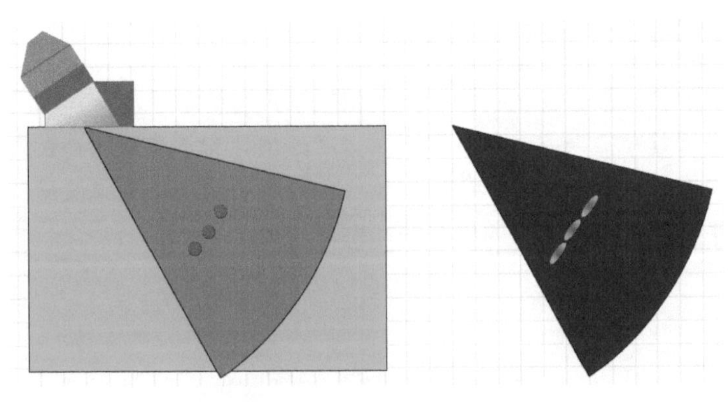

图 2-34　角度显示分辨力示意图

6. 近表面显示盲区

当激发超声探头时，压电晶片将振动并产生超声波，与此同时超声波已经在工件中传播，如果激发产生超声波的晶片振动还没有停止，此时超声检测仪器显示的信号为初始激发产生的超声信号，通常称为始波。如果此时在工件中有缺陷，仪器同时接收到缺陷回波信号，缺陷回波信号与始波信号将重叠在一起，无法识别出缺陷回波信号。从激发产生超声波到产生超声波的晶片振动停止这段时间区域称为盲区，盲区与探头的频率、探头产生的脉冲宽度、仪器都有很大的关系。在检测过程中必须了解盲区范围，需要确认检测的关键区域是否在盲区范围内。对于不同声速的材料，其盲区范围也不同，材料声速越大，其盲区范围越大，材料声速越小，其盲区范围越小。为了测试出盲区范围，需要在工件近表面加工一个人工缺陷，当人工缺陷信号能够与始波信号区分开时，表示在该区域以下的缺陷都能够被识别出。例如，在工件表面以下 2mm 处加工一个 2mm 平底孔，此时平底孔图像信号刚好能够与始波图像信号区分开，则其盲区约为 2mm，或者其近表面分辨力为 2mm。图 2-35 所示为相控阵线性电子扫描近表面分辨力示意图。

7. 灵敏度补偿误差

相控阵扇形扫描检测时，由于不同角度产生的超声波的灵敏度存在一定的差异，需要对每个角度的超声波灵敏度进行补偿，使其到同一灵敏度基准。另外由于不同声程超声波的灵敏度也不一致，也需要将不同声程的超声波灵敏度补偿到同一基准，这样就能保证同样大小的缺陷在不同角度、不同深度得到的回波信号幅值一样高，使其在图像上显示的颜色为同一颜色，如图 2-36 所示。然而不同仪器的补偿效果都存在一定的误差，不能保证同样大小的缺陷在任何位置的回波幅值完全一样，为了使缺陷定量更加准确，需要测量出角度增益补偿及深度增益补偿误差。可以用不同深度的横孔测量灵敏度补偿误差，当仪器角度补偿和深度补偿都补偿完成后，测量各个角度声束在不同深度横孔得到的回波幅值，回波幅值偏差值即为灵敏度补偿误差。

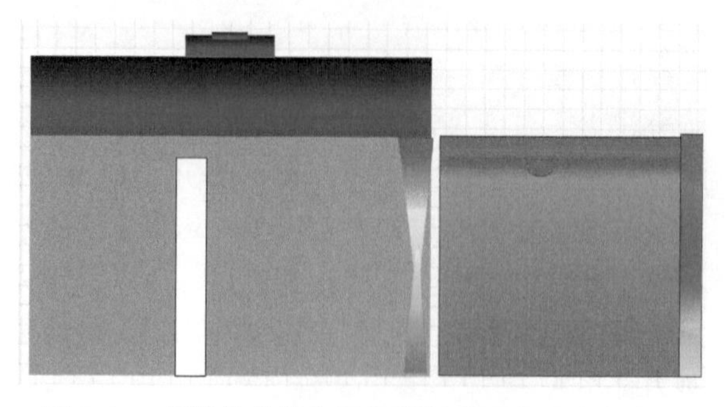

图 2-35 相控阵线性电子扫描近表面分辨力示意图

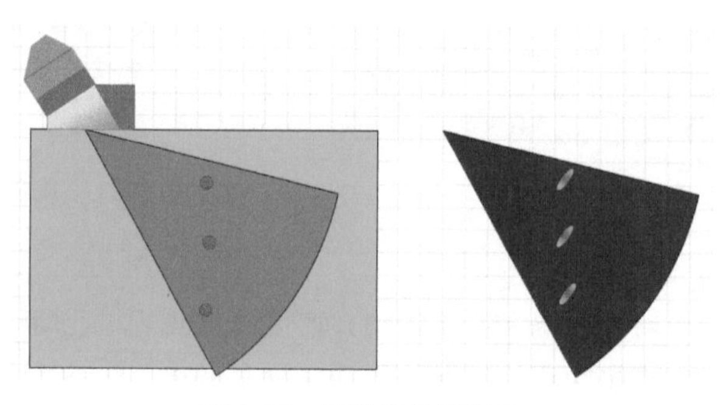

图 2-36 灵敏度补偿误差

第3章

超声相控阵探头

3.1 超声探头基本结构

超声波主要由超声探头激发产生，因此超声探头是超声检测的关键，超声探头决定了其产生的超声波性能，决定了超声检测最小缺陷检测能力、盲区、分辨力等性能。常规超声探头结构示意图如图 3-1 所示，超声探头主要由压电晶片、阻尼层、匹配层、外壳、接口等组成。

1. 压电晶片

压电晶片是超声探头的核心，压电晶片由具有压电效应的压电材料制作而成。压电材料分单晶材料和多晶材料，常用的压电单晶材料有石英、硫酸锂、铌酸锂等。常用的压电多晶材料有钛酸钡、锆钛酸铅、钛酸铅等。随着技术的发展，逐渐开始使用压电复合材料晶片，特别是相控阵探头，基本上都是使用压电复合材料。

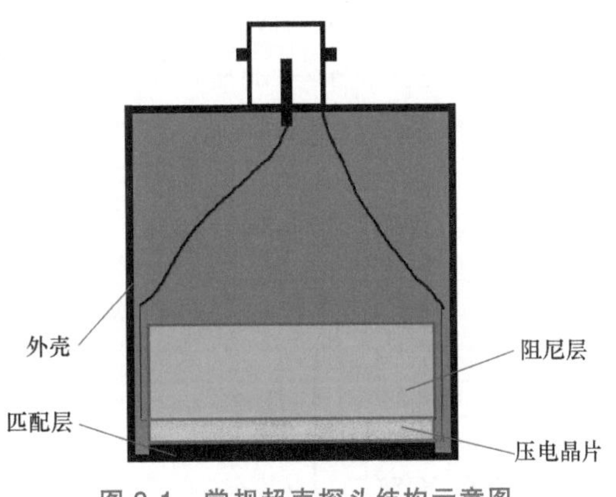

图 3-1 常规超声探头结构示意图

压电复合材料一般是指压电陶瓷或晶体与高分子聚合物（一般为环氧树脂）通过某种方式复合而成的材料。用于超声探头的压电复合材料通常为 1-3 复合材料，如图 3-2 所示。1-3 复合材料由聚合物与压电陶瓷复合而成，聚合物在 X、Y、Z 三个方向都是连通的，而压电陶瓷只在 Z 轴一个方向连通，这样压电陶瓷只在一个方向振动。压电复合材料的制作加工过程如图 3-2 所示，首先将单块压电陶瓷切割成多个陶瓷块，然后填充聚合物，随后根据所需频率切片，切成所需厚度晶片，随后在晶片表面镀银，然后将晶片切成所需形状，最后极化即得到所需的压电复合材料晶片。压电复合材料晶片与常用的压电陶瓷晶片相比，其有较大优势，由于压电复合材料晶片只在一个方向振动，不会在 X、Y 方向振动，因此其串扰信号非常弱，这也是相控阵技术能够发展起来的重要原因。早期使用压电陶瓷晶片加工相控阵探头时，由于晶片间串扰信号太大，导致相控阵技术无法使用。压电复合材料晶片的其他优势如下：

1）压电复合材料晶片的带宽更宽，很容易达到 70%～100%。

2）灵敏度与信噪比明显比压电陶瓷晶片高。

3）压电复合材料晶片声速与阻抗更容易控制，可以更好地与各种材料匹配。

4）压电复合材料晶片更容易加工，能够根据应用需求加工成各种形状。

5）超声波特性在较大温度范围内更加稳定。

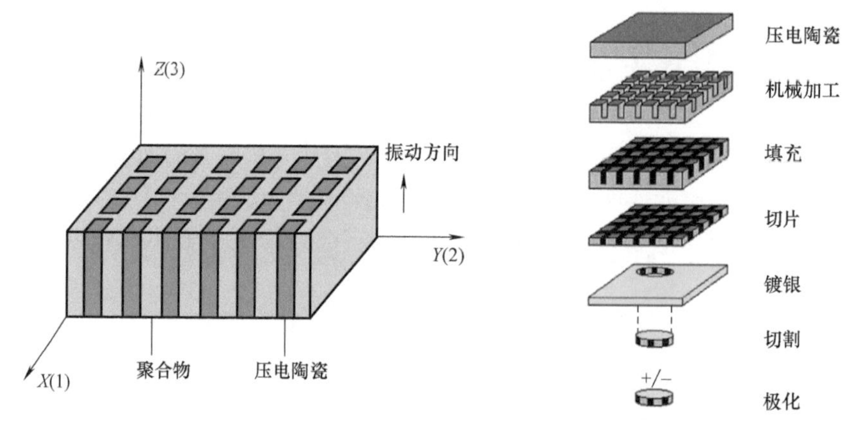

图 3-2 压电复合材料示意图

2. 阻尼层

超声探头的阻尼层主要用于吸收超声波，使压电晶片的振动停止，阻尼层的阻尼越高，越能使压电晶片的振动更快停止，使超声波的脉冲宽度更短，得到更好的分辨力，然而其穿透力会变弱。因此，阻尼层也是控制超声探头性能的关键，根据不同的检测目的，需要用不同的阻尼层得到相应最适合的超声波。图 3-3 所示为相同频率不同阻尼超声探头得到的超声波，从图中可以明显看出，高阻尼超声探头的

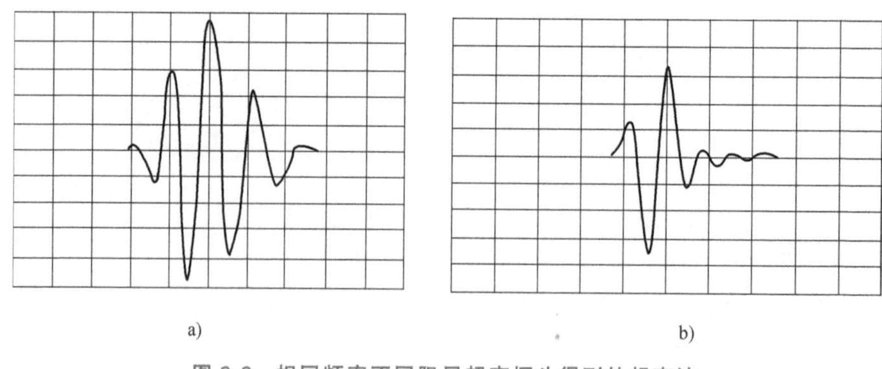

a) b)

图 3-3 相同频率不同阻尼超声探头得到的超声波

a）低阻尼超声探头 b）高阻尼超声探头

脉冲回波数比低阻尼超声探头的回波数少，其分辨力比低阻尼超声探头好。

3. 匹配层

超声探头的匹配层有几个作用，其一是使压电晶片产生的超声波能够很好地传播至被检测工件，因此其阻抗需要与压电晶片及被检测工件匹配，其厚度应为波长的1/4；其二是匹配层需要保护压电晶片，使其在检测过程中不被磨损，提高探头耐磨性；匹配层也会影响到脉冲回波的宽度。常见的匹配层材料有陶瓷、橡胶、有机玻璃等。

4. 外壳

根据不同的应用场合，超声探头的外壳需要设计成各种形状，特别是对于一些难以接近的检测区域，探头的外壳需要特殊设计，另外探头外壳的材料对超声探头的抗干扰性能也会有一定影响。探头的外壳也会直接影响到检测人员操作时的舒适性，外壳设计人性化能减轻操作人员长时间操作带来的疲劳感。

3.2 超声探头主要技术参数

1. 晶片尺寸

超声探头的晶片尺寸及形状直接影响了超声波声场形状，常见的探头晶片有圆形及方形晶片。探头晶片的面积直接影响了其穿透能力及能量分布，探头晶片面积越大，其近场区越大，穿透能力越强，声束半扩散角越小，因此检测较厚工件，需要尽量选择尺寸较大的探头，而检测较薄工件时，需要尽量选择尺寸较小的探头。图3-4所示为相同频率不同直径晶片产生的超声波声压示意图。晶片直径越小，在近场区范围内的声束宽度越小，超声波覆盖范围越小，横向分辨力越好，在远场范围内的声束宽度越大，超声波覆盖范围越大，横向分辨力越差。晶片直径越大，在近场区范围内的声束宽度越大，超声波覆盖范围越大，横向分辨力越差，在远场范围内的声束宽度越小，超声波覆盖范围越小，横向分辨力越好。

图3-4　相同频率不同直径晶片产生超声波声压示意图

2. 中心频率

超声探头的频率对超声检测至关重要，也是超声探头最重要的性能参数，探头的标称频率通常以中心频率表示，中心频率并不一定是频谱中信号最强的频率。图3-5所示为一个2MHz超声探头的频谱，从图中可以看出2MHz处的信号强度并不是最强。以信号最强处作为基准，然后在此基础之上下降 6dB 作一横线，在频谱上与该横线有两个交点，频率较低的交点处所对应的频率以 f_l 表示，频率较高的交点处所对应的频率以 f_u 表示。中心频率的计算见式（1-1）和式（1-2）。

通常探头的中心频率以低碳钢试块得到的频谱信号为准，如果以其他材料得到的信号作为频谱分析的参考信号，则计算出的中心频率可能会与标称中心频率有偏差，因为超声波在不同材料中传播之后，得到的频率成分与初始频率成分会有差异。例如，超声波在铸件中传播后，由于其晶粒粗大，高频部分超声波在传播过程中衰减严重，最后得到的信号主要为低频部分超声信号，此时测量计算出的中心频率肯定与标称频率有较大差异。

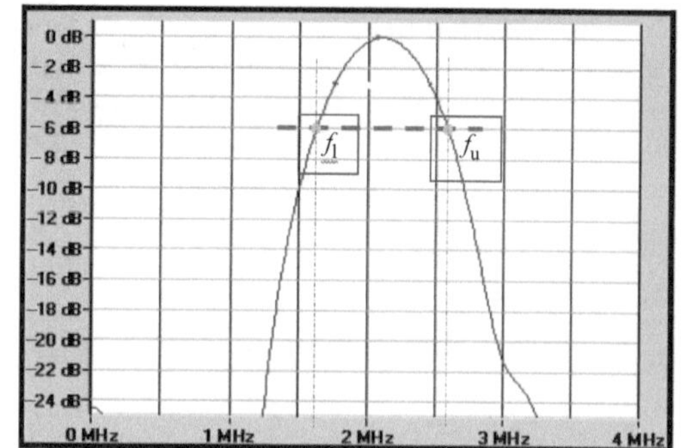

图 3-5　2MHz 频谱示意图

理论上超声波能够检测出来的最小缺陷尺寸为半波长，因此探头频率越高，其检测小缺陷的能力越强，其声束越窄，指向性越好，然而对于面状缺陷，由于其指向性好，如果声束不是和缺陷反射面垂直，大部分超声波能量将会被反射，而不能被探头接收到，有可能造成漏检。当材料晶粒较粗时，探头频率越高，其衰减越严重，噪声越大，检测粗晶材料时，在能够保证灵敏度的前提下尽量选择频率较低的探头。

在选择探头频率时，要充分考虑被检测材料的材质及晶粒度，原则上在能够保证超声信号信噪比的前提下，尽量选用频率较高的探头，这样能够提高对小缺陷的检测能力，然而选用较高频率的探头时，需要充分考虑可能产生的面状缺陷的方向性，要尽量使超声波入射方向与缺陷反射面垂直。

3. 带宽

从超声波的频谱上可以得知，超声探头产生的超声波并非单一频率，而是由各个频率的超声波叠加而成，只是各个频率的能量不一样，如图 3-5 所示，2MHz 探头的频率成分约为 1.2~3.7MHz 范围，只是有些频率成分能量很弱。在超声检测中，主要利用的超声波为频谱中最强能量及其下降 6dB 范围内的频率成分，为了更准确描述探头的主要频率成分，通常用带宽 Δf 来表示，带宽通过式（3-1）计算。

$$\Delta f=\frac{f_u-f_l}{f_o}\times 100\% \tag{3-1}$$

式中　Δf——6dB 带宽；

f_u——比最大幅值低 6dB 处的较高频率；

f_l——比最大幅值低 6dB 处的较低频率；

f_0——中心频率。

超声探头的带宽越宽，其主要的频率成分越多，能够使更多频率的超声波在工件中传播，高频部分可提高小缺陷的检出率，而低频部分可降低其指向性，使声束与面状缺陷反射面不是很垂直时也能检测出。另外超声探头的带宽越宽，其在时域上的回波信号越窄，分辨力越好，高阻尼探头的带宽通常比低阻尼探头的带宽更宽，如图 3-3 所示。然而进行粗晶材料检测时，如果带宽太宽，高频部分超声波会增加更多的噪声信号，降低信噪比。因此，选择探头带宽时，原则上在信噪比能够满足要求的情况下，尽量选择带宽更宽的探头。

4. 脉冲宽度

一个超声探头脉冲回波持续的时间直接影响了超声波在其传播方向的分辨力，脉冲回波持续时间短，其分辨力高，能够区分在超声波传播方向上的多个缺陷，而不会把它当成单个缺陷。脉冲回波持续的时间和脉冲回波的振动周期数及其频率有关，不同超声探头激发产生的超声回波振动周期都不一样。宽带宽探头得到的回波振动周期数比窄带宽探头振动周期数少，频率越高，其振动持续的时间越短。为了更准确地描述振动持续时间，在射频信号模式下，将最大正负回波幅值 10%范围内回波的持续时间称为脉冲宽度。如图 3-6 所示，最大回波高度为 h，整个脉冲回波中超过 $h/10$ 的脉冲回波宽度为 L，因此该探头的脉冲宽度为 L，单位通常为 μs。如果用脉冲宽度乘以声速，即可得到其在超声波传播方向的分辨力。例如，脉冲宽度乘以声速得到的是 2mm，则该材料上在超声波传播方向上 2 个间距为 2mm 的单个缺陷能够被该探头区分开。

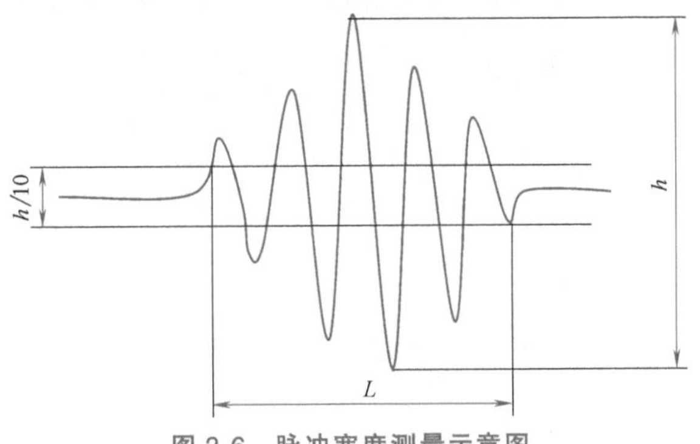

图 3-6　脉冲宽度测量示意图

5. 探头盲区

使用单晶探头进行检测时，探头压电晶片既用于激发产生超声波，也用于接收超声波。当超声检测仪器产生激发电压激发探头时，由于硬件限制，仪器并不能立即同时接收超声信号，而是需要延迟一定时间后才能开始接收信号，这就产生了一定的盲区，也就是仪器始波信号。图 3-7a 所示为超声检测仪器未接探头时仪器显示的始波信号，从图中可以看出仪器始波信号的宽度约为 1mm，因此，用单晶探头进行检测时，检测盲区至少约为 1mm，仪器始波宽度只和仪器本身有关，与探头无关。

当超声检测仪器接上探头时，仪器的激发电压将加载至探头压电晶片，随后压电晶片将振动产生超声波，而压电晶片在振动期间如果接收到超声波，接收到的超声波将与压电晶片振动产生的超声波叠加在一起。超声检测仪器不能把接收到的超声波与压电晶片初始振动产生的超声波区分开，这也将产生盲区，这时产生的盲区直接和探头的振动周期相关，只有当压电晶片激发产生超声波的振动停止后，压电晶片才能有效接收超声波，超声检测仪器才能将接收到的超声波与初始振动产生的超声波区分开。图 3-7b 所示为一个高阻尼探头产生的始波波形图，从图中可以看出，该探头的盲区约为 5mm 左右，图 3-7c 所示为一个低阻尼探头产生的始波波形图，从图中可以看出该探头的盲区约为 9mm。探头的盲区不仅和探头的阻尼层有关，也与探头的频率与匹配层有关，探头频率越高，盲区越小，频率越低，盲区越大，匹配层越厚，盲区越大。通常情况下，探头产生的盲区一般都比超声检测仪器产生的盲区大，只有一些特殊高频宽带宽探头产生的盲区会比仪器产生的盲区小。

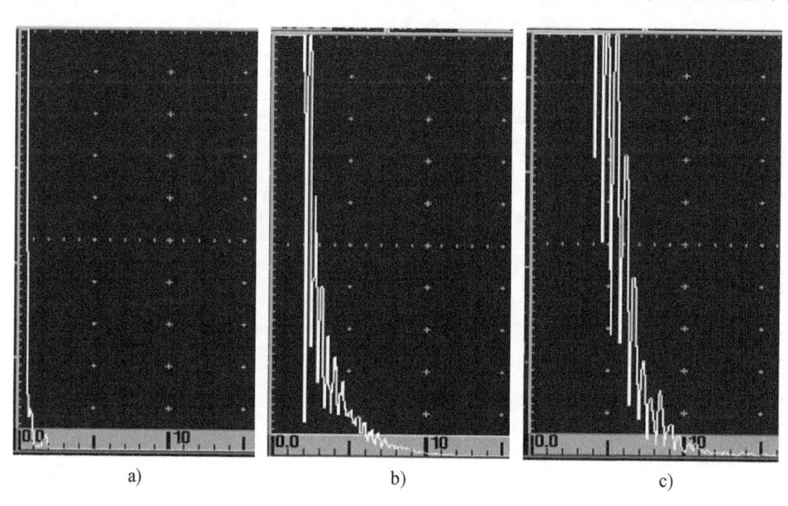

a)　　b)　　c)

图 3-7　盲区示意图

a）未接探头时的盲区　b）高阻尼探头盲区　c）低阻尼探头盲区

超声探头在被检测工件产生的盲区与被检测工件的材料声速也有一定的关系，被检测工件的材料声速越大，其产生的检测盲区也越大，被检测工件的材料声速越小，其产生的检测盲区也越小。

6. 半扩散角

超声探头的半扩散角直接影响到一个探头的声场覆盖范围，从而影响检测时的扫查间距，同时也决定了声束宽度，从而影响其横向分辨力。因此，准确了解一个探头的半扩散角对检测工艺的制订至关重要。一个探头的 6dB 半扩散角可由式 $\gamma_{-6}=\arcsin\left(0.51\dfrac{\lambda}{D}\right)$ 粗略计算得到，然而该式没有考虑探头的频谱与带宽等因素，因此计算值与实际测量值存在一定的误差。为了准确测量探头的半扩散角，可用不同深度的横孔试块进行测量，试块如图 3-8 所示，探头在试块上移动，找到第一个横孔的最大回波信号，记录探头的位置，然后探头向左移动，使回波信号下降一半，记录探头此时位置，然后探头再向右移动，使回波信号下降至最大回波信号一半，记录探头此时位置，随后在相同深度画出最大回波信号点及左右两侧移动下降 6dB 的位置点，如图 3-8 所示。随后其他横孔用同样方法测量并描出左右移动下降 6dB 的位置信息，这些位置信息点都是以探头中心位置为基准点，当所有点记录完成后，将各点连接起来即可得到该探头的 6dB 声场轮廓图，同时可以在该图上计算出其半扩散角，测量点越多，得到的声场轮廓越准确。将最大回波点位置连接起来将得到探头的主声束位置，声束轴线与探头的交点即为声束入射点。

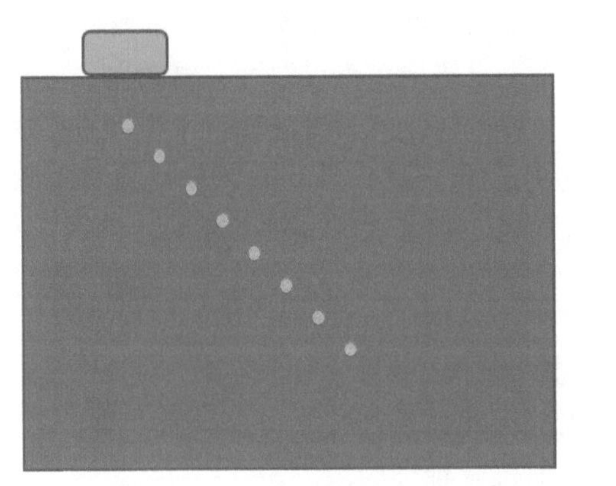
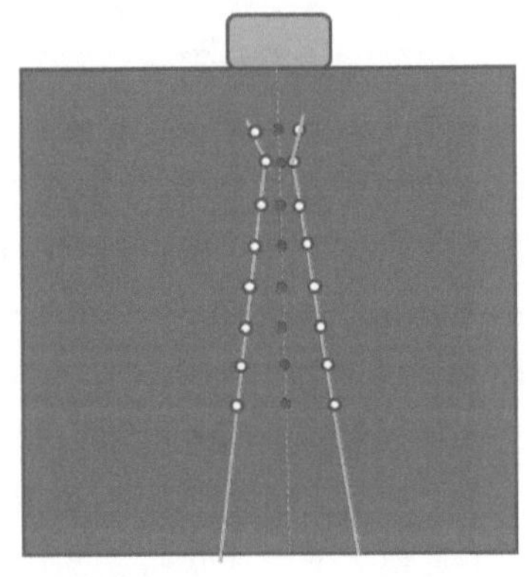

图 3-8　直探头声束半扩散角测量示意图

斜探头的声束半扩散角测量方法与直探头类似，也可以用不同深度的横孔进行测试，如图 3-9 所示，探头前后移动，找到第一个横孔的最大回波位置，记录该位置信息，然后探头往前移动，使其回波幅值下降 6dB，并记录探头此时的位置信息，随后探头往后移动，使回波幅值也相比最大幅值下降 6dB，并记录探头此时的位置信息。记录完第一个点后，用相同方法依次测量其余横孔，并记录相应的探头位置信息，所有点测试完成后，将各点位置信息描出，即可得探头的声场轮廓图，如图 3-9 所示。最大回波幅值位置点的连线即为主声束线，幅值下降 6dB 点连线即为声束 6dB 边界线，通过该线即可计算或量出声束的半扩散角。

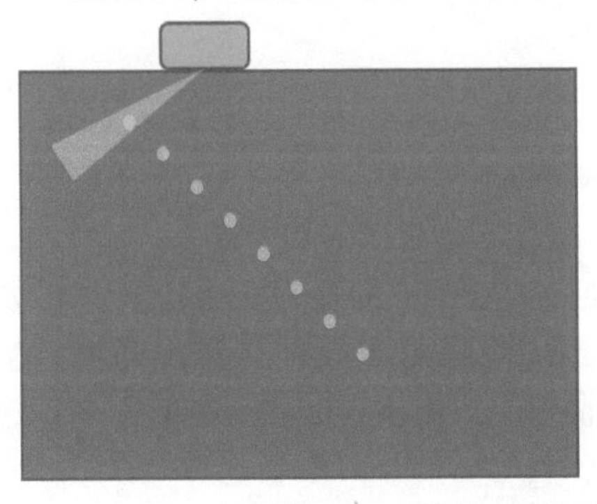
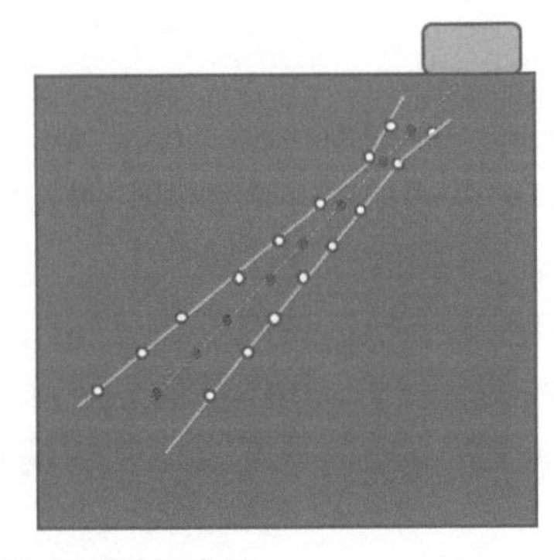

图 3-9　斜探头声束半扩散角测量示意图

基于半扩散角可以算出远场声场的声束宽度，通常远场区的6dB声束宽度可由$z\dfrac{\lambda}{D}$估算出，其中z为声程距离，λ为超声波波长，D为探头直径。

7. 探头焦点

超声探头的焦点为超声波能量最集中的点，在该点的检测灵敏度最高，声束宽度最窄，检测分辨力最高。对于非聚焦探头，其焦点在近场值N位置处，对于聚焦探头，其焦点位置由设计探头时的聚焦棱镜决定，聚焦探头的焦距必须小于近场值N，通常聚焦探头标注的焦距为水中的聚焦深度。相控阵探头不需要通过棱镜即可通过电子的方式进行聚焦，只需在仪器上设置聚焦焦点即可实现聚焦，与通过棱镜聚焦一样，相控阵聚焦也只能在近场区内聚焦。为了更好地描述焦点的特性，通常以6dB焦柱宽度FB_6表示焦点位置处的声束宽度，以6dB焦柱长度FL_6表示焦点位置处的焦柱长度，即在超声波传播方向上能量比焦点处下降6dB的声束长度，如图3-10所示。

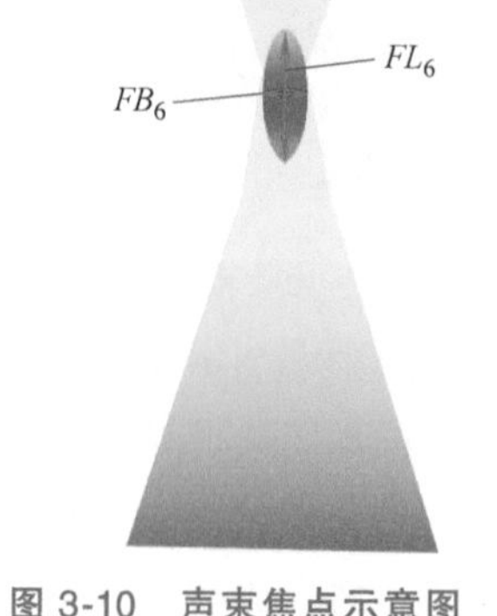

图3-10 声束焦点示意图

8. 声束偏移角

超声纵波直探头的入射角为0°，其声束轴线垂直于工件表面，声束入射点为探头的中心点，因此在检测过程中如果发现缺陷，通常将探头中心点的位置标记为缺陷位置。然而，超声探头在生产制造过程中如果工艺没控制好，其声束轴线可能并非垂直于工件表面，此时找到的缺陷如果还是以探头中心点标记缺陷位置，这将产生误差，因此为了得到更高的定位精度，探头在制造生产过程中需要控制声束偏移角及中心偏移距离。

直探头的声束偏移可用横孔试块进行测量，如图3-11所示，探头沿着X方向在横孔试块上左右移动，找到横孔最大回波信号，标记探头位置，测量探头中心点与横孔垂直位置距离差Δx，此时可以算出声束在X方向的偏移角θ_x，见式（3-2）。

$$\theta_x=\arctan\frac{\Delta x}{z} \tag{3-2}$$

式中 θ_x——声束偏移角；

Δx——探头中心位置相对横孔偏移距离；

z——横孔深度位置。

用同样的方法，使探头旋转90°，使探头沿Y方向在横孔试块上左右移动找到横孔最大回波信号，用同样的方法测量Δy，根据式（3-2）计算声束在Y方向的偏移角θ_y。为了综合评价探头的声束偏移情况，声束偏移距离e根据式（3-3）计算。

$$e=\sqrt{\Delta x^2+\Delta y^2} \tag{3-3}$$

式中 e——声束偏移距离；

Δx——探头在 X 方向偏离中心距离；

Δy——探头在 Y 方向偏离中心距离。

声束综合偏移角 δ 根据式（3-4）计算，通过声束偏移角 δ 综合评估声束偏移性能。

$$\delta=\arctan\frac{\sin\theta_y}{\sin\theta_x} \tag{3-4}$$

式中　δ——声速综合偏移角；

θ_y——探头在 Y 方向声束偏离角；

θ_x——探头在 X 方向声束偏离角。

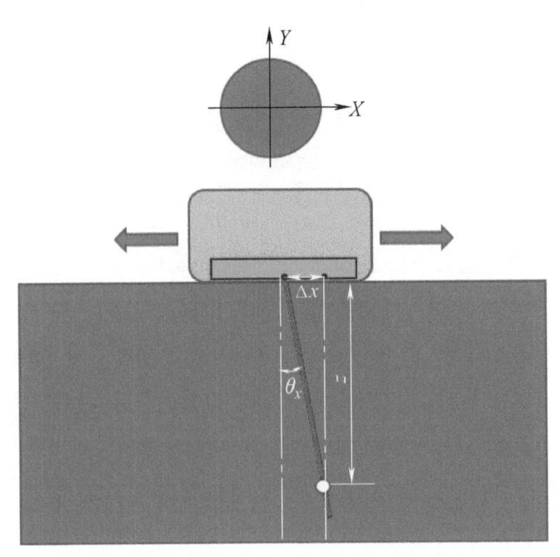

图 3-11　直探头声束偏移测量示意图

斜探头可以通过有较大平面的端角信号直接测出其偏移角，如图 3-12 所示，探头找到端角反射信号的最大幅值，以此时探头位置测量声束偏移值，测量时须保证端角在探头远场区。

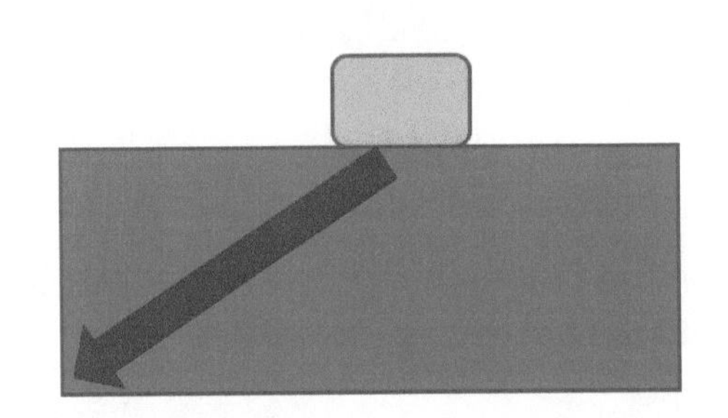

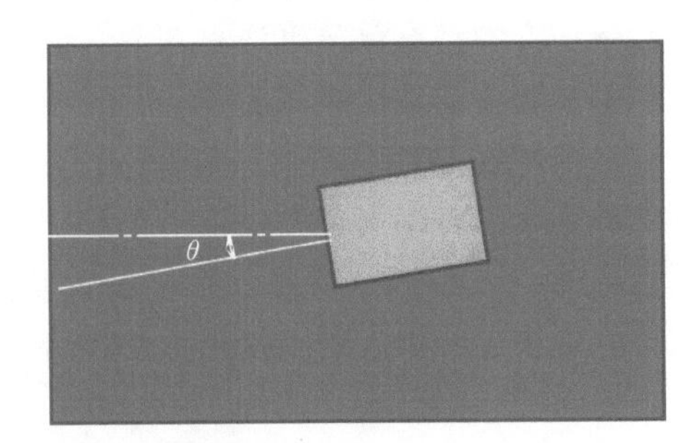

图 3-12　斜探头声束偏移测量示意图

9. 相对灵敏度

超声检测的灵敏度为超声检测能够检测出的最小缺陷能力，超声检测的灵敏度不仅与超声探头有关，与被检测工件的材料类型及晶粒度有关，与超声检测仪器也有关，而且还与被检测工件的位置有关，因此超声检测的灵敏度并非一个固定值。超声探头的灵敏度为超声检测灵敏度的关键因素，然而不同型号的超声探头，在不同声程位置的灵敏度均不一致，很难用一个固定的试块及测量方法衡量出所有探头的绝对灵敏度值来评价一个探头的性能。因此，通常使用相对灵敏度来评价一个探头的灵敏度，通过相对灵敏度值来控制探头的灵敏度稳定性及一致性，探头的相对灵敏度通常使用圆弧面试块进行测量，探头找到圆弧面的最大反射回波，如图 3-13 所示，然后测量出探头接收到的信号放大前的峰峰电压值 V_e，同时测量出激发探头的电压值 V_a，然后通过式（3-5）计算出相对灵敏度 S_{ref}。

$$S_{ref}=20\lg\frac{V_e}{V_a} \tag{3-5}$$

式中 S_{ref}——探头相对灵敏度；

V_e——探头接收到的信号放大前的峰峰电压值；

V_a——激发探头的电压值。

测量相对灵敏度时，圆弧面试块的半径通常要大于探头近场值的 1.5 倍，由于探头的相对灵敏度测量值同时受到耦合状态、仪器型号、探头线等因素影响，不同的测试环境测出来的值存在一定的差异，因此相对灵敏值主要用于探头厂商控制探头灵敏度性能的稳定性及一致性。

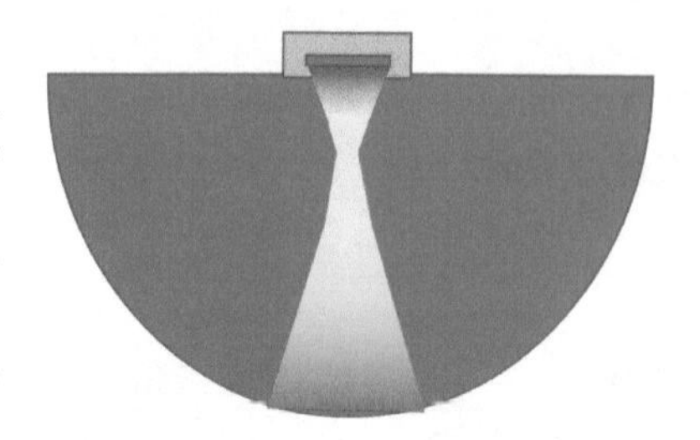

图 3-13 探头相对灵敏度测量试块及示意图

3.3 超声探头类型

运用传统超声检测时，根据不同的检测应用要求，探头的类型也不一样。常见的超声探头类型有单晶纵波直探头、双晶纵波直探头、单晶横波斜探头、双晶斜探头、液浸探头、延迟块探头等。

1. 单晶纵波直探头

单晶纵波直探头主要包含一个晶片，该晶片既用于激发产生超声波，也用于接收超声波，如图 3-14 所示。由于激发晶片时压电晶片将振动产生超声波，此时仪器接收通道也将接收到晶片产生的超声波，即探头盲区，因此单晶探头存在表面盲区，主要用于检测较厚工件。

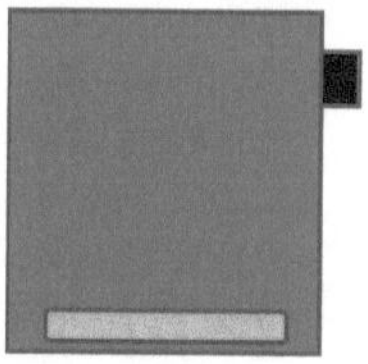

图 3-14 单晶纵波直探头示意图

2. 双晶纵波直探头

为了消除单晶纵波直探头检测的近表面盲区，通常使用双晶纵波直探头检测工件的近表面，双晶纵波直探头包含两个晶片，其中一个晶片专门用于激发产生超声波，另一个晶片专门用于接收超声波。由于激发超声波的晶片与接收晶片分开，因此激发晶片产生的超声波不会干扰到接收晶片，接收晶片随时可以接收超声波，这样就不会产生盲区。为了避免激发晶片产生的超声波干扰接收晶片，双晶探头两晶片之间有一个隔声层，如图 3-15 所示。双晶探头晶片有些是水平放置，使超声波垂直入射，而有些晶片以一定的角度放置，使超声波以一定的角度入射，如图 3-15 所示。垂直入射探头的检测范围更深，入射角度越大，其检测范围越小。双晶纵波直探头有两个接口，一个接口连接到激发晶片，另一个接口连接到接收晶片。双晶纵波直探头隔声层的性能效果通过测量串扰信号进行评价，测量方法首先用双晶探头显示 25mm 大平底回波，将其信号调为 80% 回波高度，然后提高增益，使表面串扰信号调为 80% 高度，提高的增益值越高，其抗串扰性能越好，检测时信噪比越高。

由于双晶纵波直探头的发射晶片超声入射角通常较小，因此在检测工件中将同时产生折射纵波与折射横波，而折射产生的纵波与横波经底面反射后也将同时产生反射纵波与反射横波，因此接收晶片将接收到多个回波。由于纵波声速更快，在仪器上显示的第一个回波为折射纵波与反射纵波的信号，而其后面的回波为变型波，如图 3-16 所示。因此使用双晶纵波直探头检测时，容易产生变型干扰波，主要分析第一个反射波，图 3-16 中的红色波为纵波，黄色波为横波。

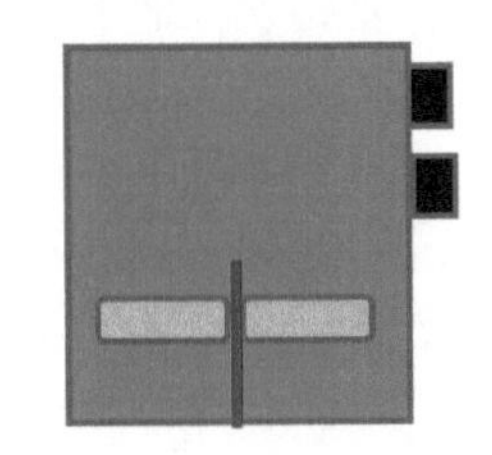
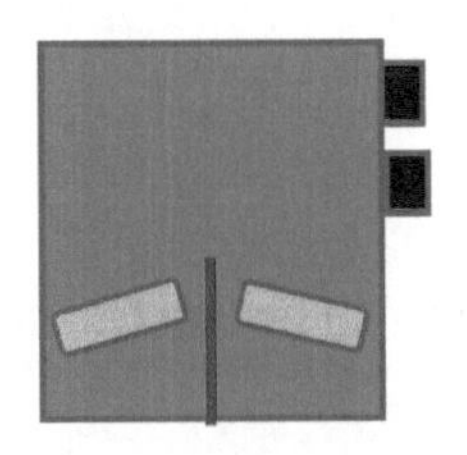

图 3-15　双晶纵波直探头示意图

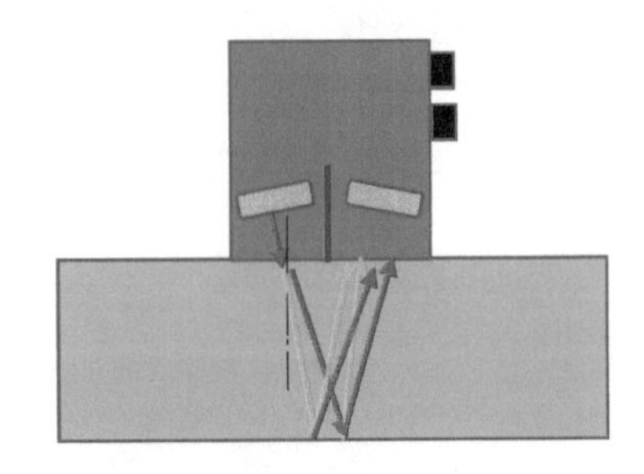
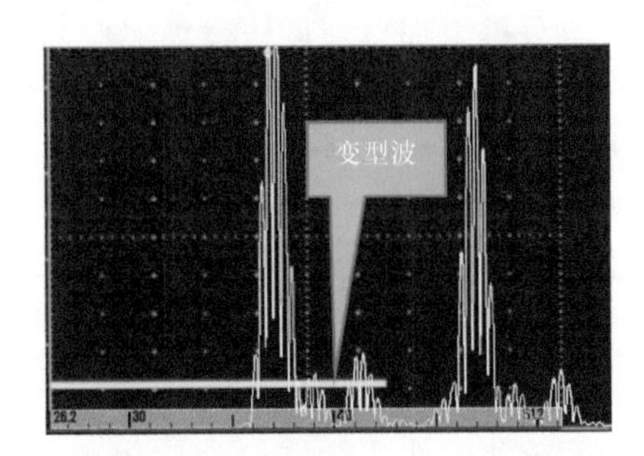

图 3-16　双晶纵波直探头反射回波示意图

3. 单晶横波斜探头

对于焊缝检测或检测部位表面无法垂直入射的工件，需要超声波斜入射。对于一般的材料，斜入射超声波主要为横波，单晶横波斜探头如图 3-17 所示，探头中加有延迟块，超声波以一定的角度从延迟块入射，通过波型转换在被检测材料中产生横波。标准的横波斜探头通常为 45°、60°、70°，该角度为探头在钢中的横波折射角，如果被检测材料不是钢，则其折射角度并非 45°、60° 与 70°，需要另外计算出该材料中的入射角度。

图 3-17　单晶横波斜探头示意图

斜探头的角度直接影响缺陷的定位精度，因此斜探头的角度误差必须控制在一定的误差范围之内，探头在使用过程中有可能磨损不均匀，使探头角度发生改变，因此需要定期测量探头的角度。另外由于温度的变化会影响材料的声速，从而影响折射角，因此被检测工件温度或者环境温度变化大都会影响其角度。

4. 双晶斜探头

与双晶直探头一样，斜探头也有双晶斜探头，一个晶片用于发射，另一个晶片用于接收。双晶斜探头主要用于检测较薄工件，减少检测盲区，提高信噪比。双晶斜探头中包含双晶横波斜探头与双晶纵波斜探头，双晶横波斜探头主要用于晶粒较小的材料检测，当被检测材料晶粒较大，信噪比达不到要求时，需要使用双晶纵波斜探头改善信噪比，使用双晶纵波斜探头时，容易产生变型干扰波。

5. 液浸探头

液浸探头主要用于自动检测系统或半自动检测系统，将检测工件浸入液体中，探头以液体作为耦合剂，无须和工件直接接触，耦合非常稳定，可以最大限度降低表面接触耦合对检测信号的影响，提高缺陷检测能力。通过液体耦合，探头不是平面也能保证很好的耦合效果，因此可以将探头表面加工成一定的形状使声束聚焦，声束聚焦后可以提高聚焦区域的检测灵敏度及分辨力。液浸探头的聚焦方式主要有点聚焦与线聚焦，将探头表面加工成凹球面可实现点聚焦效果，焦点为点状；如果将探头表面加工成凹柱面形状，可实现线聚焦，焦点为线状。点聚焦探头在焦点处的灵敏度与分辨力都得到最佳效果，但其声束覆盖范围变小，检测效率降低。线聚焦探头在聚焦方向有较高的分辨力，灵敏度也得到一定的提高，在非聚焦方向分辨力没有提高，但其声束覆盖范围较大。线聚焦探头的灵敏度比点聚焦探头低，在非聚焦探头方向的分辨力比点聚焦探头差，但线聚焦探头的检测效率比点聚焦探头高。聚焦探头的焦距为固定值，无法改变，聚焦探头的焦距值通常为水中的焦距，焦距必须在近场区范围内。

6. 延迟块探头

对一些较薄工件的检测也会使用延迟块探头，延迟块探头如图 3-18 所示。在探头晶片前安装一个延迟块，延迟块通常为有机玻璃，根据检测工件的材料不同，延迟块也有水或其他材料。延迟块探头可以减小检测盲区，提高近表面的分辨力，也可以通过延迟块控制超声波在工件中的声场。使用延迟块探头检测时，检测范围需要控制在延迟块一次回波与二次回波之间，避免二次延迟块回波信号的干扰。

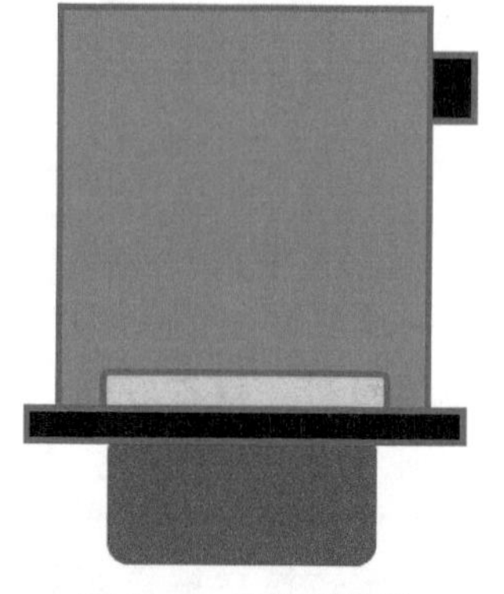

图 3-18 延迟块探头

3.4 超声相控阵探头相关参数

3.4.1 超声相控阵探头类型

超声相控阵探头是将一块复合材料压电晶片根据应用要求切割成多个小晶片，

这些小晶片根据要求以一定的方式排成阵列，根据阵列的切割方式及排列方式可以分为多种类型，常见的有线性阵列、2D 阵列、1.5D 阵列、环形阵列等，如图 3-19 所示。

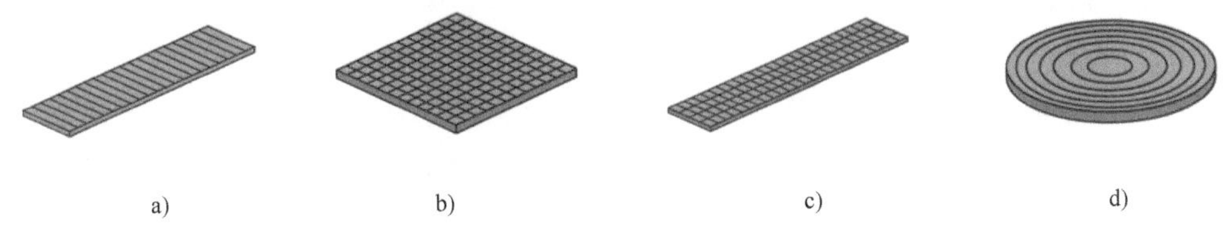

a)　　b)　　c)　　d)

图 3-19　超声相控阵探头常见类型

a）线性阵列　b）2D 阵列　c）1.5D 阵列　d）环形阵列

线性阵列相控阵探头将复合材料压电晶片切割成长方形小块并排列成一维阵列，线性阵列只能在一维切割方向控制超声波声束，在该方向上可以控制声束偏转、移动及声场特性，而在另一个没有切割的方向无法控制其声场，声场特性由单个晶片的物理长度决定。线性阵列探头是目前应用最广泛的超声相控阵探头，其生产加工成本较低，对相控阵检测仪器要求较低，目前所有的相控阵仪器都支持线性阵列超声相控阵探头。

二维阵列相控阵探头在两个方向切割复合材料压电晶片，将复合材料压电晶片切割成小方形块，这样在两个切割方向就都可以控制声场特性，可以在两个方向上同时控制声束偏转角度，可以在二维方向控制声束聚焦，使焦点在二维方向的尺寸都很小，达到最佳分辨力及灵敏度。在一些特殊应用场合会使用二维阵列超声相控阵探头，例如一些结构复杂的工件需要精确控制声场，对一些检测区域需要更高的灵敏度及分辨力。然而二维阵列超声相控阵探头的设计及生产成本较高，对相控阵检测仪器要求很高，聚焦法则非常复杂，一些相控阵检测仪器并不支持二维阵列模式。二维阵列又分为 2D 阵列与 1.5D 阵列，2D 阵列探头在二维方向的晶片数及晶片尺寸都一致，在二维方向的声场控制能力都一致；1.5D 阵列探头在二维方向的晶片数量及晶片尺寸均不一致，因此在两个方向的声场控制能力及效果均不一样。

环形阵列探头是将复合材料压电晶片切割成圆环状晶片，可以在晶片外径向圆心方向控制声束偏转及聚焦，可以通过相控阵实现点聚焦效果，控制焦点深度及焦点尺寸，提高分辨力及灵敏度。环形阵列探头的设计、生产成本也较高，对聚焦法则要求很高，对相控阵检测仪器的要求也较高，主要在一些特殊应用中会使用。

3.4.2　超声相控阵探头常见工作模式

不同类型的超声相控阵探头，根据检测目的不同，其最终的工作模式也不一样，最终设计的探头形式也不一样，如线性阵列探头，其可以水平排列成一排垂直入射，通过相控阵电子扫查实现大面检测，对于曲率较大的工件，线性阵列也可以排列成曲面，既可排列成凹曲面（见图 3-20a），也可以排列成凸曲面（见图 3-20b），使超声波入射达到最优效果。由于通过相控阵技术控制声束的偏转受到一定的限制，不能无限偏转，声束直接偏转一般控制在 20°范围内，因此需要更大角度的超声波时，也需要带一定角度楔块，如焊缝检测，线性阵列相控阵探头必须安装在一定角度的楔块上（见图 3-20c），才能得到理想的横波检测焊缝。

与常规超声波一样，为了减少盲区对近表面缺陷检测的影响，可以将线性阵列相控阵探头分成两排，一排用于发射，另一排用于接收，这样可以减少盲区的影响，提高近表面检测分辨力。常见的双排阵列探头有垂直向下入射和斜入射模式。垂直向下入射模式主要用于平面近表面缺陷的检测，另外内壁腐蚀检测也主要使用该种模式。对于一些粗晶材料焊缝，也会使用双排阵列斜入射，一排斜入射用于发射，另一排用于接收（见图 3-20d），该种模式主要用于奥氏体粗晶材料的焊缝检测。为了达到更好的检测灵敏度及信噪比，双排阵列斜探头也会设计成双排面阵列斜探头（见图 3-20e），这样可以更好地控制声场，达到更好的聚焦效果。

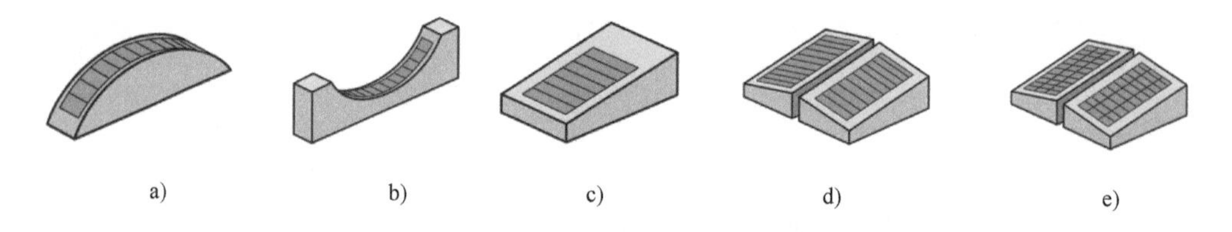

图 3-20 超声相控阵探头常见工作模式

a）凹曲面阵列 b）凸曲面阵列 c）单排线性阵列斜入射 d）双排线性阵列斜入射 e）双排面阵列斜入射

3.5 超声相控阵探头特有技术参数

线性阵列相控阵探头是目前应用最广泛的探头，下面详细介绍线性阵列相控阵探头的技术参数，图 3-21 所示为线性阵列相控阵探头晶片排列示意图。

1. 晶片数（Elements）

相控阵探头包含的单个小晶片的数量为探头晶片数，常见的标准相控阵探头晶片数为 8 晶片、16 晶片、32 晶片、64 晶片、128 晶片。选择相控阵探头时，需要根据检测应用选择合适的晶片数，晶片数越多，生产加工成本越高。对于横波扇形扫查，一般选择 16 晶片或 32 晶片；对于大面积线性阵列扫查，一般选择 64 晶片或 128 晶片探头。

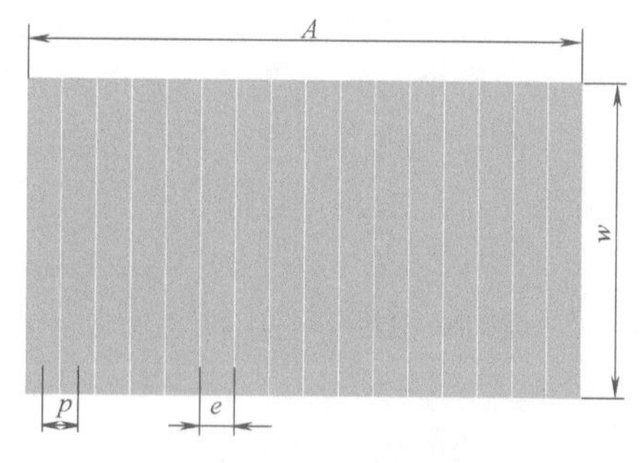

图 3-21 线性阵列相控阵探头晶片排列示意图

2. 晶片间距（Pitch）

晶片间距为相邻晶片中心之间的距离，图 3-21 所示晶片间距为 p，由于晶片之间有一定的分隔层间隙，通常晶片之间的间隙约为 0.05mm，因此晶片间距略大于单个晶片的宽度 e。晶片间距的选择对检测应用至关重要，探头晶片间距会直接影响超声波穿透能力及声束的偏转能力，晶片间距越大，声束半扩散角越小。相控阵技术控制声束偏转的核心是将所有晶片的超声波在某一角度进行叠加，从而使某一角度的超声波能量最强，如果晶片半扩散角越小，而晶片离需要偏转的角度距离越远，其叠加在该角度的超声波能量就越弱，因此晶片间距越大，其声束偏转能力越差。当检测应用需要声束较大角度偏转时，为了提高大角度声束的超声波性能，应尽量选择晶片间距较小的探头。然而晶片间距越小，其穿透能力减弱，当检测的工件厚度较厚时，需要在穿透力与声束偏转能力之间进行平衡，牺牲一定的偏转能力。晶片间距除了影响穿透能力及声束偏转能力外，还会影响晶片间的串扰信号、旁瓣信号，不能任意设计晶片间距，晶片间距需在图 3-22 所示范围内，图 3-22 给出了不同频率对应的最小晶片间距及最大晶片间距。

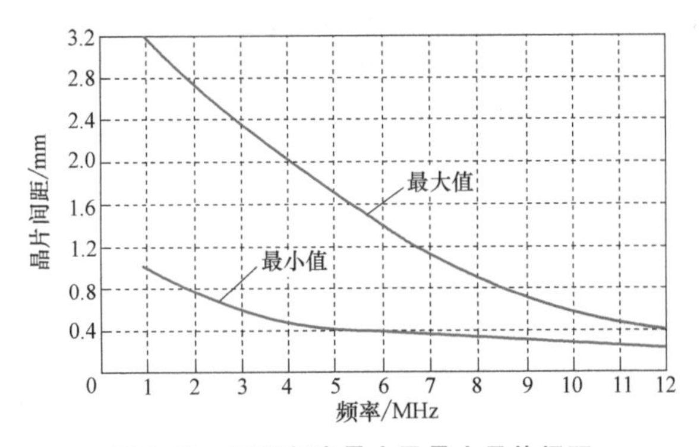

图 3-22　不同频率最大及最小晶片间距

3. 单个晶片长度（Elevation）

单个晶片长度如图 3-21 所示 w，在单个晶片的长度方向无法控制声束的偏转，其超声波特性由单个晶片物理长度决定，因此该方向上的声束扩散及焦点无法改变。单个晶片长度直接影响超声波的穿透能力，单个晶片长度越长，穿透能力越强，因此检测较厚工件需要较强的穿透能力时，应尽量选择较大的单个晶片长度。单个晶片长度也取决于检测期望的最小聚焦深度、最大聚焦深度及频率。单个晶片长度也可根据式（3-6）计算求得。

$$w=1.4\sqrt{\lambda(F_{\min}+F_{\max})} \tag{3-6}$$

式中　w——单个晶片长度；

λ——超声波波长；

$F_{\min}$——期望的最小聚焦深度；

$F_{\max}$——期望的最大聚焦深度。

然而对于一些特殊应用，以上计算的单个晶片长度不能满足要求时，也可以将单个晶片长度特殊设计。然而为了保证基本的检测效果，单个晶片长度必须大于特定的最小值，图 3-23 给出了不同频率单个晶片长度的最小值。

4. 最大激发晶片长度

激发晶片长度如图 3-21 所示 A，其为所有晶片在切割方向的总长度，为晶片数与晶片间距的乘积。对于相同频率的探头，如果单个晶片长度一样，虽然其晶片数与晶片间距不同，如果激发晶片长度一致，最大穿透能力也基本一致。最大激发晶片长度需要根据检测应用选择最优值，激发晶片长度越大，其穿透能力越强，能够聚焦的深度范围越大，相应的探头尺寸也越大。因此检测工件较厚时需选择激发晶片长度大的探头，线性扫查需要较大的覆盖面积时，也尽量选择较大的激发晶片长度；如果被检测工件较薄，工件能够接触的表面积较小，需要探头尺寸较小，以及焊缝检测要求探头前沿较小时，应尽量选择较小的激发晶片长度。

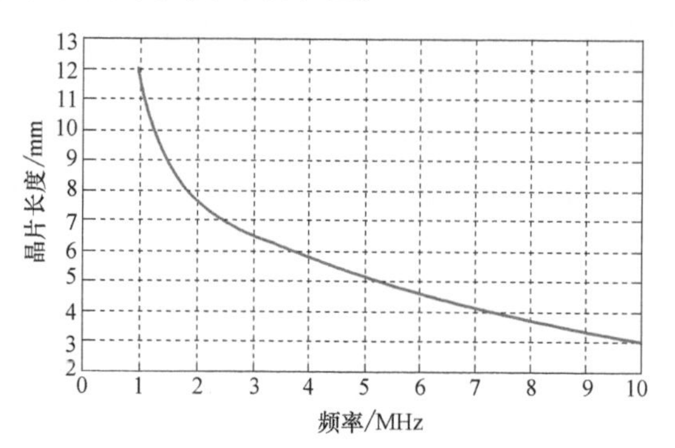

图 3-23 不同频率单个晶片长度最小值

5. 相控阵探头接口

由于相控阵探头有多个晶片，要将所有的晶片连接至相控阵检测仪器需要很多根探头线，因此相控阵探头使用的探头线为多线同轴电缆。16 晶片相控阵探头使用的电缆中含 16 根线缆，64 晶片相控阵探头使用的电缆中含 64 根线缆。由于相控阵探头通常较小，探头线没有足够的空间安装合适的接口，因此相控阵探头与探头线为一体，无法拆卸。另外由于目前市场上相控阵检测仪的接口并不统一，因此选择相控阵探头时必须选择相对应的仪器接口。

3.6 超声相控阵探头特有性能

超声相控阵探头单个晶片性能主要包括中心频率、带宽、灵敏度、盲区、脉冲宽度等，其性能表达方式及测试方法与常规超声探头测试方法基本一致。由于超声相控阵探头接口比较复杂，要测量各晶片的性能，需要特别转换接口将各晶片接到常规测试系统中，超声相控阵探头特有的性能评价参数主要包括晶片一致性及晶片串扰。

1. 晶片一致性

超声相控阵探头包含多个晶片，为了保证通过相控阵技术得到的超声信号性能能够达到检测要求，使其性能稳定，要求各个晶片之间的性能基本一致，尤其是各晶片的灵敏度基本一致。为了评价相控阵探头的晶片一致性，需要单独测量每个晶片的灵敏度，每个晶片的灵敏度以各晶片在相同试块上接收到的电压 V_i 表示，所有晶片测试完后计算出平均电压值 V_{av}，这样各晶片的灵敏度偏差 V_{Δ} 可通过式(3-7) 计算并评价。

$$V_{\Delta}=20\lg\frac{V_i}{V_{av}} \tag{3-7}$$

式中　V_{Δ}——探头晶片灵敏度偏差；

V_i——相控阵探头某一晶片接收到的电压；

V_{av}——所有晶片测试完后计算出平均电压值。

V_{Δ} 为所有晶片灵敏度偏差中的最大值，V_{Δ} 越大，则探头晶片的一致性越差，V_{Δ} 越小，则探头晶片的一致性越好。不同标准对晶片一致性的测试方法存在差异，为了使测试更简单，也可以使相控阵探头在同一试块上测试每个信号的回波幅值，根据各回波幅值评估各晶片一致性。

2. 晶片串扰

由于超声相控阵探头晶片之间的间距非常小，受晶片之间隔声层性能影响，当激发其中一个晶片时，相邻晶片也会接收到一部分信号，该信号会影响到相控阵信号的显示及信噪比。为了测试相邻晶片之间的串扰信号，用信号发生器产生与晶片相同频率正弦信号 V_{exc}，而且信号至少持续 6 个周期，信号发生器产生相同频率正弦信号的同时，用示波器接收相邻晶片接收到的信号 V_{rc}，则串扰信号 ΔV_{ct} 可由式(3-8) 计算。

$$\Delta V_{ct}=20\lg\frac{V_{exc}}{V_{rc}} \tag{3-8}$$

式中　ΔV_{ct}——串扰信号强度；

V_{exc}——激发电压信号；

V_{rc}——相邻晶片接收到的电压信号。

ΔV_{ct} 值越大，则相控阵探头晶片串扰干扰越小。

第4章

超声相控阵仪器

4.1 超声检测仪技术性能

数字超声检测仪的主要功能模块如图 4-1 所示，其中 CPU 处理器为数字超声检测仪的核心部件。首先 CPU 根据超声检测所需的脉冲重复频率产生激发控制信号，发射与接收器接收到激发控制信号后将产生激发电压，激发电压加载到超声探头上后将激发产生超声波，同时发射与接收器将接收超声探头上的电压信号，由于超声探头上的电压信号非常微弱，需要经过放大电路放大接收到的信号，随后需要将放大后的模拟电压信号转换成 CPU 能够识别的数字信号，数字信号经过 CPU 一定的数据处理后，将合成一个 A 扫描波形信号，随后将合成的 A 扫描波形信号通过显示屏显示出来。

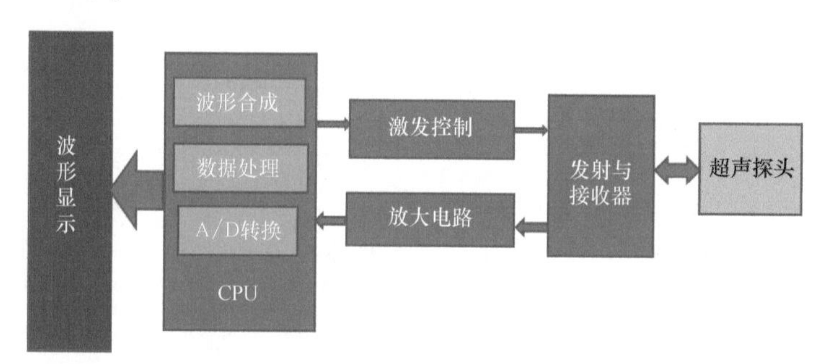

图 4-1　数字超声检测仪主要功能模块

1. 脉冲重复频率

脉冲重复频率（Pulse Repetition Frequency，PRF）为产生激发电压的频率，如仪器设置的脉冲重复频率为 1000Hz，则超声检测仪将在 1s 内产生 1000 个激发电压，1s 内 1000 次激发超声探头，从而激发产生 1000 个超声波。脉冲重复频率对超声检测的影响非常大。脉冲重复频率越大，由于 1s 内激发产生的超声波越多，扫查的速度可以更快而且不会产生漏检；但如果脉冲重复频率过大，当检测较厚工件时，如果一次激发产生的超声波还没有完全接收完就重新激发产生超声波，上一次没有完全接收完的超声波将干扰重新激发产生的超声波，将与新激发产生的超声波同时显示，从而容易形成幻像波，影响对缺陷的判断。因此脉冲重复频率的设置要根据检测工件的厚度设置，在不产生幻像波的前提下，尽量将脉冲重复频率设置得越高越好。

2. 激发电压

激发电压为加载于探头上用于激发产生超声波的电压，激发电压通常有尖脉冲电压与方波脉冲电压两种，如图 4-2 所示。尖脉冲电压为瞬时电压，电压快速上升到设定的电压幅值，然后快速下降为 0V，尖脉冲电压加载于探头时，超声探头将产生一个超声波。方波脉冲电压先使电压幅值快速上升为设定的电压值，然后该幅值保持一定的时间，保持一定时间后电压幅值快速下降为 0V，因此方波脉冲电压不仅需要设置其电压幅值，也需要设置电压幅值保持时间，电压幅值保持时间常称为脉冲宽度。

激发电压幅值直接影响激发产生的超声波强度，在超声探头晶片达到完全振动之前，激发电压幅值越高，产生的超声波强度越强，超声波的强度与电压幅值呈线性关系。然而当超声探头的晶片达到完全振动状态之后，超声波的强度不再随着电压幅值的升高而线性变强，此时电压幅值升高，超声波的强度只会微弱变强。不同超声探头达到完全振动的电压幅值不一样，探头达到完全振动状态所需电压值与探头的频率、探头的直径、探头的阻尼背衬材料都有一定的关系，通常探头频率越高，达到完全振动的电压值越低。

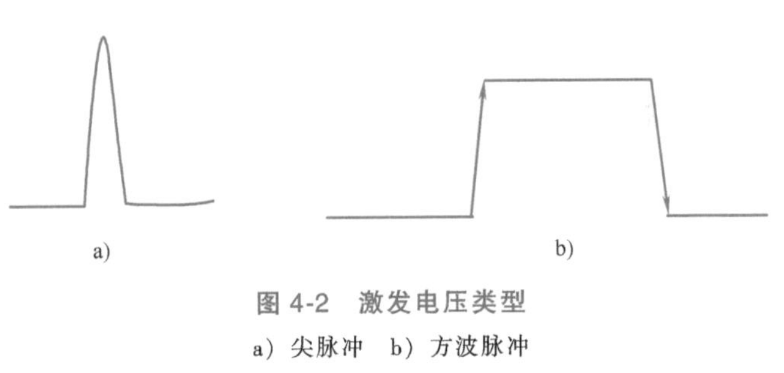

图 4-2 激发电压类型

a）尖脉冲 b）方波脉冲

图 4-3 所示为 2MHz、直径 24mm 探头产生的超声波强度随电压幅值的变化，从图中可以看出，该探头达到完全振动的电压值约为 300V，当激发电压超过 300V 时，超声波强度不再随着电压值的增加而提高，该探头提高电压得到的超声波强度变化值约为 20dB。图 4-4 所示为 10MHz、直径 13mm 探头产生的超声波强度随电压幅值的变化，从图中可以看出，该探头通过提高电压得到的超声波强度最大变化值约为 11dB，该探头在电压值超过 200V 之后，超声波的强度随电压值的增加而提高的幅值非常有限。

超声检测仪器的电压幅值要根据超声探头的类型而设置，当增加电压值超声波幅值增加不明显时不要再通过提高电压来提高其强度。激发电压值越高，超声探头的使用寿命越短，因此，在检测灵敏度与信噪比能达到要求的情况下，应尽量使用低电压激发超声探头。

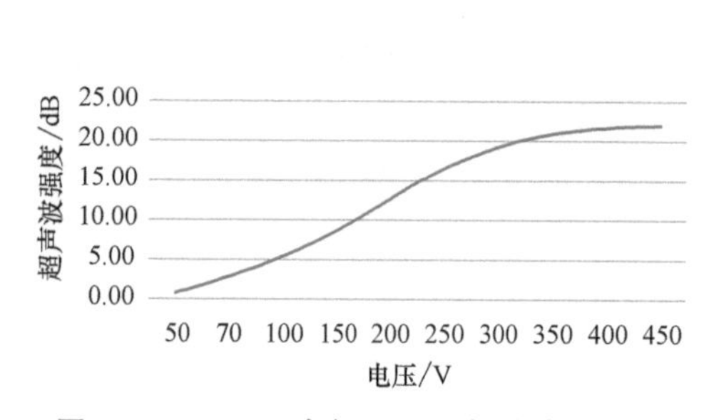

图 4-3 2MHz、直径 24mm 探头产生的超声波强度随电压幅值的变化

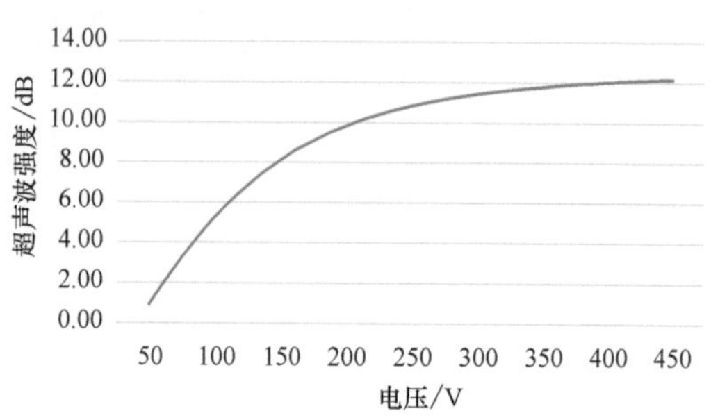

图 4-4 10MHz、直径 13mm 探头产生的超声波强度随电压幅值的变化

3. 脉冲宽度

当使用方波脉冲电压激发超声探头时，在电压上升与下降时将各自产生一个超声波，而且产生的两个超声波相位相反，因此通过控制方波脉冲电压的脉冲宽度可以控制激发产生的两个超声波的时间间隔差，如图 4-5 所示，当脉冲宽度设为超声波的 1/2 周期时，方波脉冲电压激发产生的两个超声波将正向叠加，使其信号强度增加，因此使用方波脉冲电压激发可以提高一定的超声波强度，然而通过该方式提高的信号强度最多不会超过 6dB。

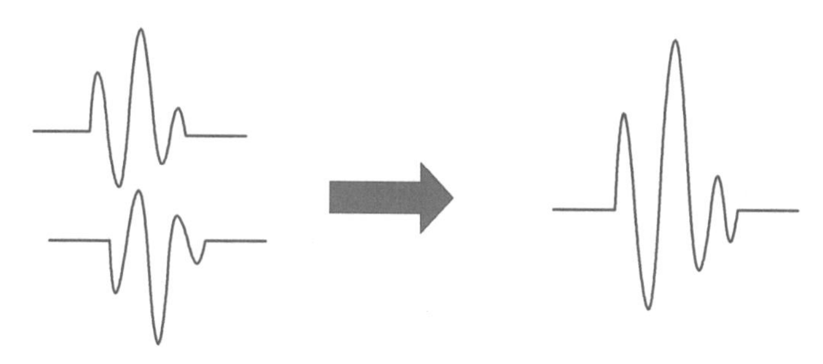

图 4-5 脉冲宽度为 1/2 回波周期时的超声波叠加示意图

当检测较薄工件时，检测分辨力比检测灵敏度更重要，此时可以将脉冲宽度设为超声回波的 1 个周期，此时方波脉冲电压激发的两个回波将反向叠加，从而使超声回波数变少，减少超声回波宽度，提高检测分辨力。

使用方波脉冲电压激发时，脉冲宽度的设置需根据检测应用设置，如果脉冲宽度设置不当，将影响超声信号的强度及分辨力。图 4-6 所示为方波脉冲电压激发不同脉冲宽度时得到的超声波波形，其中图 4-6a 所示为脉冲宽度设为 4 个回波周期时得到的波形，从图中可以清楚看到方波脉冲电压激发产生的两个超声波；图 4-6b 所示为脉冲宽度设为 1/2 回波周期时得到的 A 扫描波形，从图中可以看出其信号强度提高了约 6dB；图 4-6c 所示为脉冲宽度设为 1 个回波周期时得到的 A 扫描波形，从图中可以看出，其分辨力得到了一定提高。

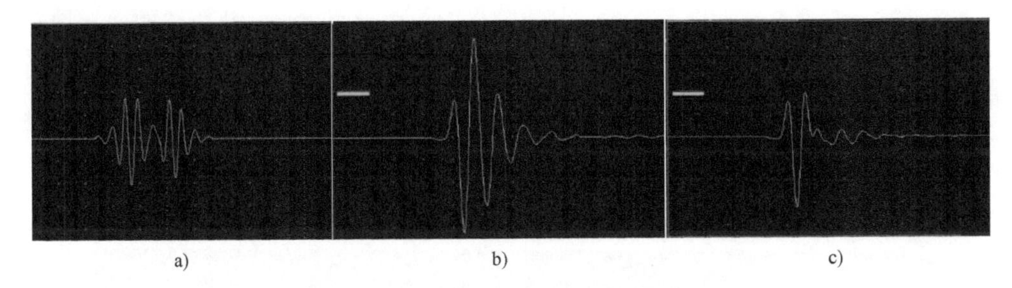

图 4-6　不同脉冲宽度对应的超声波波形

a）脉冲宽度设为 4 个回波周期　b）脉冲宽度设为 1/2 回波周期　c）脉冲宽度设为 1 个回波周期

4. 增益

超声波经超声探头的压电效应转换得到的电压信号非常微弱，需要经过放大之后才能清晰显示，超声检测仪的最大增益值即代表该仪器的最大放大能力。然而仪器的最大增益值并非最大的有效增益值，当超声检测仪不接探头，调大增益值，仪器的噪声达到 20%显示屏高度时，此时即为最大有效增益；当仪器噪声超过 20%显示屏高度后，此时的噪声将影响缺陷的识别，已经处于不可检测状态，因此有些仪器的最大增益值并非最大有效值。对于两台最大有效增益值一样的超声检测仪，它们的最大放大能力不一定一样，这主要取决于两台仪器的放大起始基准电压值。

超声检测仪的增益放大精度非常重要，将直接影响超声检测时的定量精度，需要确保在检测过程中最大增益范围内的增益精度都能达到检测要求。要测量整个增益范围内的精度，需要使用经校准的标准衰减器进行测量，比较超声检测仪的增益与标准衰减器的增益偏差值。

5. 带宽

超声检测时，为了得到更好的信噪比，超声检测仪可以对接收到的超声信号进行滤波，滤除一些噪声，超声检测仪通常有多个带宽滤波，检测时根据所使用探头的频率及其带宽选择合适的带宽，在该带宽范围内的超声信号能够显示，而不在该频率范围内的超声信号将被滤除，不会显示。需要注意的是，一些超声检测仪显示的带宽需查其具体的说明书才可知道对应的频率范围，例如，仪器上显示的带宽为 2MHz，并非该带宽只能显示 2MHz 的超声波，该带宽通常也是一个频率范围，例如 1～3MHz，具体的值需要查看仪器说明书。带宽范围的选择需要根据探头的带宽进行选择，探头的带宽越宽时，应尽量选择频率范围较大的带宽，确保探头的主要频率成分信号能够正常显示。

6. 阻尼

超声检测仪通常会有阻尼功能，该阻尼为超声检测仪并联在超声探头之间的电阻。该电阻值可调节，超声探头可以等效为一个电感与电容，超声检测仪的电阻与探头并联在一起可以组成一个振荡电路，如

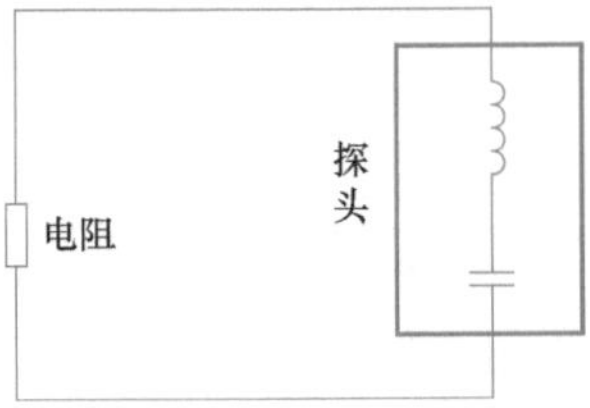

电阻
探头

图 4-7　阻尼振荡电路示意图

图 4-7 所示。仪器并联的电阻越大，超声信号的振荡时间越长，超声波的回波周期越长；并联的电阻越小，超声信号的振荡时间越短，超声的回波周期越短，图 4-8 所示为阻尼分别为 50Ω 与 1000Ω 时得到的超声回波。

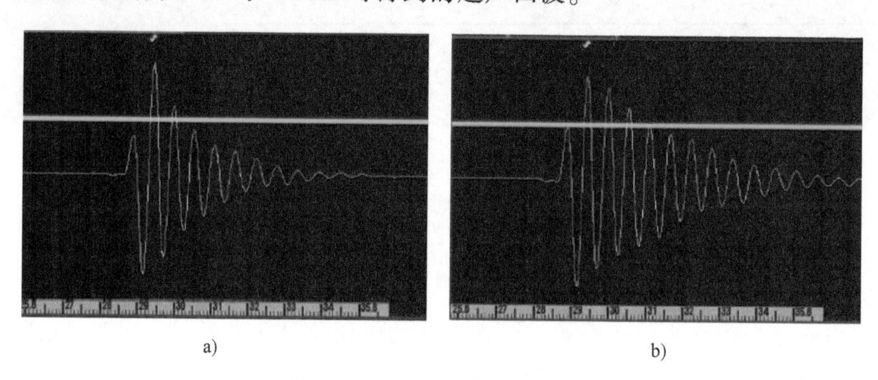

a)　　　b)

图 4-8　阻尼对回波影响示意图
a）50Ω 回波　b）1000Ω 回波

4.2　超声相控阵仪器主要性能

超声相控阵仪器在硬件上有多个独立的发射与接收通道，常规超声检测仪只有一个独立的发射与接收通道，超声相控阵仪器通常有 16 个、32 个或者 64 个独立的发射与接收电路。独立的发射与接收电路能够同时激发多个晶片，例如超声相控阵仪器有 32 个独立的发射与接收通道，则可以以一定的延时法则同时激发 32 个晶片，并将这 32 个晶片得到的超声信号以一定的延时法则合成一个 A 扫描超声信号。如果超声相控阵仪器只有 32 个独立的发射与接收通道，可以通过多路切换器激发 64 晶片的探头，通过多路切换器控制激发哪些晶片，例如，第一个延时法则激发 1~32 晶片，而第二个延时法则激发 2~33 晶片，依次类推，多路切换器决定了相控阵仪器最终支持的探头晶片数。通常，相控阵仪器都会标识出该仪器的独立通道数及支持的探头晶片数，例如 16/64 表示该仪器具有 16 个独立的发射与接收通道，最多支持 64 晶片探头，32/128 表示该仪器具有 32 个独立的发射与接收通道，最多支持 128 晶片探头。超声相控阵仪器独立通道数与支持探头晶片数的选择要根据检测应用及所需要使用的探头晶片数进行选择，独立通道数越多，支持探头晶片数越多，仪器成本越高。

4.2.1　超声相控阵仪器功能模块

超声相控阵仪器的主要功能模块如图 4-9 所示，主要包括聚焦法则生成器、延时控制器、多个独立的发射与接收通道、多路切换器、信号处理器、图像处理、图像显示等模块。超声相控阵仪器首先根据仪器设置及扫查方式生成延时法则，然后延时控制器根据延时法则控制激发探头各个晶片的时间，发射电路将产生激发电压加载至对应相控阵晶片上产生超声波，随后接收电路将接收各晶片接收到的超声信号，信号处理器将根据所设置的延时法则合成各晶片得到的超声信号，并得到各个延时法则对应的 A 扫描信号，超声相控阵仪器随后将 A 扫描信号的幅值通过颜色量化，将 A 扫描信号转换成颜色条，然后将根据扫查方式得到相应的扫描图像，最后将图像显示到屏幕上。

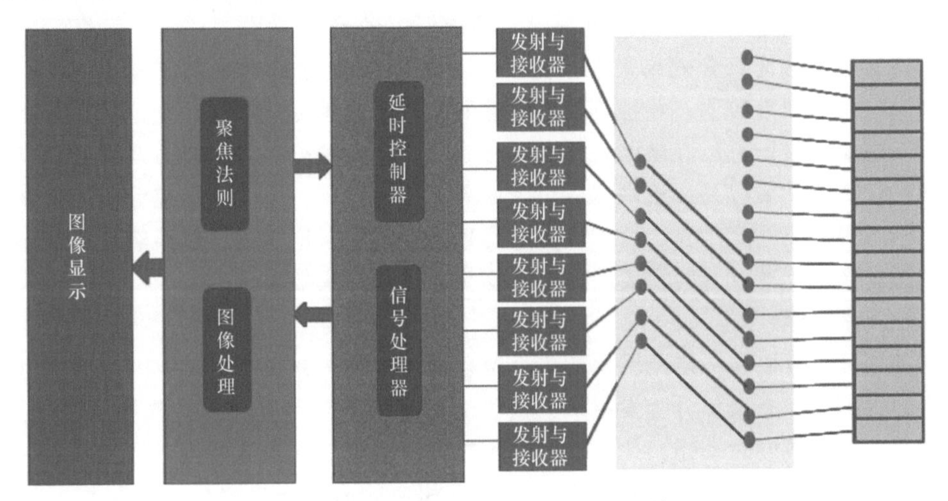

图 4-9　超声相控阵仪器主要功能模块

4.2.2　延时聚焦法则数

超声相控阵仪器的延时聚焦法则功能是超声相控阵仪器的核心，直接影响到超声相控阵仪器声束角度偏转、声束聚焦及声场控制的效果。超声相控阵仪器的延时聚焦法则软件根据仪器设置的扫查角度范围、聚焦模式及聚焦深度等信息计算出相控阵探头各个晶片的激发延时法则，并得到各晶片超声信号合成的算法。

延时聚焦法则数是超声相控阵仪器一次扫查所支持的最多延时聚焦法则，即一次扫查能得到的最多 A 扫描波形，例如，超声相控阵仪器的最大延时聚焦法则数为 1024，则超声相控阵仪器一次扫查最多能够得到 1024 个 A 扫描数据。例如，超声相控阵仪器设置的延时聚焦法则为扇形扫描，其角度扫查范围为 35°~75°，扫查的角度步距为 1°，则该次扫查总共包含 41 个延时聚焦法则，该次扫查将得到合成后的 41 个 A 扫描波形。如果相控阵仪器的延时聚焦法则设置为线性电子扫描，探头为 128 晶片相控阵探头，一次激发 8 晶片，线性扫查步距为 1 晶片，则该次扫查共包含 121 个延时聚焦法则，将得到 121 个 A 扫描波形。一次相控阵扫查所包含的延时聚焦法则数越多，得到的 A 扫描波形数据越多，然而这将降低扫查速度，因此延时聚焦法则的设置要根据实际检测应用合理选择。

超声相控阵技术通过电子的方式聚焦是该技术的主要特点之一，超声相控阵仪器的聚焦功能主要有静态聚焦、动态聚焦、全聚焦。

1. 静态聚焦

静态聚焦是指相控阵仪器设定一个聚焦位置，然后相控阵仪器生成的延时聚焦法则只在该位置进行聚焦，改善该位置处的分辨力及灵敏度，如果需要聚焦到另一个位置，需要重新设定聚焦位置，并重新生成新的延时聚焦法则。通过相控阵聚焦实现的聚焦深度必须在近场区范围内，不同深度的聚焦效果不一样，聚焦系数在0.1~0.3范围内时聚焦效果很强，在0.3~0.6范围内时聚焦效果一般，在0.6~1范围内时聚焦效果较弱。相控阵静态聚焦通常用于改善缺陷测量精度，当在检测过程中发现缺陷时，可以在缺陷位置处进行聚焦，提高缺陷测量分辨力及精度，或者已知被检测工件最容易出现缺陷的位置或最重要的区域，也可将聚焦深度设为该区域。但时刻需要注意的是，要确保聚焦位置是在近场区范围内，如果经计算聚焦位置在近场区范围外，这时需要考虑更换探头，提高聚焦效果。

2. 动态聚焦

动态聚焦可以在一定范围内的多个位置同时聚焦，在这个聚焦范围内分辨力都可得到提高。动态聚焦分为发射端、接收端同时动态聚焦和只在接收端动态聚焦。发射端、接收端同时动态聚焦时，超声相控阵仪器将根据动态聚焦范围及各聚焦点位置生成相应的延时聚焦法则，并依次激发相应的晶片产生聚焦在不同位置的声场，同时在接收端依据相应的延时聚焦法则得到聚焦在不同深度时的超声信号。发射端与接收端同时动态聚焦对仪器的硬件要求很高，数据量非常大，相应的延时聚焦法则数很多，影响显示图像的动态响应速度及扫查速度。为了降低数据量，提高扫查速度，一些仪器只在接收端做动态聚焦处理，接收端按聚焦在不同聚焦位置时的延时聚焦法则分别处理数据，达到动态聚焦的效果。图4-10所示为静态聚焦与动态聚焦效果示意图，当使用静态聚焦时，只在聚焦深度位置处缺陷显示的分辨力最高，非聚焦区域分辨力较差；当使用动态聚焦时，在整个聚焦深度范围内，缺陷

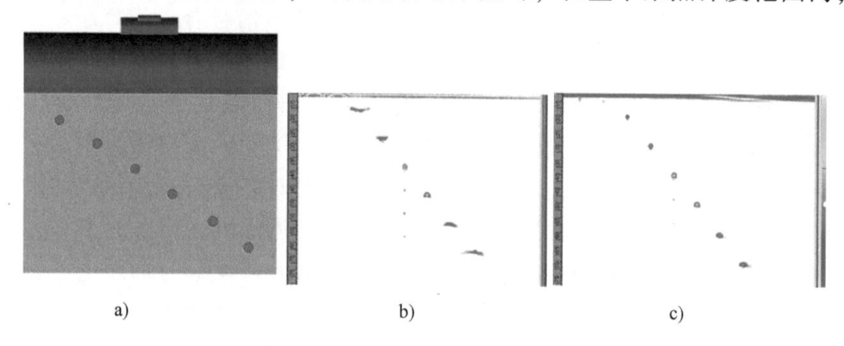

a)　　b)　　c)

图4-10　静态聚焦与动态聚焦效果示意图

a）试块　b）静态聚焦　c）动态聚焦

的显示分辨力都得到提高，然而由于动态聚焦需要处理的数据量增多，其实时响应速度会变慢，扫查速度降低。与静态聚焦一样，动态聚焦也只能在近场区域内进行，而且需要注意的是，由于近场区域内声压不稳定，使用动态聚焦的声压也不稳定，利用幅值定量时，需要使用对比试块，对比试块中的参考反射体间距应尽量小。

3. 全聚焦

全聚焦技术（Total Focusing Method，TFM）与相控阵聚焦技术有很大的差异，TFM 是基于全矩阵数据采集（Full Matrix Capture，FMC）的一种超声后处理成像方法。FMC/TFM 技术能够在设定的一个区域范围内对每个位置都进行聚焦，使用 FMC/TFM 技术时，先设定聚焦区域（Region of Interest，ROI），并设定聚焦点网格及其分辨力，随后相控阵仪器将进行全矩阵数据采集，全矩阵数据采集时首先激发第一个晶片，然后其他所有晶片接收超声信号，随后激发第二个晶片，然后其他所有晶片接收超声信号，如图 4-11 所示。

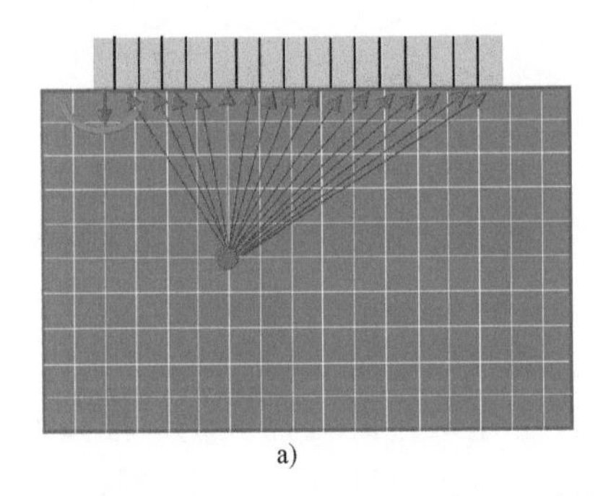

a)

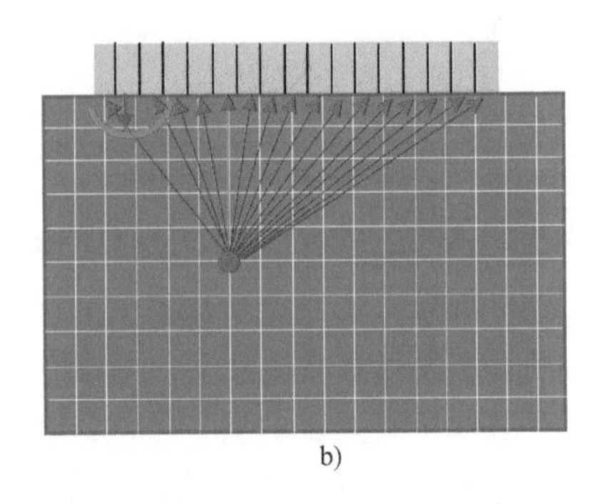

b)

图 4-11　FMC/TFM 激发模式

a）第一个晶片激发　b）第二个晶片激发

依次以同样的方式激发完所有晶片，得到各晶片相应的超声信号，即全矩阵数据采集完毕。全矩阵数据采集完毕后，即可进行全聚焦数据处理，全聚焦为数据处理算法，其对 ROI 内所有预先定义的位置点进行聚焦算法处理，如图 4-11 所示，对于图中所示点进行聚焦处理时，将计算所有晶片到该点的距离，并将所有晶片在该位置处的数据进行适当处理，达到聚焦效果。FMC/TFM 技术数据量非常大，数据文件非常大，对仪器硬件水平要求很高，该技术能够提高整个 ROI 区域的分辨力，提高缺陷尺寸的测量精度，该技术受缺陷的方向性影响较小，能够检测出各方向的缺陷。

4.2.3　超声相控阵仪器扫查模式

超声相控阵仪器扫查模式有下列几种。

（1）扇形扫查　通过延时聚焦法则可以控制超声波的入射角度，从而实现扇形扫查。扇形扫查功能是超声相控阵仪器的基本功能，扇形扫查分为正负角度扇形扫查，如图 4-12a 所示，该模式通常用于纵波垂直入射检测锻、铸件，特别是对一些轴类工件在端面进行检测。图 4-12b 所示为正角度扇形扫查，正角度的扇形扫查范围与楔块角度有关，可以实现横波扇形扫查及纵波扇形扫查，正角度扇形扫查主要用于焊缝检测，也可用于其他工件斜入射检测。

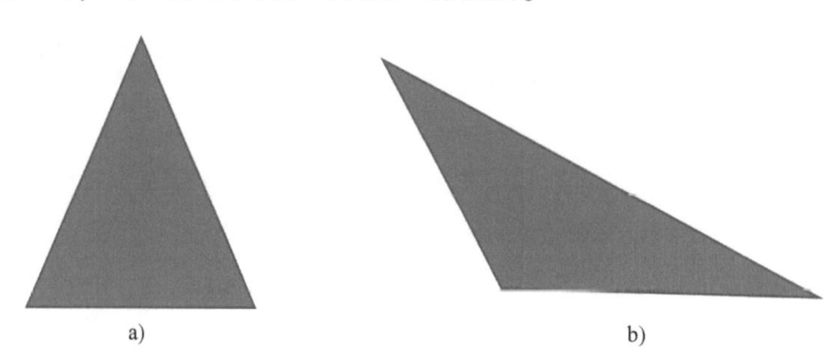

图 4-12　扇形扫查模式

a）正负角度扇形扫查　b）正角度扇形扫查

（2）线性电子扫查　相控阵通过延时聚焦法则可以控制超声波声束的移动，这样探头无须移动也可以实现大面积声束覆盖，线性电子扫查功能也是超声相控阵仪器的基本功能。线性电子扫查可以垂直入射或者以固定的角度斜入射，线性电子扫查通常用于大面积较薄工件的检测，如板材、复合材料、管子。

（3）双晶阵列电子扫查　如果相控阵仪器使用双排阵列探头，一排阵列用于发射，另一排阵列用于接收，同时可以通过延时聚焦法则控制发射晶片数、接收晶片数，并控制声束移动，达到线性电子扫查的效果，这种扫查模式称为双晶阵列电子扫查。双晶阵列电子扫查可以最大限度减少近表面检测盲区，通常用于腐蚀检测、近表面缺陷检测。

（4）双晶阵列扇形扫查　双晶阵列扇形扫查也是使用双排阵列探头，一排阵列用于发射，另一排阵列用于接收，超声波声束以不同的角度进行扇形扫查，另一排晶片也是以扇形的模式接收超声波。双晶阵列扇形扫查主要用于粗晶材料焊缝检测，这种模式可以减少检测盲区，并且通过聚焦提高不同深度的检测灵敏度及信噪比。

（5）多组扫查　相控阵多组扫查功能可以实现同时以不同的扫查方式进行检测，例如，对于同一个相控阵探头既能控制延时聚焦法则，实现扇形扫查并得到相应的图像，又能控制延时聚焦法则，同时实现线性扫查并得到相应的图像。多组扫查主要通过分时控制实现分组扫查，相控阵仪器先根据延时聚焦法则激发一组相控阵晶片，并按该延时聚焦法则接收并处理数据，然后以另外的延时聚焦法则激发相控阵晶片，并处理数据，随后以不同的延时聚焦法则交替激发相控阵晶片。多组扫查也可以同时以不同的延时聚焦法则激发多个相控阵探头，实现多个探头同时扫查，例如实现使用两个探头对焊缝同时进行双边扫查。

相控阵多组扫查功能能够提高缺陷的检出率，例如，对焊缝检测时，可以对整个焊缝区域进行多角度扇形扫查，另外设置一组线性扫查，扫查角度与焊缝坡口垂直，这样可以最大限度提高缺陷的检出率，提高缺陷的测量精度，同时还可以设置一组延时聚焦法则用于耦合监控，确保扫查过程中耦合达到要求，保证扫查数据有效。然而相控阵多组扫查的数据量非常大，这将影响扫查速度，选择使用多组扫查功能时需要考虑仪器的硬件能力，需要在扫查速度与扫查组数量之间进行平衡。

（6）特殊延时聚焦法则　对于一些特殊检测应用，需要使用特殊延时聚焦法则，例如对一些非标准曲面楔块相控阵探头，需要使用专门软件先仿真模拟声场，然后根据模拟声场生成特定的延时聚焦法则。当使用面阵探头检测特殊工件时，也需要先仿真模拟声场，然后生成特定的延时聚焦法则。特殊延时聚焦法则对仪器要求很高，有些仪器并不一定支持特殊延时聚焦法则。

4.2.4 延时控制器

延时控制器是超声相控阵仪器的重要功能模块，延时聚焦法则的延时由延时控制器实现，延时控制器根据延时聚焦法则对相控阵探头各晶片延时触发，实现各种功能。延时控制器的延时精度将影响相控阵角度偏转及聚焦效果，因此延时控制器的精度需要达到最基本的精度，通常相控阵仪器的最小延时控制步距为 10ns。

4.2.5 超声相控阵发射与接收模块

超声相控阵有多个独立的电压激发电路与信号接收电路，相控阵的单个电压激发电路与常规超声激发电路类似，激发电压类型通常有方波及脉冲波，由于相控阵探头的各晶片面积较小且切割成条状，激发电压通常比常规超声检测仪激发电压低，激发电压太高容易减少相控阵探头使用寿命。激发电压的设置需要根据相控阵探头的频率及晶片间距进行设置。图 4-13 所示为不同频率及晶片间距推荐电压值，在实际检测应用过程中尽量使用低电压，这样能够最大限度提高相控阵探头的使用寿命，减少仪器的发热量，由于电压较低造成的灵敏度偏低，可以通过提高增益值进行补偿。图 4-14 所示为不同电压及增益的检测效果，图 4-14a 所示为电压 200V，增益为 60dB 时的检测效果，从图中可以清晰分辨出缺陷信息；图 4-14b 所示为电压 100V，增益为 60dB 时的检测效果，从图中可以看出灵敏度偏低，缺陷信息不是很清晰；图 4-14c 所示为电压值 100V，增益为 66dB 时的检测效果，此时提高了 6dB 硬件增益值，从图中可以看出该图效果与图 4-14a 所示检测效果基本一致；图 4-14d 所示为电压值 100V，增益为 66dB 时的检测效果，该图是通过提高 6dB 软件增益得到的，该图效果与图 4-14a 所示检测效果基本一致。

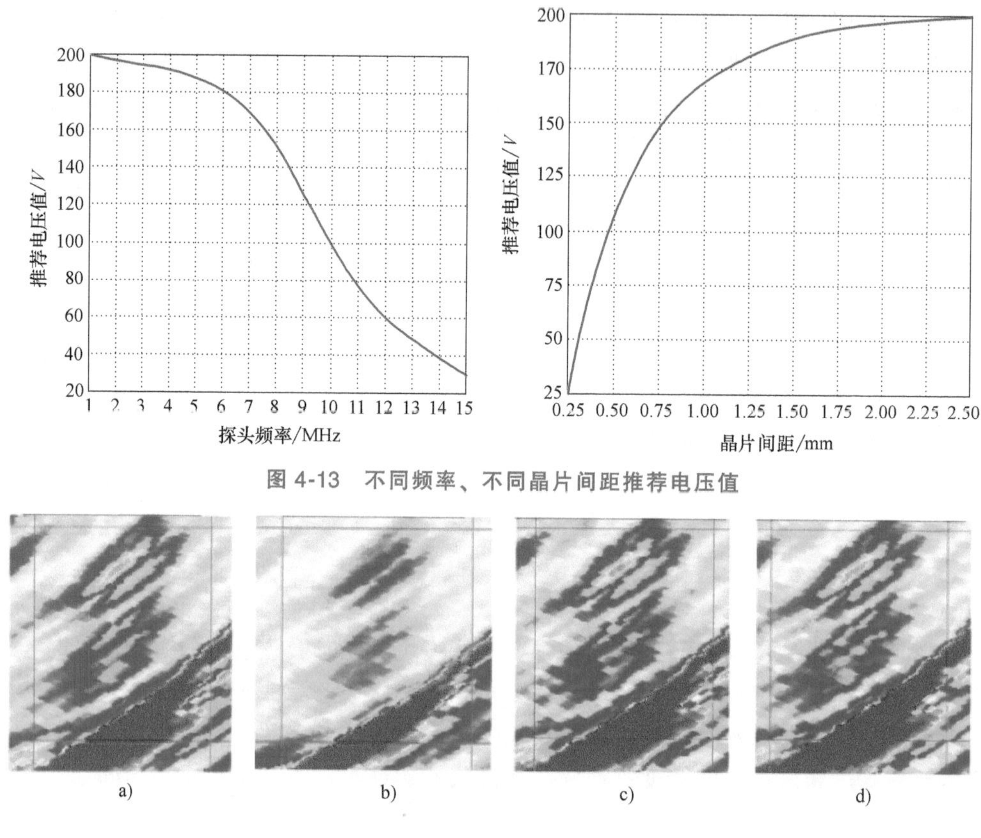

图 4-13 不同频率、不同晶片间距推荐电压值

图 4-14 不同电压及增益检测效果

a）200V-60dB b）100V-60dB c）100V-66dB H d）100V-66dB S

4.3 超声相控阵关键技术参数

超声相控阵关键技术参数有相控阵增益，信号溢出阀值，数字采样率，A 扫描幅值量化分辨力，带宽，数据处理算法，图像刷新率，扫查速度，相控阵仪器显示模式，工件形状显示模式，深度增益补偿，角度增益补偿和探头延迟校准等。

（1）相控阵增益 超声波通过探头压电晶片得到的电压信号非常弱，需要对接收到的电压信号进行放大，超声检测仪器的增益值即代表了该仪器的信号放大能力，超声相控阵仪器的增益一般包含硬件增益与软件增益。硬件增益为仪器硬件电路放大增益，由于相控阵技术通常需要做深度增益补偿与角度增益补偿，超声相控阵仪器的最大增益值越大，其能够检测的深度范围越大。然而有些仪器的最大增益值并非有效最大增益值，有效最大增益值是当仪器不接探头时，提高仪器增益，仪器电噪声水平达到20%时的增益值。软件增益为后续软件放大增益，通过软件对信号进行放大。软件增益有时也叫离线增益，当仪器采集完数据后，可以通过离线增益提高灵敏度，或者降低灵敏度，离线增益值的范围对后续数据分析有较大帮助。

（2）信号溢出阀值　当超声回波信号超过显示屏一定范围时，信号将溢出，无法再进行测量，即超出显示屏显示范围后能够测量出的最大信号值即为溢出阀值。例如，超声相控阵仪器显示信号超过显示屏后最大测量值为 800%，则溢出阀值为 18dB。大的信号溢出阀值在实际检测应用中有很大帮助，例如，在扫查检测过程中，为了避免小缺陷漏检，提高检测灵敏度，在扫查检测时应尽量提高增益值，然而当检测灵敏度提高后，对于一些较大缺陷，如果超出了溢出阀值，则无法对该缺陷进行准确定量，或者如果检测工艺需要对底波进行监控，底波下降幅值也作为评判依据时，大的溢出阀值也对检测有很大帮助。

（3）数字采样率　超声探头经压电效应得到的是模拟电压信号，超声相控阵仪器首先需要将得到的模拟信号数字化，将模拟信号转换成数字信号，将模拟信号采集转换成数字信号的频率称为数字采样率。对同一个 A 扫描波形，数字采样率越高，得到的数据点越多，后面通过数据处理还原成 A 扫描时越准确，与原始信号越接近，如果数字采样率过低，有可能采集到的信号最大幅值并非真正的最大值，造成一定的误差。图 4-15 所示为 A 扫描波形不同数字化频率采集示意图。为了保证数据采集时信号不丢失，不造成误差，数字采样率应至少不低于使用探头频率的 5 倍。然而数字采样率越高，数据量越大，数据处理需要的时间越长，这将影响检测扫查速度，因此为了保证扫查速度，在保证图像分辨力能够达到要求的情况下，数字采样率的设置应尽量低。图 4-16 所示为 4MHz 探头在不同数字采样率下得到的缺陷图像。

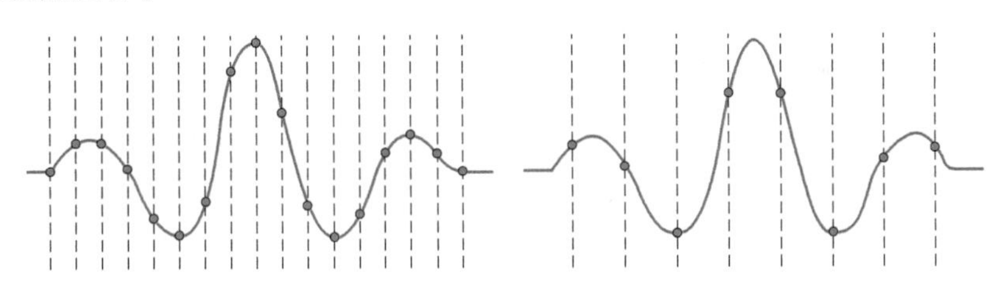

图 4-15　不同数字化频率采集示意图

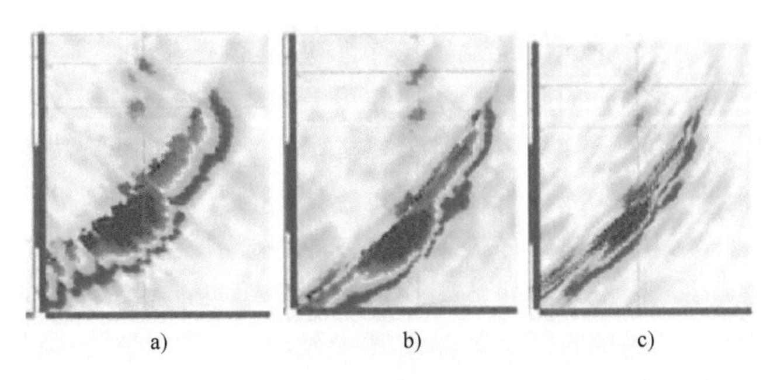

图 4-16　4MHz 探头在不同数字采样率下得到的缺陷图像

a）12.5MHz 采样率　b）25MHz 采样率　c）100MHz 采样率

（4）A 扫描幅值量化分辨力　将 A 扫描信号数字化过程中，需要将 A 扫描采集点的幅值信息进行量化，并且通过颜色显示出来，超声信号的幅值范围通常在 0~100%范围内，将 0~100%范围内细分的点数称为量化分辨力。例如以 8 位进行细分，则 0~100%范围内按 256 个点进行细分，如以 12 位进行细分，则 0~100%范围内按 4096 个点进行细分，量化分辨力越高，得到的幅值信号分辨力越高，同样量化分辨力设置得越高，仪器需要的数据处理时间越长，也将影响扫查速度。因此量化分辨力的设置也需要综合考虑扫查速度，设置合适的量化分辨力，而非设置最大的量化分辨力。

（5）带宽　超声相控阵仪器的带宽为该仪器能够接收到的超声波频率范围，超声带宽越大，其能使用的探头范围越大，超声相控阵仪器的带宽至少需要包含需要使用的最低频率探头与最高频率探头，一般相控阵仪器的带宽至少为 1~15MHz。

（6）数据处理算法　由于使用相控阵仪器检测时，数据量非常巨大，严重影响扫查速度，因此为了提高检测速度，在不损失关键信息的前提下会使用各种数据处理算法。例如使用数据压缩算法，在不丢失最大幅值信息的前提下，压缩数据点，减少数据量，减少数据文件大小，提高扫查速度；使用平滑算法可以在减小数据采样率的情况下尽量使信号不会丢失，提高分辨力。目前，各个仪器厂商使用的数据处理算法都有一定的差异，但是使用任何一种算法都有其利弊，其中的关键是不能损失关键的缺陷信息，确保显示的数据信息真实可靠，要结合实际检测应用要求选择合适的数据处理技术。

（7）图像刷新率　超声相控阵仪器根据延时聚焦法则以设定好的脉冲重复频率激发各晶片，随后需要采集各晶片得到的信号，并以一定的延时聚焦法则合成得到相应的信号，并将信号转换成颜色信息，随后依次根据扫查模式完成所有延时聚焦法则的数据采集，最后合成显示为一幅扇形图像或其他扫描图像，相控阵仪器从第一次激发晶片开始到合成图像显示完成所需时间为图像刷新时间，合成图像显示的频率为图像刷新率。图像刷新率直接影响了检测时的扫查速度，特别是手动扫查的速度，例如图像刷新率为 60Hz，则 1s 内相控阵仪器能够显示 60 幅检测图像，如果要保证扫查过程中每 1mm 能显示一幅图像，则扫查速度必须小于 60mm/s。

超声相控阵仪器检测时的图像刷新率与很多因素有关，包括仪器设置的检测范围、脉冲重复频率、数字采样率、延时聚焦法则数、数据处理算法等，因此设置仪器参数及扫查模式时，需要综合考虑，优化各参数设置，确保能够得到尽可能高的图像刷新率。为了得到较高的图像刷新率，在能够显示所有缺陷的情况下，尽量设置小的检测范围，在不会出现幻像波图像的前提下尽可能高地提高脉冲重复频率，在图像分辨力能够达到要求的情况下尽量减少延时聚焦法则数，降低数字采样率，合理使用一些数据处理算法。

（8）扫查速度　当超声相控阵仪器使用扫查器进行检测时，扫查速度不仅和图像刷新率有关，还和扫查步距、数据存储等因素有关，扫查步距越小，数据存储越慢时，扫查速度越慢。由于使用扫查器进行检测时，检测人员不知道数据是否存储完成，因此相控阵仪器必须能够监控数据是否存储完整，能够显示出扫查过程中是否有数据丢失。

（9）相控阵仪器显示模式　超声相控阵仪器使用探头进行检测时，相控阵仪器不仅记录了超声波信息，同时也记录了探头移动的位置信息，将各个位置对应的超声波信息经过软件处理后能够以各种方式显示出来，对于焊缝检测，通常能够同时显示 A 扫描图、扇形扫描图、C 扫描图、侧视图、端视图，如图 4-17 所示。C 扫描图显示坐标如图 4-17 所示，C 扫描图也称为俯视图，从 C 扫描图中可以准确测出缺陷在扫查方向的长度值，如果仪器显示的 C 扫描经过尺寸校正，则在 C 扫描图中可以直接得到缺陷在 *Y* 轴方向相对焊缝中心的位置信息，并得到 *Y* 轴方向尺寸；如果 C 扫描图未经过尺寸校正，其在 *Y* 轴显示的是声程位置，无法准确得到缺陷 *Y* 轴方向的尺寸信息。侧视图显示坐标如图 4-17 所示，从侧视图中可以准确得到缺陷在扫查方向的长度值，缺陷在工件中的深度位置以及缺陷在深度方向的自身高度值。端视图显示坐标如图 4-17 所示，从端视图中可以看到在整个焊缝方向是否有缺陷信号。

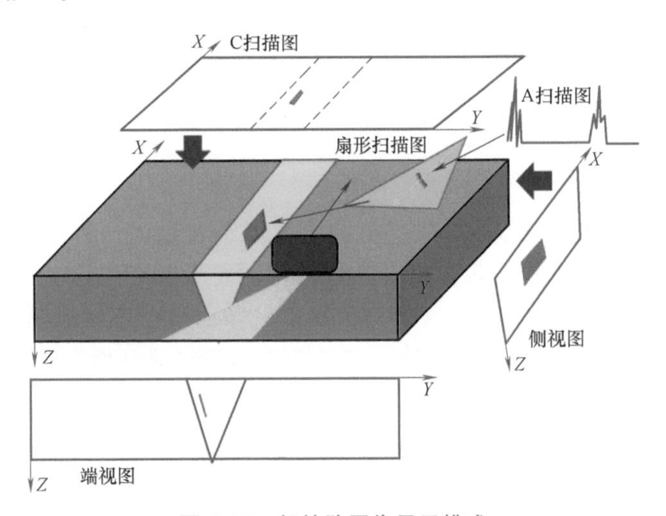

图 4-17　相控阵图像显示模式

C 扫描图、侧视图、端视图都只是显示所有数据中的一部分信息，其显示图像和所设置的显示区域有关，通常为所设闸门区域内信息，因此闸门位置的设置至关重要。如果相控阵仪器保存了所有的原始数据，在 C 扫描图中可以选择某个扫查位置，此时能够把该位置处的原始扇形扫描图或 B 扫描图显示出来，同时也可以将某个角度的 A 扫描显示出来。需要注意的是，用扫查器扫查时，探头在 *Y* 轴方向的位置必须是固定的，这样得到的图像位置才准确，扫查过程中要保证探头相对焊缝的位置固定不变。

（10）工件形状显示模式　一些相控阵仪器能够将被检工件的形状、图样导入仪器中，超声波在被检测工件中的传播信号图像能够直接在工件图样上显示，超声波传播的位置与工件尺寸一一对应，这样能够直观知道反射信号来自于工件的哪个部位。超声波图像在工件中显示位置的准确性和探头位置有很大关系，必须确保探头位置精确，而且仪器中工件图样要和实际工件尺寸要完全一致。用超声相控阵仪器检测焊缝时，一些相控阵仪器将二次波的超声信号折叠显示在工件中，如图 4-18a 所示，一些相控阵仪器直接按声程显示，不会将声程折叠显示，如图 4-18b 所示。将相控阵图像直接显示在工件图样上将大量增加数据处理量，这将影响扫查速度，进行检测时是否显示工件图样需要综合考虑。

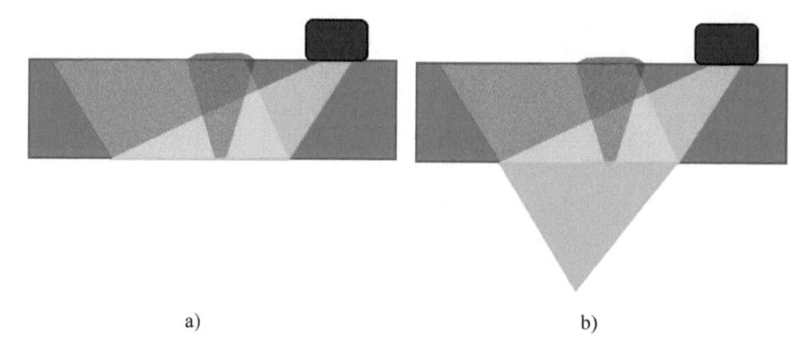

图 4-18　超声波在工件图纸中直接显示模式
a）折叠显示模式　b）按声程显示模式

（11）深度增益补偿　超声波在不同的声程位置由于声束扩散及传播衰减等因素，在不同声程位置的声压不一致，检测灵敏度不一致，这将对缺陷定量产生影响。常规超声检测技术通常使用 DAC 曲线对不同位置的信号进行定量，然而超声相控阵技术有很多个声束，如果每个声束显示一条曲线，这对缺陷分析很不方便。为了解决这个问题，超声相控阵仪器一般会进行深度增益补偿（Time Correct Gain，TCG），即将不同声程位置超声检测灵敏度补偿到同一基准灵敏度，这样的话相同大小的缺陷在不同位置的反射信号幅值均一致，在仪器上显示为同一颜色，通过显示颜色即可直接知道缺陷当量大小。

（12）角度增益补偿　超声相控阵能够通过延时聚焦法则激发产生多个超声波，多个超声波以扇形模式进行扫查，或者以线性模式进行电子扫查。当超声波以扇形模式进行扫查时，通过相控阵技术得到的各个角度超声波灵敏度会存在一定的差异，即同一个缺陷不同角度超声波入射时得到的回波信号幅值不一样，这也将对缺陷定量产生影响。因此，超声相控阵仪器也需要对各个角度的超声波进行角度增益补偿（Angle Correct Gain，ACG），使各个角度的超声波灵敏度一致。当进行线性电子扫查时，由于相控阵探头各晶片的灵敏度也存在一定的差异，不同晶片以相同延时聚焦法则得到的超声波灵敏度也会存在一定的差异，因此，线性电子扫查也需要对各个声束进行灵敏度补偿，使其处于同一灵敏度基准。

（13）探头延迟校准　探头延迟块为探头晶片的保护层，根据不同的检测应用，不同探头的延迟块设计均不同。通过纵波检测较薄工件时，通常使用平行楔块，不仅可以保护探头晶片，也可以调节进入被检工件的声场，对于一些表面粗糙度较大，有一定曲率的表面，常使用软膜延迟块，保证较好的耦合效果，同时保护探头晶片；而对于横波检测时，需要通过延迟楔块进行波型转换，得到相应的横波。对于新的楔块，超声波在楔块中的传播时间可以根据楔块的声速和尺寸计算得到，只要已知被检工件声速，即可对缺陷准确定位，当楔块有一定磨损后，则需要进行校准，通过校准可准确测出探头延迟的时间。探头延迟对超声相控阵技术的影响非常大，探头延迟不仅影响缺陷定位，而且会影响延时聚焦法则的准确性，如果探头延迟不准确，可能使聚焦深度位置与声束偏转角度均不准确，因此相控阵检测仪器必须具有探头延迟校准功能。当使用横波扇形模式进行检测时，探头延迟的校准比较困难，因为每个延时聚焦法则对应的探头延迟存在一定的差异，探头延迟并非一个固定值，需要测出每个延时聚焦法则对应的探头延迟值。

第5章

超声相控阵设备综合性能测试

为了保证超声相控阵设备能够满足各种检测应用要求，需要测试超声相控阵设备的综合性能，确保仪器设备处于正常工作状态，而且各项性能能够满足检测应用要求。

5.1 超声相控阵设备灵敏度综合性能测试

5.1.1 各通道灵敏度一致性测试

使用超声相控阵技术时，超声相控阵探头有多个晶片，超声相控阵仪器需要接收每个晶片的信号，超声相控阵仪器有多个独立的发射与接收通道，每个发射与接收通道的性能不能保证完全一致，存在一定的差异，另外超声相控阵探头每个晶片的灵敏度也存在较大差异。为了保证对于相同的反射信号，各通道在相同延时聚焦法则下接收到的超声信号一致，超声相控阵仪器需要对各通道的灵敏度进行一定的补偿，如果各通道的灵敏度差异太多，超声相控阵仪器无法将各通道的灵敏度补偿至同一水平，就会影响检测可靠性。因此进行相控阵检测前，需要测试各通道灵敏度的一致性，看相控阵探头是否有些晶片已经损坏，各晶片之间的灵敏度有多大差异。

各通道灵敏度一致性可以使用CSK IA试块25mm厚大平底反射信号进行测试，将相控阵探头上的楔块移除，相控阵仪器设置为纵波垂直入射，线性电子扫查模式，一次激发1个晶片，激发步距为1，依次激发相控阵探头的每个晶片得到B扫描图像，如图5-1所示，调节仪器增益，使各通道信号幅值在80%左右，记录各通道实测幅值。记录各通道实测幅值后计算出所有通道幅值的平均值A_p，然后计算出各通道幅值与平均值的偏差$\Delta A = 20\lg\frac{A}{A_p}$，如果某一通道的偏差值$\Delta A$大于12dB，通常认为该晶片已损坏。相控阵检测时，允许相控阵探头部分晶片损坏，因为由于相控阵探头晶片损坏造成的灵敏度差异可以通过相控阵仪器进行灵敏度修正，确保各个延时聚焦法则得到的 A 扫描信号灵敏度一致。具体允许多少个晶片损坏没有统一标准，由具体检测对象及检测工艺决定，通常当相控阵探头晶片损坏数量超过总数量的 25%，有相邻晶片损坏时，相控阵仪器较难将各延时聚焦法则得到的超声信号灵敏度补偿至一致水平，需要更换探头。当相控阵探头损坏晶片数超过以上标准时，如果通过实验验证相控阵仪器能够将各个延时聚焦法则得到的超声信号补偿至同一灵敏度，则该探头可以继续使用。

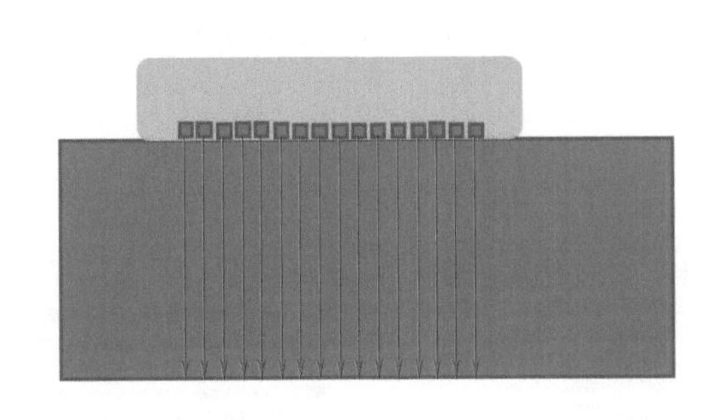

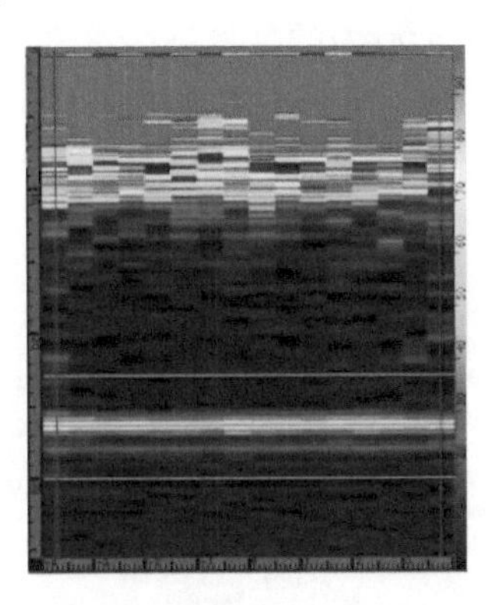

通道	1	2	3	4	5	6	7	8	9	10	11	12	13	14	15	16
幅值																
偏差																

图 5-1　各通道灵敏度一致性测试示意图及表格

5.1.2　灵敏度余量测试

超声检测灵敏度为超声检测能够检测出最小缺陷的能力，是超声检测的关键，超声检测灵敏度余量为检测出基准参考体后还剩余的灵敏度，反映超声检测仪器及探头的综合能力，设计检测工艺之前了解仪器设备的灵敏度余量至关重要。由于不同相控阵仪器增益的基准输入电压不一致，因此不同的仪器对于相同的增益值，得到的信号绝对幅值也不一样，为了将各个仪器调节至同一基准，需要使用参考反射体，将参考反射体信号调节至同一幅值，此时不同相控阵仪器即为同一基准。

为了测量出相控阵仪器的灵敏度余量，使用 4MHz、16 晶片，晶片间距 0.5mm，单个晶片长度 9mm 的标准相控阵斜探头，楔块角度为 36°，同时使用 CSK IA 试块 15mm 深，直径 1.5mm 的横孔作为基准反射体。测量时将相控阵仪器设为扇形扫查模式，探头前后移动，使 55°自然折射角超声回波得到的横孔信号达到最大幅值，调节增益值，使回波幅值约为 80%回波高度，记下此时增益值 G_0，然后将探头楔块表面耦合剂擦干置于空气中，调节增益值，使仪器的基本噪声至 20%，如图 5-2 所示，记下此时的增益值 G_1，则剩余灵敏度余量为 $G_1 \sim G_0$。通过该方法测量的灵敏度余量只能代表使用该仪器及探头在与该试块相同材质工件上检测的灵敏度，使用不同探头及试块时，测得的灵敏度余量均不一致，通过该方法测量得到的灵敏度余量仅用于比较不同相控阵仪器的基本性能，进行比较时最好使用相同的探头。将探头从仪器上拆下，然后提高仪器的增益值，使仪器的噪声水平至 20%，记下此时的增益值 G_3，则 G_3 为最大有效增益值，$G_3 \sim G_0$ 为最大有效增益范围。

实际检测的灵敏度余量需以检测工艺的灵敏度校准试块进行测量，只有用检测工艺灵敏度校准试块测试出的灵敏度余量，才真实代表该仪器与探头在该检测工艺下的真实检测灵敏度余量。

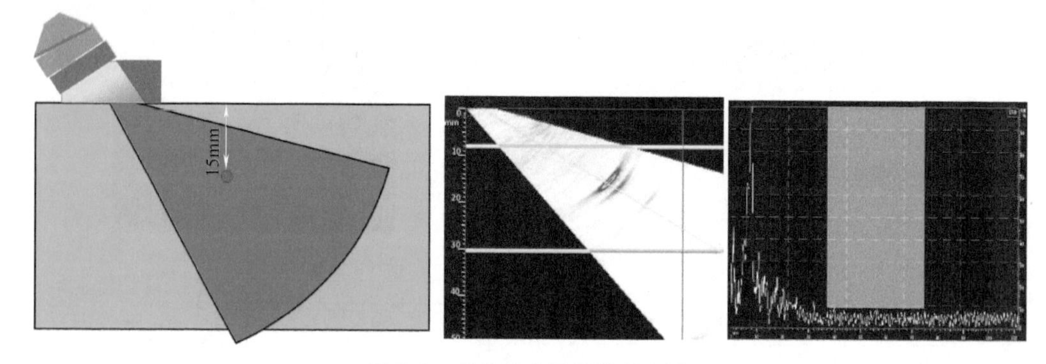

图 5-2 灵敏度余量测试示意图

5.1.3 相控阵 ACG/TCG 补偿误差测试

超声相控阵技术能够通过电子的方式控制超声波声束，能够实现扇形扫查、电子扫查，通过相控阵技术得到的各个角度超声波声束灵敏度存在差异，因此需要对仪器进行角度增益补偿（ACG），使各个角度的声束灵敏度达到同一灵敏度基准，这样才能准确对缺陷进行定量评判。超声波声束在其传播方向由于声束扩散、材质衰减等因素的影响，不同声程的灵敏度不一致，为了使不同声程位置的超声检测灵敏度在同一基准，需要进行深度增益补偿（TCG），使相同大小的缺陷在不同位置时，其回波信号达到相同幅值。用超声相控阵技术进行检测时，角度增益补偿与深度增益补偿的准确性直接影响到检测的可靠性，影响到缺陷定量的准确性，因此测量出超声相控阵仪器的角度增益补偿与深度增益补偿误差至关重要。

相控阵扇形扫查的 ACG/TCG 补偿误差可以使用不同深度的横孔进行测试，如图 5-3 所示，例如使用 5mm、10mm、20mm 深的横孔记录 ACG/TCG 补偿信号，该深度范围的横孔使用 4MHz，16 晶片，晶片间距 0.5mm，晶片长度 9mm 的相控阵探头及相应的楔块，扫查模式设为 35°~70°扇形扫查，激发 16 晶片，不聚焦。先记录 5mm 深的横孔信号，然后记录 10mm 深与 20mm 深的横孔信号完成 ACG/TCG 补偿。仪器补偿完成后，以 15mm 深的横孔验证各角度声束补偿误差，依次选择各角度声束测量并记录 15mm 深横孔的最大回波幅值信号，看各角度得到的最大回波幅值差。

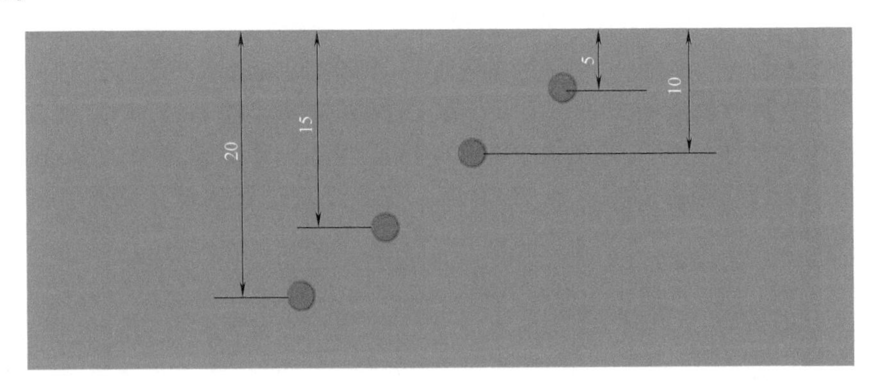

角度/(°)	35	40	45	50	55	60	65	70
幅值								

图 5-3　扇形扫查 ACG/TCG 补偿误差测试

相控阵线性电子扫查时，也会产生多个超声波，由于相控阵探头各晶片的灵敏度不一致，相同延时聚焦法则激发不同晶片产生的超声波灵敏度也不一致，因此也需要对线性电子扫查产生的各个超声波进行灵敏度补偿，使各个超声波的灵敏度补偿至同一基准。同时，线性电子扫查产生的超声波在不同声程的灵敏度也不一致，也需要将不同声程的超声波灵敏度补偿至同一基准，这样才能保证准确定量。测量线性电子扫查模式 TCG 补偿误差可以使用 25mm 大平底信号作为参考反射，如

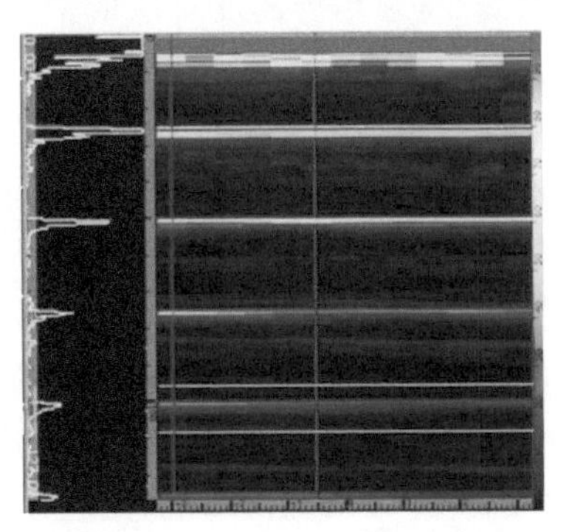

声束	1	2	3	4	5	6	7	8	9
幅值									

图 5-4　线性电子扫查 TCG 补偿误差测量

图 5-4 所示，使用 4MHz、16 晶片，晶片间距 0.5mm，晶片长度 9mm 的相控阵探头，不使用楔块，一次激发 8 晶片，激发晶片步距为 1，不聚焦，依次激发产生 9 个 A 扫描信号得到 B 扫描图，将探头放至 25mm 试块平面得到反射回波信号图像。调节仪器灵敏度，使 25mm 大平底信号约为 80%回波高度，随后通过 TCG 功能记录 25mm 大平底一次回波信号及三次回波信号，记录完成后打开 TCG 功能，测量电子扫查各个 A 扫描信号二次回波的幅值，计算各幅值偏差。

以上测量方法所用试块主要用于验证探头与仪器基本的 TCG/ACG 校准功能，不代表具体检测工艺的 TCG/ACG 校准误差，具体检测工艺的 TCG/ACG 校准误差需使用检测工艺中的 TCG/ACG 校准试块进行测试，测量方法与以上方法类似。

5.1.4 相控阵垂直线性测试

超声检测技术对缺陷评判的重要依据是缺陷反射回波信号的幅值信息，根据缺陷反射回波信号的幅值判断缺陷的大小及严重程度，超声波反射回波信号的幅值信息通过仪器的显示屏显示高度或者通过仪器直接测量得到。早期的模拟仪器只能通过显示屏的高度刻度位置信息评判回波信号的强度，将整个显示屏的高度分成 100 份，信号满屏显示时为 100%，信号显示为满屏刻度的 80%高度时，则信号强度值为 80%，信号显示为满屏刻度的 50%时，则信号强度值为 50%。信号在显示屏上的显示高度通过仪器增益进行控制，为了尽可能多地将不同强度的信号都显示在显示屏上，超声检测仪器通过对数放大器放大显示回波信号，即回波信号从显示屏 50%放大为 100%时，仪器放大 6dB，因此信号从 5%到 100%的显示范围内有 26dB 的动态范围，即能将最小可分辨信号强度及其 20 倍信号强度都同时显示在一个显示屏中，例如 5%显示屏高度对应的信号为 5mV，则 100%显示屏高度对应的信号为 100mV。

为了准确得到超声波反射回波信号的强度，超声回波信号在显示屏上显示的位置必须非常精确，超声检测仪器数字化之后，可以通过闸门直接测出信号的幅值。目前超声相控阵仪器主要通过颜色显示代表回波信号的幅值，也可以通过闸门精确测量出回波信号的幅值，甚至超声信号幅值超过了显示屏 100%的高度，也可以测量出其幅值。不同的仪器能够测量出的最大幅值不一样，有些仪器只能测出 100%幅值信号，有些仪器能够测出 200%幅值信号，有些仪器能够测出的最大幅值为 800%显示屏高度。由于信号的幅值直接影响缺陷定量的准确性，因此必须测量出超声相控阵仪器信号幅值测量的准确性，测量出信号幅值与放大增益的准确对应关系。

相控阵仪器的垂直线性可以使用 CSK IA 试块的 25mm 大平底作为参考反射体，将相控阵探头楔块拆除，将仪器设为纵波垂直入射线性扫查，一次激发 16 晶片，不聚焦，选择合适的带宽，将探头放置于 CSK IA 试块大平面上测试 25mm 大平底信号如图 5-5 所示。调节仪器增益，使仪器增益尽可能低，找一个幅值约为 5%的多次回波信号，以该信号测试仪器的垂直线性，找到该信号后提高增益值，使该信号幅值为 80%，然后以此时的增益值为基准，随后在该增益值基础上按图 5-5 表格中增加增益与减少增益值，测出信号值的幅值，比较实测幅值与理论幅值的偏差，即可知道仪器的垂直线性。测试时先将仪器增益依次降低 6dB，当信号幅值降至 5%时，随后将信号调为 80%，看此时的增益值是否与基准增益值一致，随后再依次提高增益值，测量至仪器能够测量的最大幅值为止。

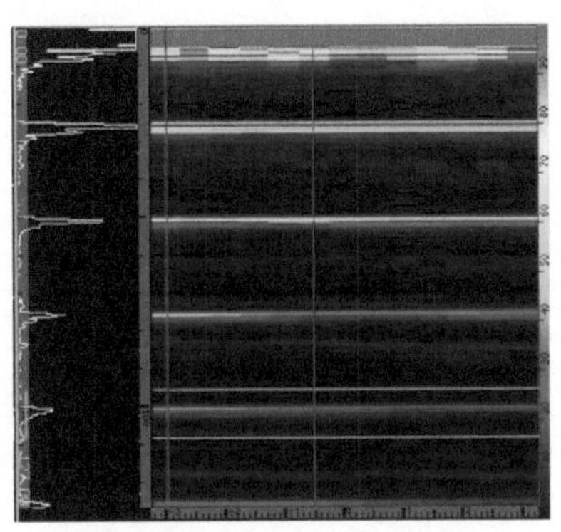

增益值	理论幅值	实测幅值	偏差幅值
基准增益值	80%		
−6dB	40%		
−12dB	20%		
−18dB	10%		
−24dB	5%		
基准增益值	80%		
+6dB	160%		
+12dB	320%		
+18dB	640%		
基准增益值	80%		

图 5-5　相控阵仪器垂直线性测试

5.1.5　TCG/ACG 补偿增益溢出测试

超声相控阵通过延时聚焦法则能够得到多个声束，并且能够独立控制各个声束的灵敏度，通过深度增益补偿和角度增益补偿可以使各个声束在不同声程位置的灵敏度处于同一灵敏度基准。当检测范围过大，各声束灵敏度差异较大，进行灵敏度补偿所需的增益值超过了仪器的增益范围时，将无法完成补偿，补偿增益溢出。如果仪器能够提示补偿增益溢出，操作人员则可以根据提示重新改善检测工艺，如果仪器不能提示补偿增益溢出，此时仪器的垂直线性将受到影响，特别是扇形扫描时的大角度声束。因此，在进行工艺验证时，需要确保仪器设置校准完成后没有发生补偿增益溢出。测试仪器在当前灵敏度状态是否发生补偿增益溢出，只需测量当前状态仪器的垂直线性是否达到要求即可，特别是测量补偿最大声束的垂直线性。

5.2 超声相控阵信号显示综合性能测试

5.2.1 定位误差测量

超声相控阵技术通过图像直接显示缺陷的信息，最基本的显示图像为扇形扫描图与 B 扫描图，扇形扫描图与 B 扫描图均为二维图像，可以得到缺陷在该截面的水平距离与深度值。要准确显示缺陷在图像中的相对位置，需要对仪器进行准确设置，甚至对仪器进行校准，与探头的楔块信息、工件的声速、仪器数据处理算法等因素有关，体现了仪器设备的综合性能。准确对缺陷定位是超声检测的最基本要求，直接影响缺陷的评判与修补工艺，在进行检测之前需要验证仪器设备对缺陷定位是否准确，测量出定位误差。测量仪器设备的定位误差可以使用不同深度的两个横孔作为参考反射体，如图 5-6 所示，先设置并校准仪器设备，然后在显示图像中测量出横孔距离探头前表面的水平距离及距离上表面的深度值，随后实测出横孔距离探头上表面的深度值及横孔距离探头前沿的水平距离，比较实测值与仪器显示测量值之间的偏差。探头在不同位置时横孔图像中的回波信号最强位置均不一样，其反射点为横孔圆弧面上对应的不同反射点，其对应的水平位置值与深度值存在一定的差异，为了减小测量误差，横孔直径应尽量小，通常使用 1mm 横孔作为参考反射体。相控阵不同角度声束的定位测量精度不一样，特别是大偏转角度声束的定位误差更大，为了得到整个图像上的定位测量精度，选择 45°、60°、70°声束分别测量两个横孔的定位精度，测量时要确保对应声束得到的横孔回波信号为最大回波幅值。

5.2.2 显示分辨力测试

超声相控阵技术主要通过图像显示缺陷，图像显示的准确性及分辨力直接影响缺陷的评判，相控阵图像的显示分辨力和相控阵探头及仪器的成像算法都有一定的关系，特别是和超声波声束的宽度有关，声束宽度直接影响了缺陷显示的分辨力，然而由于超声波声束的宽度并非定值，在不同的声程范围其声束宽度不一样，因此同一探头在不同的深度位置缺陷的显示分辨力不一样。在制订超声检测工艺时，需要测量出检测区域范围内缺陷的显示分辨力，显示分辨力主要包括水平分辨力与垂直分辨力。

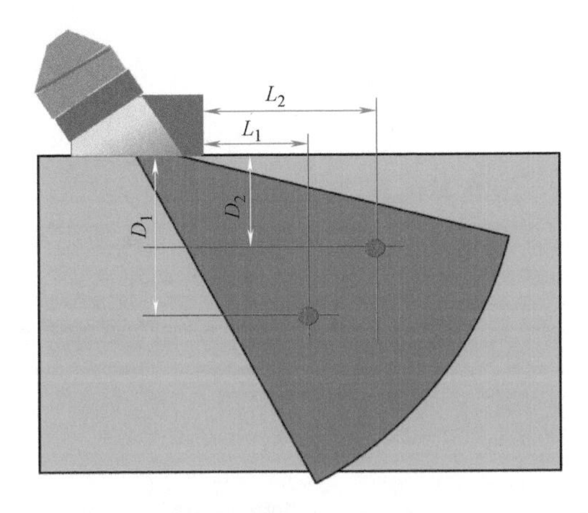

	45°				60°				70°			
孔1	水平显示		深度显示		水平显示		深度显示		水平显示		深度显示	
	水平实测		水平实测		水平实测		水平实测		水平实测		水平实测	
	偏差		偏差		偏差		偏差		偏差		偏差	
孔2	水平显示		深度显示		水平显示		深度显示		水平显示		深度显示	
	水平实测		水平实测		水平实测		水平实测		水平实测		水平实测	
	偏差		偏差		偏差		偏差		偏差		偏差	

图 5-6　相控阵定位误差测量

1. 水平分辨力

水平分辨力主要体现了多个缺陷在水平方向能够区分开并单个显示的能力，扇形扫描主要用不同间距的横孔进行测试，如间距为 1mm 及 2mm 的横孔，看 1mm 间距横孔与 2mm 间距横孔是否能够独立显示，如果 1mm 间距横孔显示图像不能分开显示，而 2mm 间距横孔显示图像能够分开显示，则水平分辨力为 2mm。线性电子垂直扫查水平分辨力可以用不同间距的横孔或平底孔进行测试，与扇形扫查类似，如果两个间距为 2mm 的平底孔能够在图像上独立分开显示，则其水平分辨力为 2mm。判断两个缺陷是否独立显示的依据为看两个缺陷的峰值与谷值幅值差是否大于 6dB，如图 5-7 所示。

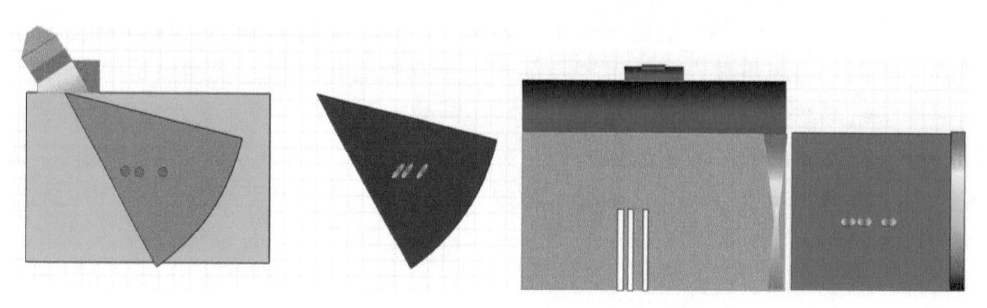

图 5-7　超声相控阵水平分辨力示意图

2. 垂直分辨力

垂直分辨力主要体现了多个缺陷在垂直方向能够区分的能力，扇形扫描垂直分辨力主要取决于超声波声束在垂直方向的声束宽度，主要使用不同间距的横孔进行测试，其能分辨的最小间距即为垂直分辨力。线性电子垂直扫查的垂直分辨力主要取决于超声波声束的频率及脉冲宽度，可以使用不同间距的横孔或平底孔进行测试，如图 5-8 所示。

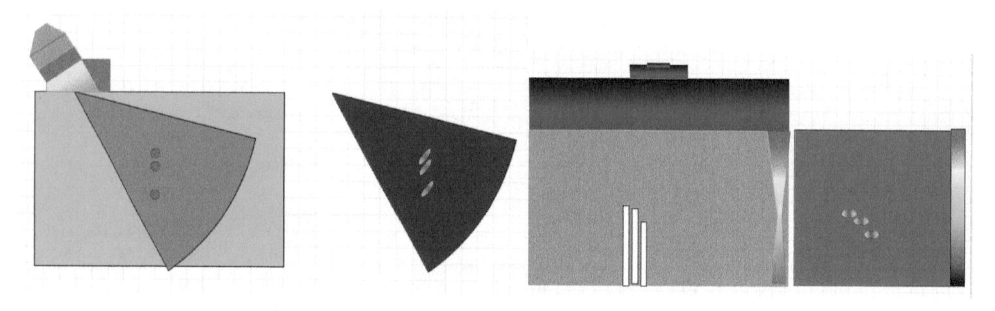

图 5-8　超声相控阵垂直分辨力示意图

3. 扫查移动方向分辨力

扫查移动方向分辨力主要体现 C 扫描检测时在探头移动方向多个缺陷区分开的能力，扫查移动方向分辨力主要取决于声束在探头移动方向的声束宽度及编码器的步距。扫查移动方向分辨力可以使用不同间距的平底孔或刻槽进行测试，以平底孔或刻槽的端角反射信息作为参考反射信息，如图 5-9 所示，C 扫描图像上能够区

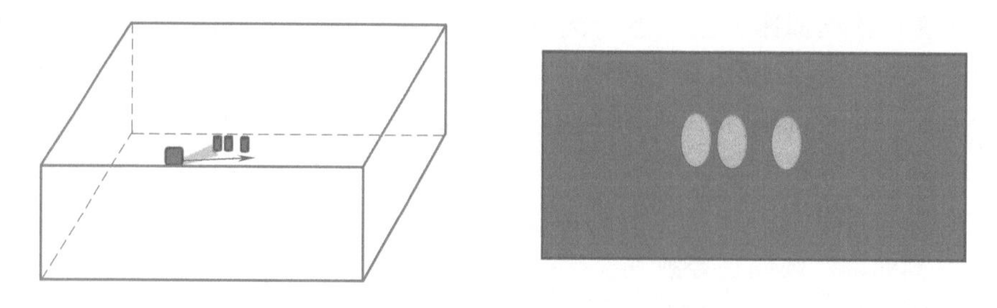

图 5-9　扫查移动方向分辨力测试示意图

分开的最小间距即为扫查移动方向分辨力。

5.3　超声相控阵聚焦法则基本测试

5.3.1　超声相控阵角度偏转能力及精度测试

超声相控阵技术的最大特点之一为对超声波声束角度的偏转控制。相控阵仪器及探头的角度偏转能力及偏转精度与相控阵仪器的性能、相控阵探头的具体参数都有关系，相控阵仪器及探头的角度偏转能力及偏转精度对检测工艺的编制至关重要，也直接影响对缺陷的定位精度，因此很有必要在编制检测工艺前测试相控阵仪器及探头的角度偏转能力及偏转精度。

超声相控阵的声束偏转角度在很大程度上与探头的晶片间距及探头的频率有关，探头的晶片间距越大，探头的频率越高，声束能够偏转的角度越小。当探头装到楔块上进行角度偏转时，在被检测工件中能够偏转的角度与楔块及被检测材料的声速、楔块角度有关，其偏转角度由斯涅耳定律计算得到。

当相控阵探头直接接触工件表面进行纵波扇形扫查时，可以用圆弧面试块测试声束偏转角度，如图 5-10 所示，使探头中心与试块圆心重合，仪器设置正负角度扇形扫查，测试各角度圆弧面反射回波信号幅值，当偏转角度声束圆弧面反射信号幅值低于垂直入射 0°声束幅值 6dB 时，该偏转角度为该探头最大声束偏转角度。

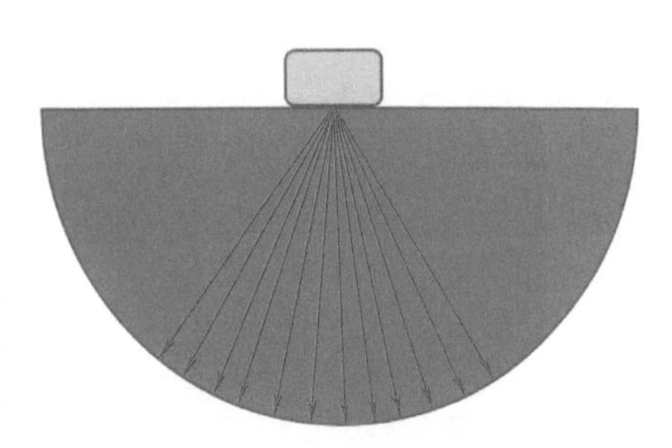

图 5-10　纵波垂直入射最大偏转角度测试

当相控阵探头安装在楔块上进行横波扇形扫查时，扇形扫查的最大及最小角度偏转值可以通过 CSK IA 试块的四分之一圆弧面进行测试。首先根据探头楔块得到自然入射角度，即超声波声束不经过偏转经楔块自然折射到钢中的角度，测试时探头前后移动，使自然入射角度声束入射点在试块圆心处，如图 5-11 所示，测试此时自然入射角声束在圆弧面的反射回波幅值，同时测量弧面反射回波幅值比自然入射角声束幅值低 6dB 的最大角度及最小角度。由于各角度声束入射点不一致，存在一定的差异，测量时探头中心要前后轻微移动，使测量角度声束的入射点在圆弧中心处。

超声相控阵通过电子的方式控制声束的入射角度，入射角度的精度直接由相控阵仪器的算法决定，当楔块有一定磨损后，入射角度偏转误差变大。对于横波扇形扫查模式，相控阵角度偏转控制误差的测量方法与常规探头角度测量方法基本一致，可以使用 CSK IA 试块 50mm 凸圆弧进行测试。如图 5-12 所示，可以选择三个角度进行测量，例如，测量 45°、60°、70°声束，测量这些声束的实际角度值，测量角度前需要先测出各角度声束对应的楔块前沿值，大角度声束角度误差通常较大，45°、60°声束偏转误差一般控制在 2°范围内，70°声束偏转误差一般控制在 5°范围内。对于纵波垂直入射扇形扫查模式，其声束角度控制偏差也可以用 CSK IA 试块 50mm 凸圆弧面进行测量，进行角度测量时，应尽量使 1~2 倍近场值区域内声束入射到圆弧面，提高测量准确性。

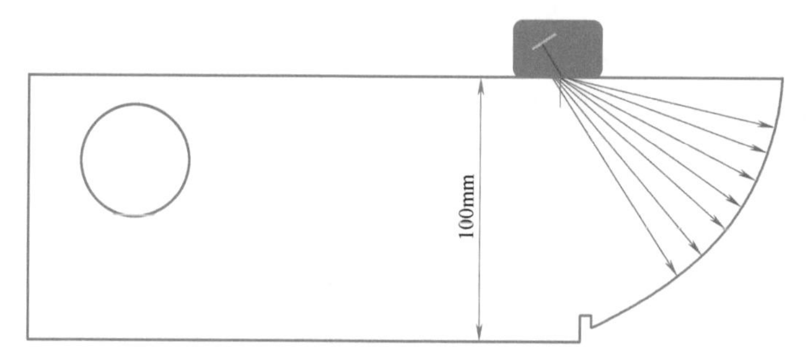

图 5-11 横波斜入射扇形扫查角度偏转能力测试

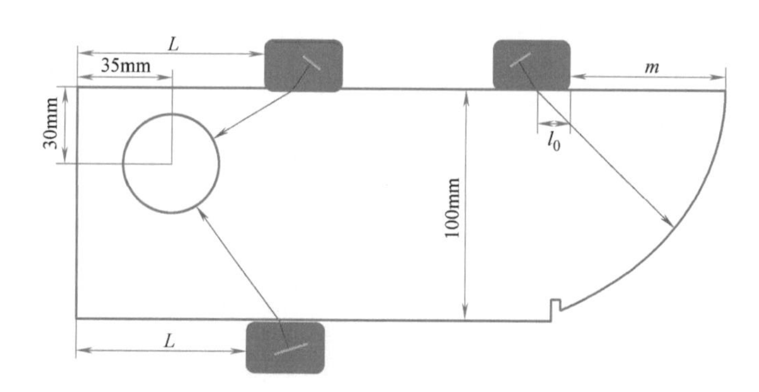

角度/(°)	45	60	70	最大偏转角度
实测值				
偏差				

图 5-12 声束偏转角度测试示意图

5.3.2 超声相控阵聚焦能力测试

超声相控阵技术能够通过电子的方式实现声束聚焦，相控阵聚焦功能是超声相控阵仪器的主要功能，通过聚焦能够提高聚焦位置的检测灵敏度及分辨力，聚焦的效果主要取决于相控阵仪器的算法。相控阵聚焦也只能在近场区域内聚焦，因此能否在所需检测区域聚焦，与所选用的探头与激发的晶片数有很大关系，要分析聚焦区域是否在生成声场的近场区范围内。当相控阵探头使用了楔块时，超声波在楔块内的传播时间也会应用到仪器的聚焦算法中，因此当相控阵探头使用了楔块进行横波扇形扫查时，需要使用探头与相应的楔块一起测试其聚焦效果。测试相控阵仪器横波扇形扫查的聚焦功能时，为了使参考反射体在声场的近场区范围内，使用距离上表面约 5mm 深的 2mm 横孔进行测试，使用 4MHz、16 晶片，探头间距 0.5mm，单个晶片长度 9mm 的相控阵探头。

测试横波扇形扫查聚焦功能时，首先正确输入楔块的相应参数，确保仪器能够准确得到超声波在楔块中传播的时间，将仪器设置为扇形横波扫查，扇形角度设为 35°~75°，首先将仪器设为不聚焦，探头前后移动，使横孔最强信号约为 56°声束位置，此时显示的横孔信号图像为自然声场下得到的图像。由于此时横孔信号处于近场区范围内，横孔位置声束宽度大于孔径 2mm，因此图像中通过 6dB 法测量的横孔直径大于 2mm，约为 3mm。随后将仪器设为聚焦模式，聚焦深度设为 5mm，此时在 5mm 深处声束最窄，其焦点宽度约为 1.5mm，图像分辨力明显提高，如图 5-13b 所示。通过 6dB 法测量横孔直径约为 1.5mm，此时测量出的孔径小于 2mm 是因为焦点处声束窄，横孔的反射面为弧面，焦点处能够垂直反射接收到信号的反射面宽度约为 1.5mm，如图 5-13c 所示。

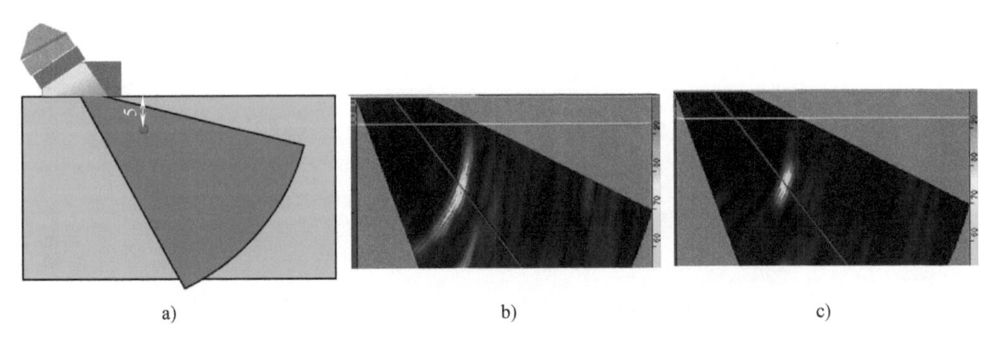

图 5-13　横波扇形扫查聚焦测试示意图

a）横孔试块　b）未聚焦横孔图像　c）聚焦后横孔图像

当使用纵波线性电子垂直入射扫查时，也可以使用距离上表面约 5mm 深的 2mm 横孔作为参考反射体。为了得到较好的聚焦效果，纵波线性电子垂直入射扫查使用的探头晶片数尽量选 32 晶片以上，一次激发 16 晶片。测试纵波线性电子垂直入射扫查的聚焦效果，使用 5MHz、32 晶片，晶片间距为 0.5mm，单个晶片长度为 10mm 的相控阵探头，不用楔块，也可以使用参数类似的相控阵探头。将仪器设置为纵波线性电子垂直入射扫查模式，一次激发 16 晶片，扫查步距为 1 晶片，总共激发生成 17 个声束。首先将仪器设为不聚焦模式，此时由于在 5mm 深位置处声束宽度远大于 2mm，因此 2mm 横孔的显示图像远大于 2mm，如图 5-14b 所示，随后将仪器设为聚焦模式，将聚焦深度设为5mm，此时的横孔图像如图5-14c，使用6dB法估测横孔直径，将横孔最大幅值调为80%，此时幅值大于40%的声束共有3个，由于步距为一个晶片0.5mm，因此3个声束总宽约为1.5mm，则孔径约为1.5mm。

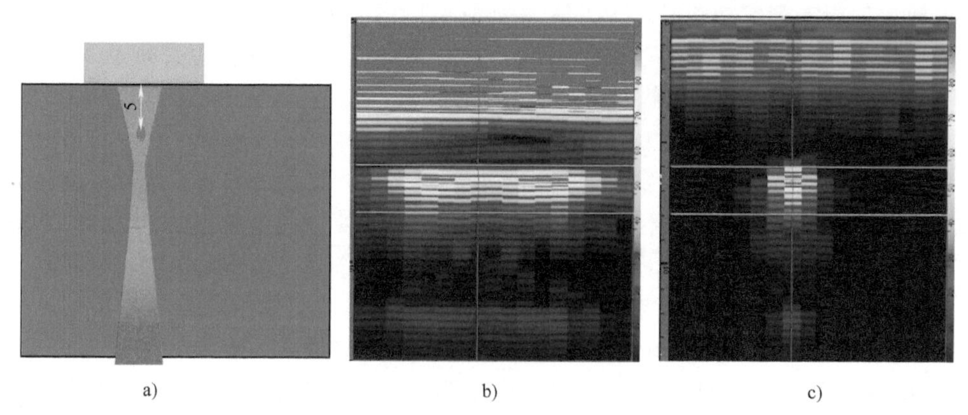

a)　b)　c)

图5-14　纵波线性电子垂直扫查示意图

a）横孔试块　b）未聚焦横孔图像　c）聚焦后横孔图像

是否需要测试横波扇形扫查的聚焦性能与纵波线性电子扫查聚焦性能，主要取决于检测工艺，根据检测工艺使用的扫查方式选择聚焦性能测试方法。

5.4　超声波声场测试

1. 超声近场及声束宽度测试

超声波声场直接体现了超声波在检测工件中的能量分布状态，只有充分了解了超声波声场，才能够了解超声波的检测能力。常规超声检测技术主要使用单个固定探头进行检测，每个探头的声场都是固定的，能够从探头的技术资料中得到，而超声相控阵探头由于激发的晶片数不同，得到的超声波声场也不同，因此对于一个检测工艺中的特定延时聚焦法则，需要测量该延时聚焦法则得到的超声波声场。测量超声波声场可以使用不同深度的横孔进行测量，测出不同深度声束主轴线上的能量分布图，从中可以得到声场的近场距离，同时测量出声场中6dB的声束宽度。图5-15所示为垂直入射与斜入射声场测试示意图。相控阵扫查时包含多个声束，对于相同延时聚焦法则得到的超声波声束只要测量其中一个声束声场即可。

2. 检测盲区测试

超声相控阵检测时，在被检测工件的近表面区域存在一定的检测盲区，当使用垂直线性电子扫查时，相控阵探头通常会使用延迟块，在工件表面位置会产生界面波信号，工件近表面内的缺陷信号会与界面波重叠，从而产生盲区，盲区的大小与

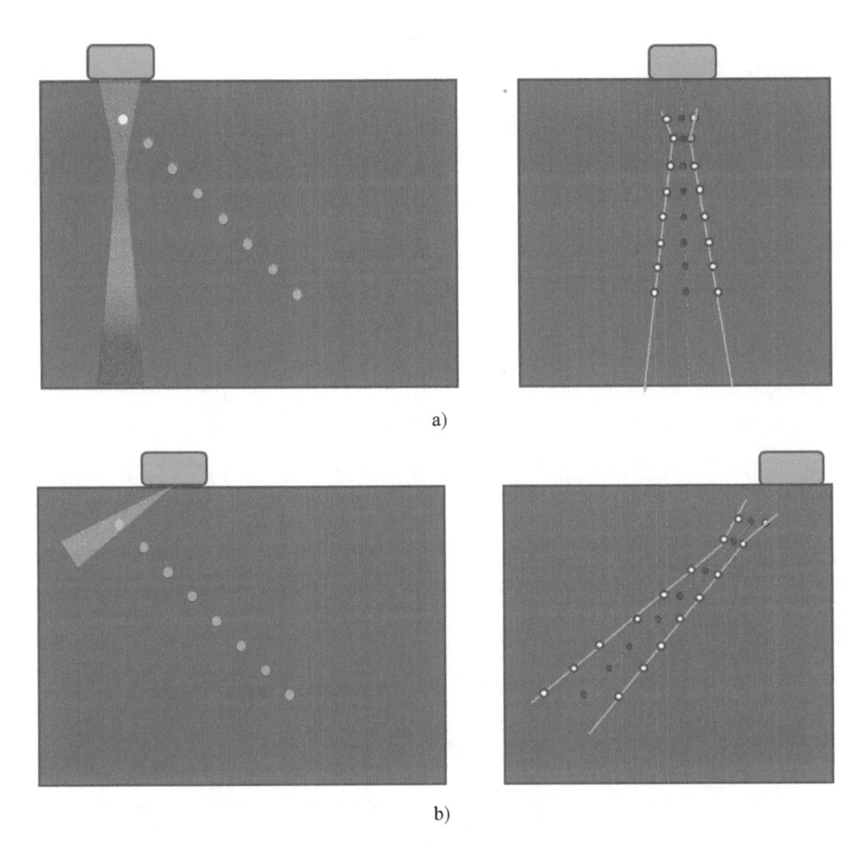

图 5-15　超声波声场测试示意图

a）垂直入射声场测试示意图　b）斜入射声场测试示意图

探头有很大的关系，另外工件的表面状况也对盲区有一定的影响。为了确定整个被检测工件的有效检测区域，需要测试出近表面检测盲区。垂直线性电子扫查时，可以使用距离试块上表面较近的平底孔、横孔或者较薄大平底作为参考反射体，如距离上表面 3mm 的横孔或平底孔信号能够与界面回波信号区分开，即参考信号与界面回波信号至少有 6dB 增益差，则检测盲区小于 3mm，如图 5-16 所示。当使用扇形横波扫查时，探头楔块会产生一定的噪声，特别是工件表面粗糙度较差时，在工件表面也会产生噪声信号，从而产生盲区。扇形横波扫查的盲区可以使用距离工件上表面较近的横孔进行测量，看能够独立区分显示的横孔距离上表面的最小距离，如距离上表面 2mm 的横孔能够独立显示，则盲区为小于 2mm。需要注意的是，扇形横波扫查的盲区主要是指一次波检测时的盲区，如果是二次波检测，则上表面不存在盲区。

3. 相控阵声束偏移角测试

超声相控阵横波斜入射检测时，探头在扫查方向发现缺陷，通常以探头的中心位置作为声束的入射位置，并以此作为缺陷定位的依据。如果探头在生产时的生产

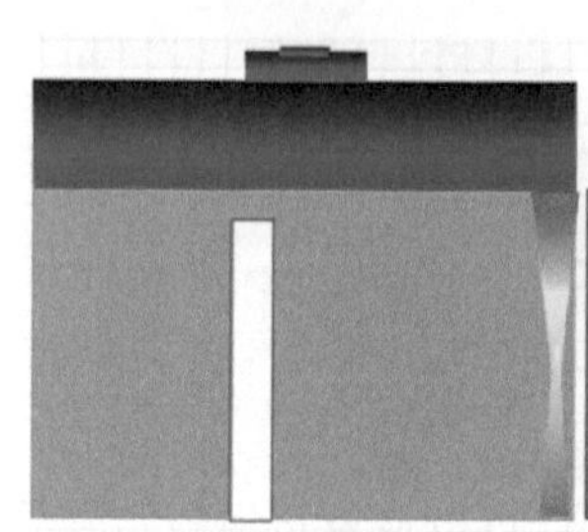

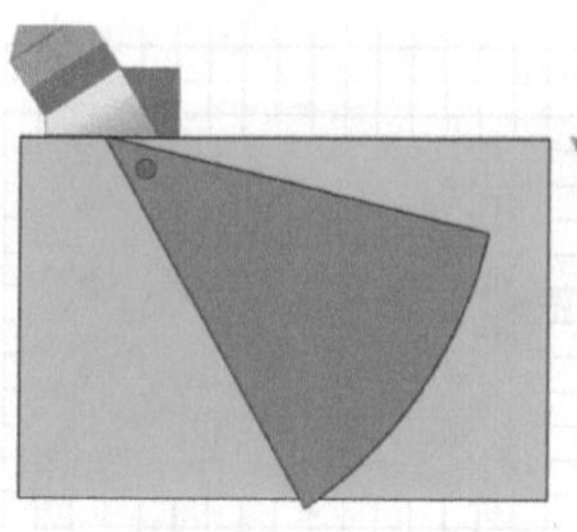
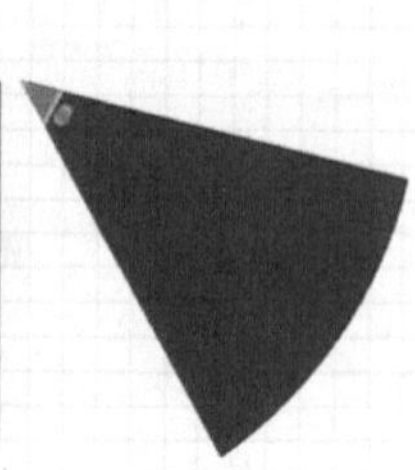

图 5-16 盲区测试示意图

工艺没有控制好，声束可能会产生一定的偏移，如图 5-17 所示。如果声束沿着楔块并非平行入射，对缺陷定位时将产生一定的误差。相控阵线性阵列探头晶片在与声束入射垂直方向上没有切割，声束入射角度由探头晶片的物理位置决定，为了测试相控阵探头斜入射时在与声束入射垂直方向的偏转角，可以使用 CSK IA 试块 25mm 大平面端角进行测试。如图 5-17 所示，测试时摆动探头的角度，使得到的端角反射信号最强，得到最强端角反射信号时，测量此时探头偏移方向，并测量偏移角 θ，如图 5-17 所示。

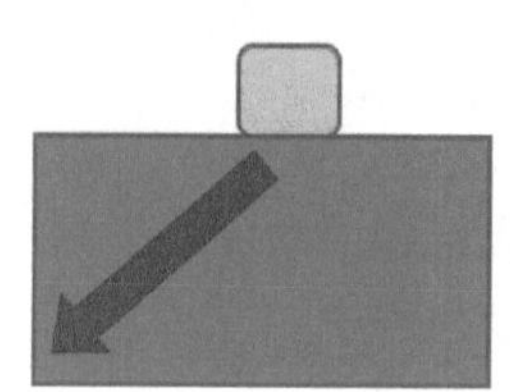
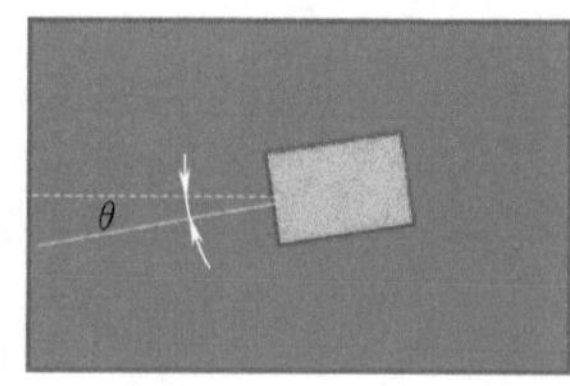

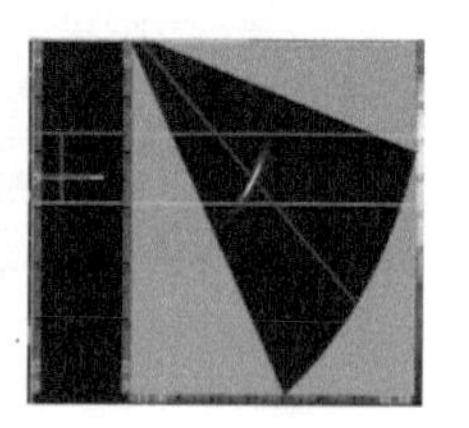

图 5-17 声束偏移角测试示意图

5.5 超声相控阵综合性能测试时机

通过测试超声相控阵的综合性能，可以了解所使用仪器设备的性能，了解当前所使用的设备是否处于正常工作状态，了解仪器设备综合性能是否能够满足检测工艺要求。针对不同的测试目的，要求测试的项目也不一样，表 5-1 为不同测试目的要求测试的项目。

表 5-1 超声相控阵综合性能测试时机

测试项目	仪器性能计量	检测工艺验证测试	日常测试
各通道灵敏度一致性测试	要求	要求	要求
相控阵角度偏转能力及精度测试	要求	要求	不要求
定位误差测量	要求	要求	要求
相控阵垂直线性测试	要求	要求	不要求
相控阵 ACG/ TCG 补偿误差测试	要求	要求	不要求

（续）

测试项目	仪器性能计量	检测工艺验证测试	日常测试
灵敏度余量	要求	要求	不要求
水平分辨力	要求	要求	不要求
相控阵聚焦能力测试	要求	要求	不要求
垂直分辨力	要求	要求	不要求
检测盲区测试	要求	要求	不要求
补偿增益溢出	不要求	要求	不要求
扫查移动方向分辨力	不要求	要求	不要求
超声波声场测试	不要求	要求	不要求
探头偏移角	不要求	要求	不要求

第6章 超声相控阵检测基本工艺

6.1 制订检测工艺基本流程

超声相控阵检测工艺是保证检测可靠性最主要的控制手段，通过检测工艺保证所使用的检测方法能够满足检测要求，能够检测出所希望检测出来的各种类型缺陷及最小缺陷，并且得到评估所需要的各种缺陷信息；通过检测工艺保证检测结果的可重复性，尽量降低人为因素对检测结果的影响。要得到一个完善、可靠的检测工艺需要考虑各种影响因素，超声相控阵技术的检测工艺制订基本流程如图6-1所示。

6.2 根据被检测工件信息确定检测方式

1. 被检测工件的材质及可能产生的缺陷

超声波在不同的材质中的传播速度不同，在不同材质中传播时的衰减系数也不一样，这些都会直接影响超声检测的效果。对于超声波来说，材质的分类可以从材料的声速及材料的衰减系数上进行区分，如果两种材料的声速及衰减系数很接近，就可以把它们当作一类材质进行处理。检测前需要准确了解被检测工件的材质，常见的材质有低碳钢、铸铁、铝、铜、碳纤维复合材料等。

除了要了解被检测工件的材质，还需要详细了解该工件的生产加工工艺，因为不同的生产加工工艺产生的缺陷都不一样，例如热熔焊缝常见的缺陷有气孔、裂纹、未熔合、未焊透、夹杂等；铸件常见的缺陷有缩孔、疏松、裂纹等；而锻件缺陷的方向性很强，主要平行于锻压面。因此制订检测工艺之前必须分析被检测工件的生产加工工艺，清楚了解该工件中常见的缺陷及其危害性，检测工艺主要围绕常见危害性缺陷的检测与评判而设定。

2. 被检测工件的形状尺寸

了解了被检测工件的材质及加工工艺后，需要了解被检测工件的详细形状及尺寸，结合被检测工件中容易出现缺陷的部位确定需要检测的区域。要对被检测工件

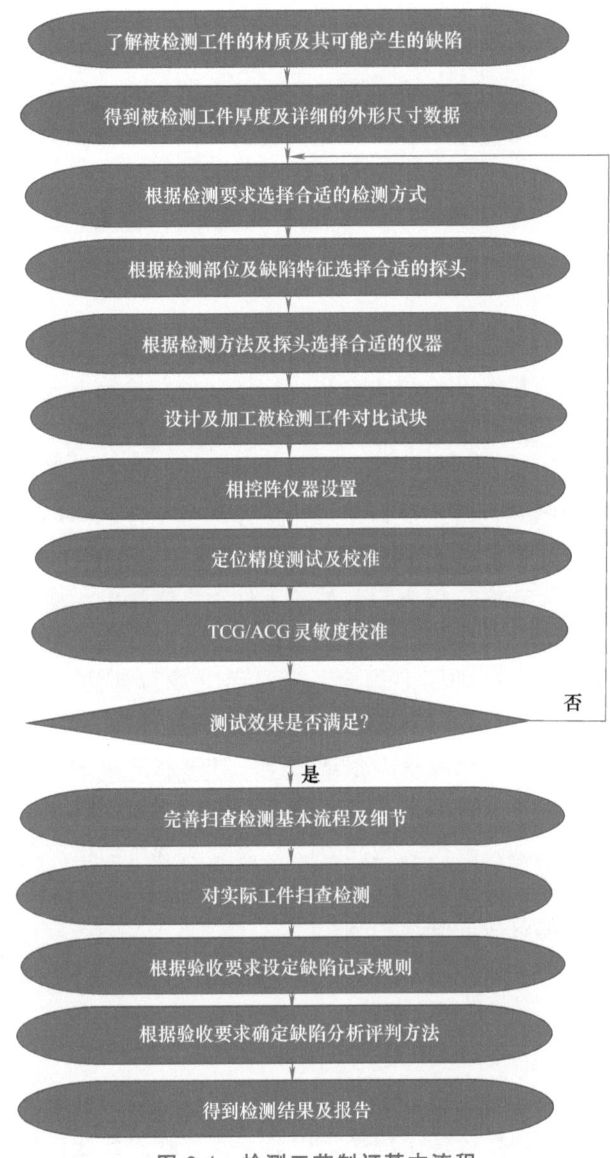

图 6-1　检测工艺制订基本流程

的某些部位检测，首先应使超声波能够传播至需要检测的部位，要确定被检测工件的扫查面，要确保扫查面有足够的空间让探头接触并扫查，使超声波能够以合适的入射角度入射至需要检测的部位。特别是对于一些结构复杂的工件，由于接触面受限，标准探头无法使超声波以合适的角度入射至需要检测的部位，这时可能需要使用定制探头保证探头与被检测工件能够较好接触及有较好的耦合效果，并使超声波以合适的角度入射至需要检测的部位。被检测工件接触面的表面粗糙度及其曲率对检测效果也有很大的影响。

除了被检测工件的形状尺寸外，需要检测的部位距离超声波入射点的距离至关重要，需要检测的部位离入射点太近，有可能处于超声波的近场区范围内，或者近表面分辨力不够，处于检测盲区内。需要检测的部位离超声波入射点太远，有可能声束扩散严重，检测灵敏度不够，声束宽度大，缺陷显示分辨力低。因此，设定检测工艺时要准确了解被检测工件需要检测部位距离超声波入射点的距离，根据该距离选择合适的探头，确保在需要检测部位的声场合适，检测灵敏度及分辨力能够达到检测要求。

3. 检测方式选择

当了解清楚被检测工件的材质、形状及常见缺陷之后，需要确定检测方式，常见的检测方式有接触式检测及液浸式检测。使用接触式检测方式时，探头与工件表面直接接触，通过手动方式或机械扫查器的方式使探头移动扫查。接触式检测方式简单方便、灵活，只需仪器、探头即可进行检测扫查，容易对各种形状的工件进行检测。使用接触式检测时，由于在扫查过程中探头与工件之间的耦合效果会产生一定的差异，耦合会对回波信号的幅值产生一定的影响，很容易产生 2dB 的幅值差异。使用液浸式检测方式时，探头与被检测工件不直接接触，通常将被检测工件与探头放置于液体中，通过液体耦合。液浸式检测方法通常需要机械扫查设备固定探头，使探头与工件表面之间的距离固定，通过手动或自动的方式移动探头扫查检测。液浸式检测方式耦合稳定，容易实现自动化检测，但没有手动检测灵活，需要机械水槽，整个检测系统比较复杂，仅适用于工件形状简单的工件。

大部分检测应用选择接触式检测方式进行检测，当表面耦合的偏差会影响缺陷的判断及评判时，需要选择液浸式检测方式，需要实现自动检测时也常选择液浸式检测方式。液浸式检测常用于精密 C 扫描检测，如钢材的纯净度检测，航空工业的复合材料检测，异种材质的粘接检测等。

6.3 超声相控阵探头选择

超声探头是超声检测的关键，其直接决定了超声检测的灵敏度及分辨力。超声探头的选择至关重要，如果选择了接触式检测方式，就需要选择接触式探头，而如果选择了液浸式检测方式，需要选择防水的液浸探头。接触式探头的接口很有可能不防水，不能长时间浸在液体中，不能用于液浸式检测方式。

6.3.1 探头类型的选择

常用超声相控阵探头主要有单线性阵列相控阵探头、双线性阵列相控阵探头、面阵列相控阵探头。单线性阵列相控阵探头的晶片依次排成一排，通过一定的延时聚焦法则发射与接收超声信号。单线性阵列相控阵探头发射与接收的晶片通常为同一组晶片，主要用于扇形扫查及线性电子扫查模式，其应用最广泛，能满足大部分检测应用要求，而且成本相对较低。双线性阵列相控阵探头的晶片分成两排依次排列，如 2 排各 32 晶片，一排晶片以一定的延时聚焦法则用于发射，另一排晶片以相同的延时聚焦法则用于接收。双线性阵列相控阵探头可以减小近表面检测盲区，主要用于近表面缺陷检测、较薄工件检测、腐蚀检测；另外奥氏体焊缝通常使用双阵列相控阵探头纵波斜入射检测以减小盲区。面阵列相控阵探头的晶片以二维阵列的方式排列，通过特定的延时聚焦法则进行激发及接收，主要用于一些特殊检测应用。

6.3.2 探头扫查方式的选择

超声相控阵探头的基本类型确定后，需要根据被检测工件的形状、缺陷的位置及缺陷的方向性等信息确定相控阵探头的扫查方式，确定了扫描方式后选择相应的相控阵探头。超声相控阵探头的扫查方式主要有多角度横波扇形扫查、纵波垂直线性扫查、纵波多角度扇形扫查和横波以固定角度斜入射扫查。

（1）多角度横波扇形扫查　多角度横波扇形扫查检测是应用最广泛的一种检测方式，能够检测各种方向的缺陷，如图 6-2 所示，通过一次波直射法能检测与各入射角度相垂直的缺陷，通过二次波反射能够检测出与反射波相垂直的缺陷。多角度横波扇形扫查检测方式对于晶粒较细的材料均适合，能够检测距离检测接触面有一定距离的缺陷，是焊缝检测最主要的检测方式。使用多角度横波扇形扫查检测，需要合适的楔块将纵波转换成横波，楔块的角度主要取决于期望得到的横波角度范围，横波角度范围通常为楔块自然折射角加减 20°，常用的楔块角度为 36°，其折射角范围为 35°～75°。

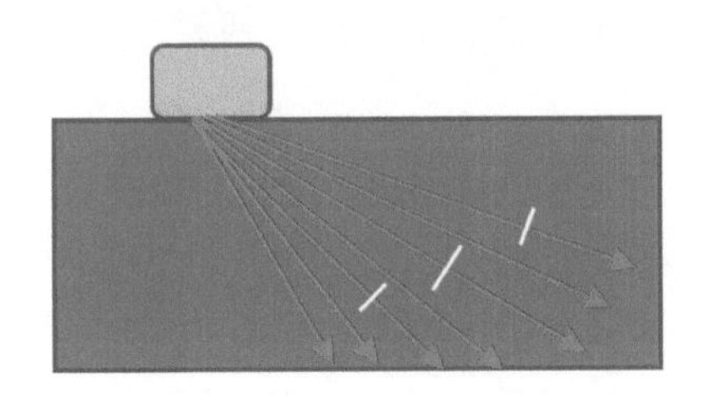
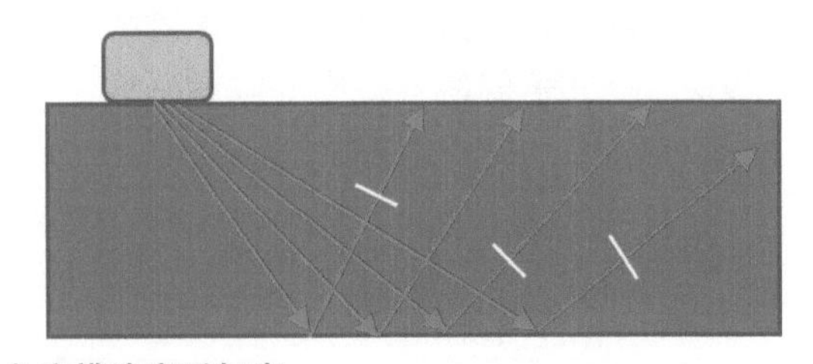

图 6-2　多角度横波扇形扫查

（2）纵波垂直线性扫查　纵波垂直线性扫查检测时，超声波垂直入射，通过电子的方式控制超声波移动，使超声波覆盖整个探头区域，从而检测整个探头覆盖区域，如图 6-3 所示。纵波垂直线性扫查主要用于大平面工件检测，一次覆盖较大范围区域，通过这种检测方式提高检测效率，使用这种扫查方式时，通常使用大尺寸探头，相控阵探头一般 64 晶片以上。纵波垂直线性扫查检测主要检测与检测面平行的缺陷，如复合材料板的分层缺陷，当工件下表面与上表面平行时，可以通过底波法检测出与工件表面不平行的缺陷。纵波垂直线性扫描通常探头较大，检测工件表面要平整，有一定曲率的工件需要特殊探头或楔块。为了保护探头，纵波垂直线性扫描时，探头前面通常会加一延迟块，这也使其检测深度范围受到一定的限制，其检测深度为楔块的等效深度，例如 20mm 厚度有机玻璃延迟块，其在钢中的等效厚度约为 50mm。因此选用该检测方式时要特别注意工件的表面情况，确保有足够大的接触面，而且接触面没有太大曲率，另外其检测深度范围受到延迟块的限制。

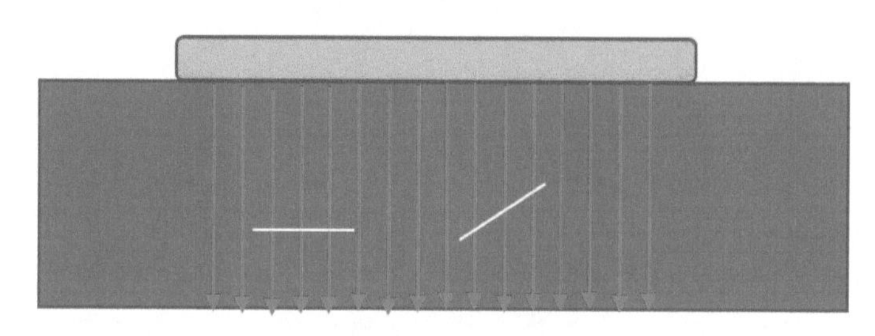

图 6-3 纵波垂直线性扫查

（3）纵波多角度扇形扫查 纵波多角度扇形扫查检测时，超声波以不同的角度入射，可检测不同方向的缺陷，也能检测出轴类表面裂纹，如图 6-4 所示。这种检测方式主要用于锻、铸件以及轴类工件的检测，这种检测方式使用的探头接触面比纵波垂直线性扫查时使用的探头小，通常会加一层保护膜保护探头。

（4）横波以固定角度斜入射扫查 横波以固定角度斜入射扫查时，超声横波以一固定的角度斜入射，随后通过电子的方式控制声束移动，使声束以相同角度移动扫描，如图 6-5 所示。这种扫描检测方式主要用于检测特定角度的缺陷，如焊缝的未熔合缺陷，通过这种方式可提高检出率，并可准确测量出其长度。要实现横波以固定角度斜入射扫描检测，通常需要较大探头保证声束能够通过电子的方式控制其移动，使其覆盖整个检测区域。

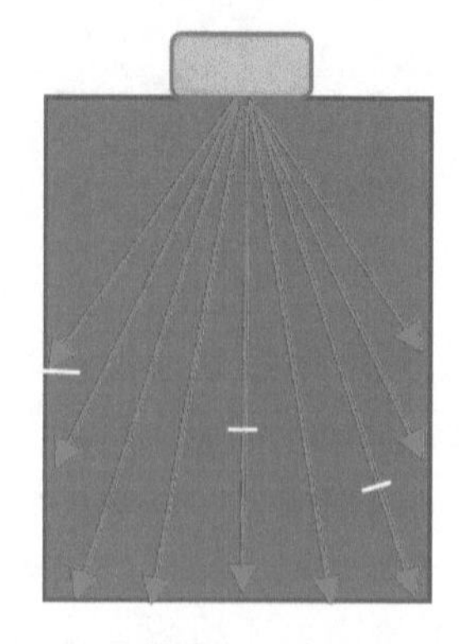

图 6-4 纵波多角度扇形扫查

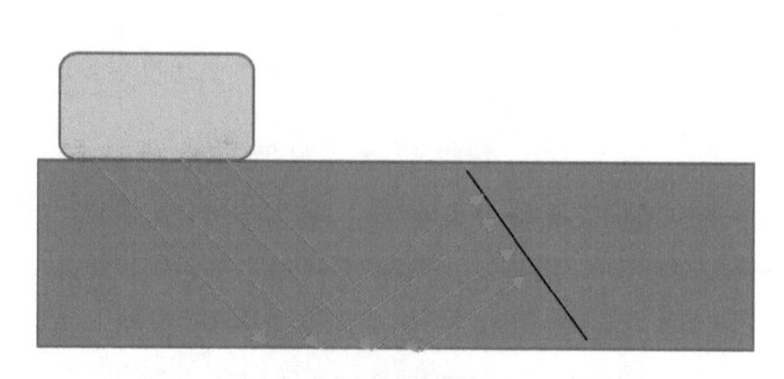

图 6-5 横波以固定角度斜入射扫查

6.3.3　相控阵探头参数的选择

确定了扫查检测方式后，需要确定相控阵探头的详细参数，如探头频率、探头晶片数、晶片间距、单个晶片长度等参数，根据这些参数能够了解该探头的基本声场特征，从而选择最适合的探头。

1. 探头频率选择

探头的频率直接决定了该探头能够检测出的最小缺陷尺寸，理论上超声检测能够检测出的最小缺陷尺寸为半波长，实际能够检测出的最小缺陷通常大于理论值。然而探头的频率并非越高越好，探头的频率越高，其产生的超声波在工件中传播的衰减越严重，特别是如果材料晶粒较粗时，高频超声波衰减特别严重，会降低信噪比，因此探头频率在灵敏度方面的选择依据是在信噪比能够达到检测要求的情况上，频率越高越好。探头的频率也直接影响超声波在其传播方向的分辨力，频率越高，其分辨力越高，频率越低，其分辨力越低，当探头使用的延迟块垂直入射时，频率也影响检测盲区，探头频率越高，回波周期数越少，检测盲区越小。探头的频率也影响声束的半扩散角，影响声束的指向性，探头的频率越高，声束越窄，指向性越好，但是其声束覆盖范围减小，如果缺陷的反射面与声束不垂直，能够接收到的信号较弱，这时可能需要通过多角度扫查提高可靠性。探头的频率也影响近场区的位置，影响声场的能量分布，选择频率时也要综合考虑工件的检测深度范围，考虑检测时的能量分布位置。因此，选择频率时要综合考虑检测灵敏度、信噪比、期望的声束覆盖范围以及期望的近场区位置。

2. 探头晶片数选择

超声相控阵探头的晶片数是相控阵探头的主要参数，常见的晶片数为8、16、32、64、128，其他一些晶片数的探头通常为定制相控阵探头，晶片数主要根据被检测工件的扫查检测方式进行选择。当使用扇形多角度扫查时，探头的晶片数主要为16晶片或32晶片，扇形多角度扫查时使用的延时聚焦法则需要依次激发各晶片控制声束的入射角度，相控阵仪器需要足够的物理通道支持，目前大部分相控阵仪器的物理通道小于32。超声相控阵角度的偏转控制主要利用了声波的叠加原理，当激发晶片数大于32时，声波的叠加效果变弱，对声束角度偏转控制的效果帮助不大，因此扇形多角度扫查时激发的晶片数一般小于32，选用的探头晶片数小于32。当使用线性电子扫描时，使用的探头晶片数越多，其覆盖范围越大，可以提高检测效率，如果探头晶片数太少，则体现不出线性电子扫描高效率的优势，因此线性电子扫描通常使用64或128晶片相控阵探头。当使用固定角度斜入射扫查时，为了保证声束移动能够覆盖整个检测范围，探头晶片数通常也是32晶片以上。探头晶片数越多，探头尺寸通常越大，探头的接触面积要求越大，因此选择相控阵探头晶片数时，也需要考虑被检测工件的接触面大小及被检测工件的深度范围。探头的晶片数也直接影响其生产制造成本，晶片数越多，其价格也越高，使用成本也越高。因此探头晶片数的选择要综合考虑使用的检测方式，被检测工件的接触面，所使用相控阵仪器具有的物理通道数及其支持的最大探头晶片数，探头成本等因素。

3. 探头晶片尺寸选择

当相控阵探头的晶片数确定之后，相控阵探头的晶片间距及单个晶片的长度决定了相控阵探头晶片的总面积，相控阵探头晶片的总面积直接决定了该探头的穿透能力，相控阵探头晶片的总面积越大，其穿透能力越强，总面积越小，其穿透能力越弱。选择相控阵探头晶片间距及单个晶片的长度时，需要根据被检测工件的检测深度位置及深度范围确定声束的近场区范围，相控阵探头声场的近场值可以根据式 $N=h\frac{a^2}{\lambda}$ 估算得到。相控阵探头的晶片间距越大，其能够控制的偏转角度范围越小，晶片间距越小，其能够控制的偏转角度范围越大。然而受超声物理原理及加工限制的影响，相控阵探头的晶片间距不能设计成任意值，晶片间距太大，栅瓣干扰严重。因此相控阵探头晶片间距及单个晶片长度的选择最主要的决定因素是被检测工件的深度范围及其所要求检测灵敏度所需要的穿透能力，同时也要考虑检测时期望的声束偏转角度。

6.4 超声相控阵仪器选择

确定了检测扫查模式及相应的相控阵探头后，需要选择合适的超声相控阵仪器，超声相控阵仪器要根据扫查模式、检测应用要求及所选探头的参数选择相应的功能及技术参数，超声相控阵仪器的基本参数及指标主要包括仪器的物理通道数及支持的最大探头晶片数，仪器支持的最大延时聚焦法则数，仪器的脉冲发射器基本参数，仪器的接收器基本参数，仪器支持的显示模式和仪器所支持的校准功能、数据记录功能、数据分析功能。

1. 超声相控阵仪器物理通道数

超声相控阵仪器的物理通道数包括其具有的物理发射与接收通道及其所支持的最大探头晶片数，常见的相控阵仪器物理通道数有 16/16、16/64、32/32、32/64、32/128 和 64/128 等，通道数规格前面的数字代表其具有的物理发射与接收通道数，后面的数字代表其支持的最大探头晶片数，例如相控阵仪器的规格 32/128 表示该仪器具有 32 个物理发射与接收通道，支持同时激发 32 个晶片，仪器最多支持 128 晶片相控阵探头。如果检测时只使用横波或纵波多角度扇形扫查方式，超声相控阵仪器的物理通道数 16 或 32 就基本够用，其支持的最大探头晶片数 32 就足够了，对于这种检测方式一般选择 16/16 或 32/32 规格就能满足要求。如果检测时需要使用纵波垂直线性扫查、固定角度斜入射扫查，以及其他特殊延时聚焦法，则需要使用 32 晶片以上探头，需要选择仪器支持 32 晶片以上探头。超声相控阵仪器的物理通道数越多，其成本越高，因此选择相控阵仪器时最主要看选用的相控阵探头是多少晶片，只要能够支持所使用的相控阵探头即可。

2. 最大延时聚焦法则数

超声相控阵仪器的最大延时聚焦法则数指该仪器在扫查模式中能够支持得到的A扫描波形数，例如一个扇形扫描的扫查范围为35°~75°，扫查步距为1°，则该扫查模式总共包括41个延时聚焦法则数，该扫查模式能够得到41个A扫描波形。在设置延时聚焦法则时，延时聚焦法则数越多，数据量越大，会影响仪器图像的显示刷新速度及检测扫查速度，因此设置延时聚焦法则时要综合考虑检测效果及扫查速度，得到比较合理的延时聚焦法则数。目前超声相控阵仪器支持的最大延时聚焦法则数有128、256、1024等规格，具体选择时主要考虑扫查模式及其将要使用的延时聚焦法则数，一般检测应用256延时聚焦法则数基本够用，如果需要用到更多延时聚焦法则数时，可选择支持更多延时聚焦法则数的相控阵仪器。但需要注意，支持更多延时聚焦法则的仪器，其硬件水平也要求较高，应保证其数据处理速度能够实现实时快速检测。

3. 脉冲发射器

超声相控阵仪器有多个独立的脉冲发射器，脉冲发射器是超声相控阵仪器的关键部件，超声探头主要靠脉冲发射器产生电压激发并产生超声波，激发电压是否合适直接影响超声探头晶片是否能够完全激发，得到最佳超声波。脉冲发射器的技术参数主要有脉冲重复频率、脉冲电压类型、脉冲电压范围、脉冲电压上升时间和脉冲宽度等，其中脉冲重复频率及脉冲电压范围比较重要，会直接影响到检测效果。脉冲重复频率越高，在检测较薄工件时能够提高图像刷新率，提高检测速度，但是要特别注意避免产生幻像波图像，特别是当检测深度范围较大时要降低脉冲重复频率。脉冲重复频率范围要根据被检测工件的检测范围进行选择，如果要检测较大的锻件、轴类工件，脉冲重复频率的下限值应尽量小，脉冲重复频率的上限值应尽量大，这样在检测较薄工件时能够得到更快的检测速度。因此当仪器成本相差不是太多时，尽量选择脉冲重复频率范围更大的仪器。

脉冲电压的类型主要有尖脉冲电压、单极性方波脉冲电压与双极性方波脉冲电压。尖脉冲电压只能调节电压值；单极性方波脉冲电压可以调节电压值，也可以调节方波脉冲宽度，通过优化设置脉冲宽度可一定程度提高灵敏度，通过这种方式可以在降低电压值时达到相同的灵敏度，从而减少一定的噪声水平；双极性方波脉冲电压还可以调节激发电压的相位，从而优化超声回波信号。

脉冲电压的范围值需要根据检测应用及所选探头进行选择，特别是如果使用的是低频探头，如1MHz或0.5MHz探头，要注意所选仪器的最大电压值是否能够完全激发探头晶片，如使用10MHz或更高频率的探头，需要以较低的电压去激发以提高探头使用寿命，提高信噪比。因此选择相控阵仪器时要看所使用的探头，如果使用的探头种类较多，特别是要使用高频与低频探头时，应尽量选择电压范围值较大的仪器。

4. 接收器

超声相控阵仪器接收器的主要作用是将探头晶片的电压进行放大，并进行一定的处理，其主要的性能参数有带宽及最大增益值。

相控阵仪器接收器的带宽为仪器能够接收到的信号频率范围，仪器的频率范围越宽，其所支持的探头频率范围越宽，接收器的带宽上限值或下限值必须大于所使用的探头频率，同时也要考虑所使用探头的带宽，要确保该探头带宽内的信号都能被接收，否则会造成信号丢失。例如，10MHz 的相控阵探头，其带宽为 50%，则接收器的带宽上限值要大于 13MHz，如果 1MHz 的探头带宽为 100%，接收器带宽的下限值需要小于 0.5MHz。因此相控阵仪器接收器的带宽选择主要取决于所使用探头的频率及带宽，接收器的频率及带宽大于探头的带宽即可。

相控阵仪器的最大增益值代表该仪器的最大放大能力，最大增益值越大，其放大能力越大，但需要注意的是，由于不同仪器的最小基准电压不一样，同样增益值的放大效果会有一定的差异。仪器放大时同样要考虑仪器的电噪声水平，只有电噪声水平在允许范围内时，该增益值才是有效增益值。相控阵仪器最大增益值的选择主要取决于检测工艺要求的检测灵敏度，要确保仪器的增益范围能够满足最高检测灵敏度的要求，如检测工艺需要使用 TCG，要确保仪器的增益范围能够支持 TCG 对仪器增益范围的要求，同时要考虑仪器放大后的电噪声水平以及信号是否失真，需要测量检测灵敏度范围内增益的误差范围。

5. 超声相控阵仪器显示模式

与常规超声检测技术相比，超声相控阵检测技术的显示方式有了很大改变，其能够通过图像显示内部缺陷信息，超声相控阵仪器的显示模式主要有 A 扫描、B 扫描、S 扫描（扇形扫描）、C 扫描和 D 扫描（侧视图）。

A 扫描为最基本的超声信号显示模式，通过 A 扫描波形能够显示出最原始的超声回波信号，该信号是所有其他显示模式的基础，其他显示模式的数据都是通过 A 扫描信号转换得到的，对缺陷图像信息分析时经常需要查看原始 A 扫描信号，因此，相控阵仪器一般都需要显示 A 扫描波形功能。

B 扫描图为相控阵探头在某一位置的深度截面图，该图将所有的 A 扫描信息都转换至 B 扫描图上，没有造成信息丢失，通过该图可以得到缺陷在声束移动扫查截面上的信息。通过 B 扫描图能够最准确得到缺陷的深度位置信息及自身高度信息，特别是如果想得到较准确的缺陷自身高度信息，通常需要到 B 扫描图上进行分析测量，B 扫描图也是 C 扫描图与 D 扫描图的基础数据，因此相控阵仪器必须能够显示 B 扫描图。

S 扫描图也叫扇形扫描图，其与 B 扫描图基本一样，都是探头在某一位置的声束移动扫查方向的截面图，其与 B 扫描图的主要区别是声束入射方向及角度不一样，S 扫描以入射的角度为坐标并以扇形的模式显示。S 扫描是焊缝检测的主要显示模式，是缺陷分析的主要依据，特别是分析缺陷类型，测量缺陷位置，测量缺陷自身高度，因此 S 扫描也是相控阵仪器的基本显示功能。

C 扫描图为被检测工件的俯视图，从该图中可以得到整个扫查面上的缺陷分布信息，得到缺陷在探头移动扫查方向的长度信息以及在电子扫查移动方向的长度信息。C 扫描图的显示与闸门设置有关，只是显示了扫查数据中的一部分信息，C 扫描图也是相控阵仪器的基本显示功能，通过 C 扫描图可以记录整个缺陷的信息。

D 扫描图也叫侧视图，它是探头移动扫查方向与深度方向的截面图，通过 D 扫描图可以直接显示缺陷在移动扫查方向的长度信息及缺陷的深度和高度信息。从 C 扫描图中可以通过测量的方式得到缺陷的深度信息，而 D 扫描图能够直观显示出深度信息，因此 D 扫描图是比较有用的辅助显示功能。

相控阵仪器显示功能的选择也要结合检测工艺中使用的扫查模式及检测要求，如果被检测工件形状复杂，只能通过手动扫查检测，无法实现 C 扫描检测，此时一般 A 扫描、B 扫描和 S 扫描就能满足要求。如果被检测工件能够实现 C 扫描，则一般选择具有 C 扫描与 D 扫描显示功能的仪器，通过该功能记录并显示整个缺陷信息。

6. 仪器校准功能

在进行超声相控阵检测之前，需要对仪器设备做一定的校准，通过校准确保检测过程中能够发现所要求检测出来的最小缺陷，并且对缺陷准确定位、定量和测量。超声相控阵仪器所要做的校准一般有声速校准、探头延迟校准、TCG/ACG 校准和编码器校准等。

（1）声速校准　被检测工件的声速不仅影响缺陷的定位，当相控阵仪器控制声束以一定的角度斜入射时，声速也将影响角度控制的准确性，因此得到被检测工件的准确声速至关重要，当被检测工件的声速未知时，需要设计加工试块通过仪器设备进行测量得到。当需要测量被检测工件的纵波声速时，通常加工两个不同厚度、上下表面平行的试块，一般相控阵仪器的声速测量功能可以根据两个不同深度位置的回波信息计算出材料的声速。当需要测量横波声速时，试块加工比较复杂，一般以被检测工件材料加工成不同半径的牛角试块，或者加工成不同直径的半圆试块测量，相控阵仪器以横波不同传播距离的反射弧面信号测量出横波声速。如果没有圆弧面试块，也可以用不同深度的横孔信息测量横波声速，但以横孔信号测量声速的精度没有圆弧面试块高。超声相控阵仪器一般都具有声速测量校准功能，选择仪器时应尽量选择具有声速测量校准功能的仪器，如果仪器没有声速测量校准功能，只能通过人工手动计算的方法得到材料的声速。

（2）探头延迟校准　要对发现的缺陷准确定位，不仅需要准确知道被检测工件材料的声速，还需要知道超声波在探头楔块或保护层中传播的时间，通常将超声波在楔块或保护层中传播的时间称为探头延迟。当探头使用了一段时间后，探头的楔块或保护层会磨损，这使得探头延迟的时间会发生变化，因此为了能够对缺陷准确定位，需要定期测量并校准探头延迟。测量探头延迟时，也需要相应的试块，一般使用已知声速的试块进行测量，当超声波垂直入射时，一般使用已知厚度的大平底信号测量校准，当超声波以一定的角度斜入射时，一般使用圆弧面反射信号测量校准探头延迟，如果没有圆弧面反射信号，也可以使用横孔反射信号测量校准，但使用横孔反射信号时校准的精度没有圆弧面反射信号高。目前有些相控阵仪器的声速测量校准与探头延迟测量校准同时进行，有些仪器的声速测量校准与探头延迟测量校准分开操作，当相控阵仪器进行横波多角度扇形扫查时，由于不同角度的超声波在楔块中传播的距离不一致，因此不同角度的探头延迟时间不一样，这也使横波多角度扇形扫查时探头延迟校准测量更复杂困难。目前有些相控阵仪器只测量自然入射角度的探头延迟时间，有些相控阵仪器能够测量校准所有角度探头延迟时间，选择不同校准方式的相控阵仪器时，关键是要保证探头有一定磨损时能使定位误差在一定的允许范围内。

（3）TCG/ACG 校准　通过相控阵技术得到的不同声束由于探头晶片差异、传播距离的差异、声场的差异，不同声束在不同位置的灵敏度存在差异，这对缺陷定量产生很大的问题，因此进行检测前需要对仪器设备进行校准，将不同声束在不同位置的检测灵敏度校准至同一灵敏度基准。当超声相控阵仪器以线性扫描垂直入射时，一般使用不同深度的大平底反射信号或者平底孔信号进行校准，当使用平底孔时，需要移动探头，使仪器记录每一声束的平底孔反射信号强度，然后仪器对各声束的灵敏度进行补偿，使其都在同一水平。同时，相控阵仪器需要记录不同深度的大平底或平底孔试块反射信号强度，然后对不同深度的声束灵敏度进行补偿，使声束在任何深度的灵敏度都在同一水平，这种深度增益补偿也叫 TCG 补偿。当相控阵仪器以多角度扇形模式进行扫查时，一般使用不同深度的横孔试块进行校准，探头移动，使每一角度的声束都记录横孔的最大回波信号，然后仪器对每一角度的声束进行补偿，在同一灵敏度水平记录的点数越多，校准越准确。目前有些相控阵仪器将角度增益补偿与深度增益补偿分开进行，有些仪器将角度增益补偿与深度增益补偿同时进行，不管选用哪种校准模式，关键都是要保证所有声束在不同位置的灵敏度偏差在一定的误差范围内。

（4）编码器校准　当相控阵仪器进行 C 扫描检测时，需要得到探头移动的准确位置信息，为了得到探头移动的位置信息，一般会在探头上或扫查器上加装编码器，通过编码器得到探头移动的位置信息。为了使编码器测量出来的位置与真实的移动位置一致，需要对编码器进行校准，一般相控阵仪器都具有编码器校准功能。

7. 数据记录功能

当相控阵仪器进行 C 扫描检测时，需要记录所有原始数据，这样在扫查完后能够对缺陷进行更准确的分析，能够得到不同深度位置的 C 扫描图，然而扫查时如果需要记录所有的原始数据，这对扫查速度会有一定的影响，会降低扫查速度。如果被检测工件需要使用到 C 扫描检测模式，选择相控阵仪器时，应尽量选择能够记录所有原始数据的仪器。

当使用横波多角度扇形扫查进行 C 扫描检测时，一般只记录探头在移动扫查方向的位置，相控阵仪器只需一个编码器接口即可。当对大平板工件进行 C 扫描检测，需要将整个扫查图像拼成一个图像时，有可能需要两个编码器接口，应给相控阵仪器提供两维方向的位置信息。因此选择相控阵仪器时需要考虑检测工艺中是否需要进行二维方向扫查，根据检测应用要求选择具有合适编码器接口数量的仪器。

8. 数据分析功能

超声相控阵仪器检测扫查后需要对发现的缺陷进行分析，在对缺陷进行分析时，相控阵仪器需要具备基本的测量功能，常用的测量功能有测量回波信号幅值，测量回波信号声程，测量回波信号水平位置，测量回波信号深度位置，测量缺陷自身高度值，测量探头在移动扫查方向的位置及长度和测量声束电子扫查方向的位置及长度等，一般超声相控阵仪器配有离线分析软件，能够将扫查数据导入电脑进行分析。

目前市场上有各种各样的超声相控阵设备，相控阵仪器不像常规数字超声检测仪器，它们的功能基本一致，超声相控阵技术是近年发展起来的新技术，每个仪器厂商根据其对相控阵技术的理解不一样，以及对相控阵技术的应用定位不一样，对超声相控阵仪器的设计理念也不一样。因此，目前市场上的超声相控阵仪器都有各自的优点及不足，超声相控阵仪器的选择主要还是要根据检测应用要求选择最合适，性价比最高的设备。以上介绍的为超声相控阵仪器的基本参数及功能，如果检测应用有其他更多的功能要求，也可以根据要求选择具有更多功能的相控阵仪器。

6.5　设计加工标准试块及对比试块

标准试块主要用于校准仪器设备及探头，测试验证仪器及探头是否处于正常工作状态，使仪器及探头能够准确对发现的缺陷进行定位、定量。标准试块的材质必须与被检测工件的材质接近，试块的形状及参考反射体主要取决于所选用的探头及扫查模式，如扇形扫描主要使用圆弧面与横孔作为参考反射体，线性垂直扫描主要使用大平底及平底孔作为参考反射体。在设计标准试块时，试块的表面形状须与被检测工件一致，如被检测工件有一定的曲率，试块表面也需要有一定的曲率，除非经过验证表面曲率不会对缺陷定位与定量产生影响。设计 TCG 和 ACG 试块时，要特别注意试块的端角及相邻参考反射体不会相互产生干扰，不会影响 TCG 和 ACG 校准，为了保证校准的可重复性与可靠性，设计标准试块时需要考虑以下一些细节。

1）为了得到更稳定可靠的超声回波信号，横孔的直径须大于 1.5 倍超声波波长，例如 4MHz 的探头在钢中进行横波检测，以横孔作为参考反射体，横孔的直径须大于 1.2mm。

2）如以表面刻槽作为参考反射体，刻槽的深度须大于 3 倍工件的表面粗糙度。

3）当探头垂直入射检测较薄工件时，为了保证较好的分辨力，试块的厚度须大于 5 倍的超声波波长。

4）当以大平底或大圆弧面作为参考反射体时，试块的宽度须大于 2 倍的声束宽度，声束的宽度可由式 $2S_{声程}\frac{\lambda}{D}$计算，其中 λ 为波长，D 为探头直径，但试块宽度需大于 1.5 倍探头直径。

5）当以横孔作为灵敏度校准参考反射体时，横孔的长度也须大于 2 倍的声束宽度，即大于 $2S_{声程}\frac{\lambda}{D}$。

6）当以平底孔作为参考反射体时，平底孔的直径须小于声束宽度 $S_{声程}\frac{\lambda}{D}$。

7）标准试块的材质声速与被检测试块的材质声速偏差须小于 0.8%。

8）标准试块的材质衰减系数与被检测工件的材质衰减系数偏差须小于 10%。

9）标准试块的温度与被检测工件的温度差须不大于 10°。

对比试块是验证检测方案及工艺可行性的关键，虽然可以通过一些仿真软件模拟工件形状及超声波声场，但模拟出来的声场都是理论值，和真实的声场存在一定的差异，因此通过软件模拟的声场及工件形状可以作为设计检测工艺的参考信息，但是最终的检测效果需要通过对比试块进行验证，确保检测灵敏度及检测分辨力能够达到检测要求。对比试块的材质、表面状况需要与被检测工件一致，试块形状应尽量与被检测工件一致，超声波在对比试块中的传播路径必须与被检测工件一致，这样才能通过对比试块验证超声波是否能够覆盖全部被检测区域，同时验证传播到被检测区域的超声波灵敏度及分辨力能够达到检测要求。如果有条件，尽量在对比试块中加工自然缺陷，这样能够最真实反映对自然缺陷的检测能力，能够更准确对缺陷信号进行评判。然而自然缺陷加工比较困难，很难加工出两个完全一致的对比试块，用自然缺陷信号作为调节灵敏度参考信号，可重复性较差，很难用另一试块调节至相同灵敏度水平。因此，通常会在对比试块中加工人工缺陷验证声束的覆盖、灵敏度及分辨力。在工件内部常用横孔模拟内部缺陷，横孔加工比较容易，可重复性较好。在工件表面加工刻槽模拟表面缺陷，使用刻槽的端角反射信号模拟裂纹的端角反射信号。需要注意的是，刻槽的反射面反射信号与裂纹的反射信号有很大的差异，例如焊缝中的垂直裂纹，使用相控阵技术有可能从裂纹面上得到直接反射信号，而不能从垂直刻槽面得到反射信号。

设计标准试块及对比试块时，要充分考虑所选用的探头及相控阵扫查模式，使试块能够准确验证仪器设备的工作状态，能够准确对发现的缺陷进行定位及定量，要确保所使用的检测工艺及扫查模式能够覆盖所有需要检测的区域，并且声束的检测灵敏度及分辨力能够达到检测要求，能够检测出所有期望检测出的缺陷。

6.6　超声相控阵仪器设置

超声相控阵探头、相控阵仪器、对比试块都准备好后，需要对相控阵仪器的关键参数进行相应的设置，使相控阵仪器以相应的扫查模式进行工作。

6.6.1　探头设置

探头信息是关键的仪器参数，探头信息包括相控阵探头的基本参数及楔块的相关参数，必须将探头及楔块的详细信息准确输入相控阵仪器。探头信息数据将用于延时聚焦法则，如果探头信息数据出错，将导致延时聚焦法则出错，需要在相控阵仪器中输入的探头信息如下。

（1）探头类型　探头类型主要指相控阵探头是单线性阵列探头、双线性阵列探头还是面阵列探头。通过探头类型的选择可以确定仪器的发射与接收模式，如为单线性阵列探头，仪器将每个通道设置为自发自收模式；如为双线性阵列探头，仪器将设置独立的发射与接收通道；面阵列探头将根据特殊应用要求设置发射与接收通道。

（2）频率　一些仪器会根据输入的探头频率自动选择仪器接收信号带宽，同时探头频率是检测报告中的重要信息，需要准确输入探头的频率，探头频率信息通常会在探头上标注，直接输入仪器即可。

（3）晶片数　探头晶片数信息会在探头上标注，直接输入仪器即可，当输入的晶片数小于激发晶片数时，仪器将会出错。

（4）晶片间距　探头的晶片间距为两个晶片中心之间的距离，探头的晶片间距在探头上也会标注，直接输入仪器即可，该参数不准确将会影响探头电子扫查方向的位置定位测量值。

（5）单个晶片长度　单个晶片长度为单个晶片较长方向的长度，该信息在探头上会标注，可直接输入仪器。

（6）第一晶片位置　当相控阵探头安装在楔块上时，需要设置第一个晶片的相对位置信息，该信息直接影响延时聚焦法则的声束相对位置。当相控阵探头如图 6-6 所示安装时，第一晶片位置处于低端，仪器上设置为相应的低端位置，当相控阵探头安装方向与图 6-6 所示相反时，第一晶片位置处于上方位置，仪器上设置为相应的高端位置。

（7）楔块角度　楔块的角度值为声束在楔块中的入射角度，是相控阵声束角度控制的关键参数，必须准确输入，楔块的角度如图 6-6 中所示的 θ，一些仪器要求输入的是声束的入射角度，一些仪器要求输入的为该楔块声束在钢中的自然折射角。楔块的角度信息一般会在楔块上进行标注，但需要注意了解清楚该楔块标注的是入射角度还是折射角度，如果标注值与仪器要求的输入值不一致，需要通过斯涅耳定律换算后再输入，如果是延迟块垂直入射，楔块角度设为0。

（8）楔块前沿水平距离　楔块前沿水平距离为相控阵探头安装在楔块上时，探头晶片距离楔块前沿的水平距离。不同仪器定义的前沿水平距离有一定的差异，一些仪器定义为探头晶片中心到楔块前沿的水平距离，如图6-6中所示的L_2，而一些仪器定义为探头最下端晶片距离楔块前沿的水平距离，如图6-6中所示的L_1。楔块前沿水平距离值通常会标注在楔块上，如果楔块标注值与仪器要求输入值不一致，需要手动测量后再输入。楔块前沿水平距离值将直接影响延时聚焦法则的准确性，必须准确输入。如果楔块是垂直入射延迟块，楔块前沿水平距离设为0。

（9）楔块垂直高度　楔块垂直高度为相控阵探头安装在楔块上时，探头晶片距离楔块下表面的垂直距离，不同仪器定义的楔块垂直高度也有一定的差异，一些仪器定义为探头晶片中心到楔块下表面的垂直距离，见图6-6中所示的H_2，一些仪器定义为探头最下端晶片距离楔块下表面的垂直距离，如图6-6中所示的H_1。楔块的垂直高度通常会标注在楔块上，如果楔块标注值与仪器要求输入值不一致，需要手动测量后再输入。楔块垂直高度直接影响延时聚焦法则的准确性及定位精度。需要注意的是，当楔块有一定磨损时，楔块垂直高度会发生变化，当定位不准确时需要重新测量楔块垂直高度。

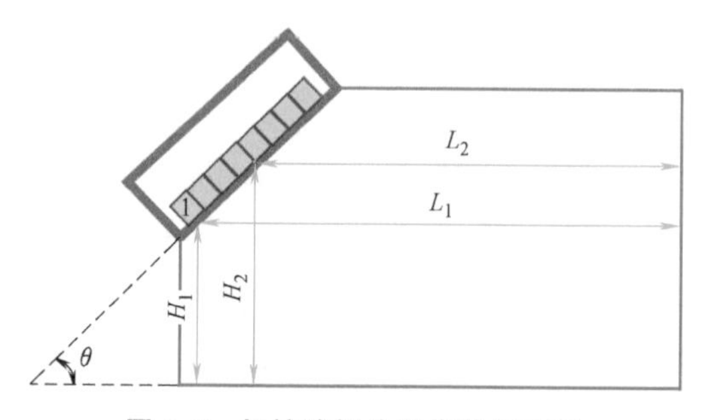

图6-6　相控阵探头及楔块示意图

（10）楔块声速　楔块的声速值至关重要，直接影响延时聚焦法则的准确性，相控阵常见的楔块材料有聚乙烯树脂，其纵波声速为2337m/s，还有些楔块的材料为有机玻璃，其纵波声速为2700m/s。楔块的声速通常会标注在楔块上，直接输入即可。

6.6.2　被检测工件设置

设置好探头及楔块信息后，需要输入被检测工件的信息，常见的关键工件信息如下。

（1）波型　在相控阵检测中，常用的超声波波型主要有纵波与横波，波型的选择与所用相控阵探头的类型有关，主要由探头类型及检测模式决定。如果探头没有楔块进行波型转换，探头直接接触被检测工件时无法通过相控阵得到横波。

（2）材料纵波声速　当采用纵波检测时，被检测工件的纵波声速直接影响缺陷的定位精度，当使用纵波扇形扫描检测时，纵波声速还会影响角度偏转控制精度，准确输入纵波声速至关重要。如果被检测工件材料的纵波声速未知，需要测量得到。

（3）材料横波声速　当采用横波检测时，被检测工件的横波声速直接影响缺陷的定位精度，当使用横波扇形扫描检测时，横波声速还会影响角度偏转控制精度，准确输入横波声速至关重要。如果被检测工件材料的横波声速未知，需要测量得到。

（4）被检测工件厚度　被检测工件厚度为工件下表面距离上表面的垂直距离，当使用相控阵斜入射检测时，被检测工件厚度会影响缺陷距离上表面的定位准确性，特别是多次波检测焊缝时，须准确输入被检测工件厚度，对于有些仪器，工件厚度值会影响整个图像的检测显示范围。

（5）工件形状结构图　一些相控阵仪器能够设置被检测工件的结构形状，并将超声信号直接显示在工件形状结构图上，这能够直观显示缺陷在工件中对应的位置。如果需要在检测显示界面显示工件的形状结构图，需要提前详细了解工件的尺寸结构信息，并将对应的数据输入仪器中，具体对应的数据须参考仪器的使用说明书。工件的结构形状图与超声波入射点必须有一个相同的基准位置才能准确显示超声信号在工件中的相对位置，因此仪器中一般需要输入探头与工件结构的相对位置信息，而且检测过程中探头相对工件的位置不能变，否则显示会不准确。当使用手动扫查时，探头相对位置移动变化，无法准确显示超声信号在工件结构图中的相应位置。

6.6.3　超声相控阵扫查模式设置

超声相控阵扫查模式设置是最重要的仪器设置，通过这些参数设置哪些晶片以何种方式用于延时聚焦法则，这些设置直接决定相控阵仪器的工作模式，而且能够改变超声波声场特性。超声相控阵扫查模式设置相关参数如下。

（1）扫查类型　超声相控阵的扫查类型主要指扇形扫查和线性电子扫查，一些仪器也有复合多组扫查模式，可以同时实现扇形扫查和线性电子扫查，一些相控阵仪器也有 TFM 模式。具体扫查类型的选择要根据检测要求进行，常用的主要是扇形扫查和线性电子扫查。

（2）激发孔径　激发孔径指一组延时聚焦法则激发的相控阵探头晶片数，通过控制激发晶片数相当于控制探头直径，从而控制超声波声场的近场值与半扩散角，因此通过设置激发孔径能够控制超声波能量的分布。激发孔径越大，超声近场值越大，能够实现的聚焦深度越远，声束半扩散角越小；反之，激发孔径越小，超声近场值越小，声束半扩散角越大。激发孔径的设置主要根据检测工件的深度范围进行设置，通过对比试块的人工缺陷信号进行优化，使人工缺陷信号达到最佳信噪比及灵敏度。

（3）第一个激发的晶片位置　第一个激发的晶片位置指延时聚焦法则中第一个激发的晶片位置，如第一个激发的晶片设为1，则延时聚焦法则第一个激发的晶片位置为相控阵探头的第一个晶片位置，如第一个激发的晶片设为8，则延时聚焦法则第一个激发的晶片位置为相控阵探头的第八个晶片位置。第一个激发的晶片位置主要根据所使用探头及工件形状进行设置，通常情况第一个激发的晶片设为1。

（4）孔径步距　孔径步距为线性电子扫查时电子扫查的移动步距，即第一组延时聚焦法则激发晶片组与第二组延时聚焦法则激发晶片组之间的间距，如果孔径步距设为1，则第一组延时聚焦法则激发产生的超声波声束与第二组延时聚焦法则激发产生的超声波声束之间为1个晶片宽度的间距，相当于超声波声束移动步距。孔径步距越小，在电子扫查方向分辨力越高，延时聚焦法则数越多，数据量越大。因此孔径步距的设置要综合考虑电子扫查的分辨力及检测速度的要求，在分辨力能够满足要求的情况下，孔径步距越大，越能够提高检测速度，当相控阵仪器为扇形扫查模式时，孔径步距参数不会用于成像算法，该参数不工作。

（5）最后晶片　最后晶片告诉相控阵仪器最后激发的晶片位置，对于线性电子扫查，通过最后晶片位置确定哪些晶片用于电子扫查，通过第一晶片位置、激发孔径、孔径步距及最后晶片决定需要的延时聚焦法则数，一些仪器也通过最后晶片与第一晶片位置参数得到扇形扫描的激发孔径。

（6）起始角度　起始角度为扇形扫查范围的起始角度，起始角度要根据相控阵探头所使用的楔块进行设置。起始角度须大于该楔块推荐角度范围的下限值，例如，常见的36°入射角楔块的推荐扇形扫查角度范围为35°~75°，则起始角度须大于35°；一些楔块的角度以钢中的自然折射角标称，如55°楔块，其扇形扫查的角度范围也为35°~75°。如果探头没有用楔块进行转换，而是直接用纵波扇形扫查进行检测，扇形扫查的角度范围和晶片间距有一定的关系，晶片间距越大，其扇形扫查角度范围越小，晶片间距越小，其扇形扫查角度范围越大。如果扇形角度范围设置过大，超出范围的声束超声波性能下降，其灵敏度与指向性性能下降明显，同时也容易产生变型波等干扰信号，但是如果通过实验验证超出范围的声束性能能够达到检测要求，也可设置超出推荐范围。

（7）终止角度　终止角度为扇形扫查范围的终止角度，通过起始角度与终止角度设置扇形扫查的角度范围，终止角度的设置与起始角度的设置一样，需要根据所使用探头的推荐扇形扫查范围进行设置。

（8）角度步距　角度步距为扇形扫查时角度增加的步距，角度步距影响扇形扫查图像显示分辨力，角度步距越小，在角度扫查方向分辨力越高，但是由于超声波声束有一定的宽度，如果角度步距小于声束焦点宽度，减小角度步距并不能有效提高图像分辨力，反而会成倍增加延时聚焦法则，加大数据量，降低检测速度。因此，在图像分辨力能够达到要求的前提下，应尽量增加角度步距以提高检测速度，常用的角度步距为 1°。

（9）焦距　超声相控阵的电子聚焦功能是超声相控阵技术的主要优点之一，通过电子聚焦使超声波能量在某一区域集中聚焦，从而提高该区域的检测灵敏度及分辨力。然而相控阵的电子聚焦也只能在近场区范围内进行，通常通过焦距设置聚焦位置，焦距只有小于近场值时才能够进行有效聚焦，如果焦距大于近场值，相当于没有聚焦。不同仪器的焦距定义不一样，一些仪器定义的焦距为声程的距离，一些仪器定义的焦距为工件的深度距离，具体设置时要参考仪器的说明书进行。一些仪器支持动态聚焦，即在一定范围内进行聚焦，而不是在一个点位置进行聚焦，此时需要设置聚焦范围，动态聚焦范围也必须在近场区范围内才有效，超出近场区范围达不到聚焦效果。一些仪器具有 TFM 聚焦功能，TFM 能够在整个工件范围内进行聚焦，TFM 的聚焦原理与通常意义上的聚焦原理不一样，因此其聚焦范围不受近场区范围影响，能够在较大范围内进行聚焦。进行 TFM 聚焦设置时，需要设置聚焦范围区域及分辨力。设置聚焦参数时，需要用对比试块进行检测，通过对比试块的人工缺陷信号优化聚焦功能，以达到最佳信噪比及分辨力。然而需要注意的是，聚焦时，在聚焦区域超声波的能量聚焦集中，灵敏度最高，在非聚焦区域的超声波灵敏度会有较大下降，需要保证在工件的整个检测范围区域内检测灵敏度都能达到检测要求。

6.6.4　发射与接收设置

发射接收装置用于设置超声相控阵仪器激发电路的相关参数，以及超声相控阵仪器接收信号的相关参数，主要包括激发电压、脉冲重复频率、滤波器、脉冲宽度和显示范围。

（1）激发电压　激发电压为激发相控阵探头单个晶片的电压，由于相控阵探头单个晶片较窄，通常小于 2mm，因此激发电压比常规超声激发电压低，如果激发电压过高，会降低相控阵探头的使用寿命，甚至击穿相控阵探头晶片，因此相控阵检测仪激发电压一般小于 150V。设置激发电压时，在检测灵敏度能够达到检测要求的前提下，电压应尽可能低，这样能够最大限度提高探头的使用寿命。

（2）脉冲重复频率　脉冲重复频率为依次激发相控阵探头各晶片的频率，脉冲重复频率过低，将导致完成一个聚焦法则所需时间变长，影响整个图像显示的刷新率，降低扫查速度；而脉冲重复频率过高，将容易产生幻像图像，相控阵仪器脉冲重复频率的设置不仅与检测工件的厚度有关，也与所用的聚焦法则数有一定关系。脉冲重复频率的设置原则是在不产生幻像图像的前提下尽可能高，设置时可以在实际工件或对比试块上进行测试，一直提高脉冲重复频率，直到出现幻像图像为止。

（3）滤波器　一些仪器也将滤波器称为带宽，即为仪器接收信号的频率范围，通过设定一定的带宽范围，保证在不丢失有用信号的前提下，尽可能滤掉一些干扰噪声，提高信噪比。虽然仪器显示的滤波器频率为4MHz，但其带宽通常会有一定的范围，具体范围需要查询该仪器的说明书。滤波器的带宽范围必须大于探头的带宽范围，这样才不会造成信号丢失，因此滤波器的设置要根据探头的带宽进行选择。

（4）脉冲宽度　大部分超声相控阵仪器都是使用方波脉冲激发，需要设置方波脉冲的宽度，为了尽可能提高检测灵敏度，脉冲宽度通常设为500/$f$ns，其中，f为探头频率。

（5）显示范围　显示范围为超声相控阵检测仪整个显示屏显示的超声波传播范围，不同相控阵仪器显示范围的参数名可能不一样。显示范围过大，图像显示分辨力过低，而显示范围过小，则传播较远的超声信号无法显示，因此显示范围要根据工件的厚度进行设置，在能够显示所有所需信息的前提下，尽量减小显示范围，以提高显示分辨力。

对于其他一些设置，如显示图像颜色、亮度等参数，应根据现场条件及使用习惯进行设置。

6.7　定位校准

1. 定位精度测量

超声相控阵仪器的所有相关参数设置好后，超声相控阵仪器能够显示各参考反射体信号，超声相控阵仪器不仅需要显示出相应参考反射体的图像信号，还要确保其显示的图像信号位置准确，这将直接影响对缺陷的定位。为了验证相控阵仪器的定位精度，需要在试块上进行测量验证，用于验证定位测量精度的试块材料须和被检测材料一致。对于扇形扫查，一般使用横孔作为参考反射体，通过测量两个横孔的深度位置与水平位置进行验证。如果仪器测量得到的深度位置、水平位置与实际测量得到的深度位置、水平位置在误差范围内，则超声相控阵仪器的基本设置及延时聚焦法则准确可靠。为了减小横孔圆弧面的测量误差，横孔直径尽可能小，建议用1mm横孔作为参考反射体。对于线性电子扫查，一般使用大平底作为参考反射体，通过仪器测量两个不同厚度大平底的厚度值进行验证，如果仪器测量的厚度值与实测厚度值在误差范围之内，则相控阵仪器的基本参数设置与聚焦法则准确可靠。如果扇形扫查与线性电子扫查的测量值超出允许误差范围，则需要重新检查仪器设置是否有问题，如果所有仪器设置都没有问题，则有可能是被测试块的材料声速不准确或者超声波在楔块中的传播时间不准确，特别是当楔块有一定磨损后。因此，如果仪器的定位误差超出允许误差范围，则需要测量材料声速与校准相控阵探头的探头延迟值。

2. 材料声速测量

当被检测材料的声速未知时，需要准确测量出材料的声速，并准备相应的声速测量试块。对于纵波垂直入射检测模式，可以使用与被检测工件材料一致的大平底作为参考反射体。如果所用试块的大平底能够看到清晰的二次回波信号，使用一个厚度的大平底试块即可，使用一次回波与二次回波信号进行材料声速测量，使闸门 A 与闸门 B 分别选择一次回波与二次回波信号，此时测量闸门 B 与闸门 A 的声程差，如果声程差与实际厚度值不符，则声速不准确，需要调节声速，使测量值与实际厚度值一致，此时的声速即为准确值。目前，大部分超声检测仪器都有声速测量功能，只要记录两个已知声程回波信号即能自动计算出材料声速，如果所使用试块不能得到两个清晰的回波信号，则需要使用两个不同厚度，但均能得到清晰一次回波的大平底试块，使用仪器分别记录两个参考回波信号，即能测出材料声速，如图 6-7 所示。

图 6-7　纵波垂直入射检测模式声速测量

对于横波斜入射扫查模式，要准确测量被检测工件材料声速，需要用与被检测工件材料一致的原材料加工两个圆弧面作为参考反射体。可以将原材料加工成牛角试块或同心圆弧面试块，如图 6-8 所示，利用两个已知声程的圆弧面参考信号计算材料声速，选择自然折射角声束 A 扫描波形用于测量材料声速，测量方法与纵波垂直入射方法基本一致。

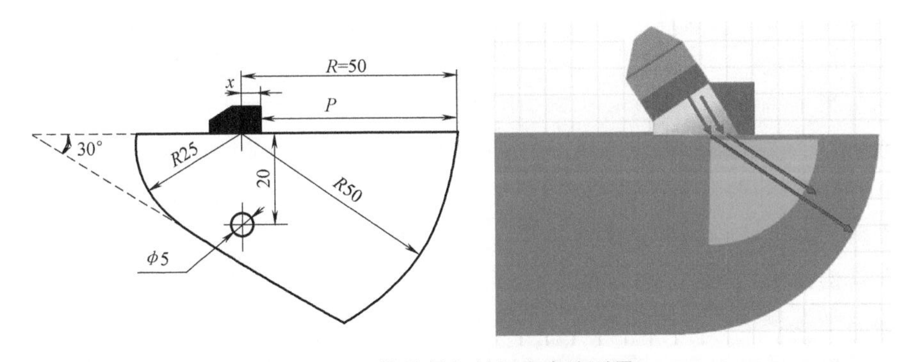

图 6-8　横波斜入射扫查声速测量

如果实际检测应用中，没有条件加工与被检测工件材料完全一致的圆弧面试块，可以先使用标准圆弧面试块进行校准，如使用 CSK IA 的 50mm 与 100mm 圆弧面作为参考反射体，或者使用牛角试块的圆弧面作为参考反射体。通过标准圆弧面试块校准探头的探头延迟时间，使用标准圆弧面试块校准可以得到准确的探头延迟时间和标准圆弧面试块的材料声速，而探头延迟时间不会随被检测工件材料的变化而变化，随后只需一个参考反射体即可测量出材料声速，如可以使用横孔作为参考反射体测量材料声速，如图 6-9 所示。选择自然折射角声束 A 扫描找到横孔最大回波信号，并测量横孔的深度与水平位置值，此时再调节材料声速，使测量的深度与水平位置值与横孔的实际位置一致，此时材料声速即为准确值。使用该方法测量到的声速值误差比使用圆弧面测量得到的声速值误差大。

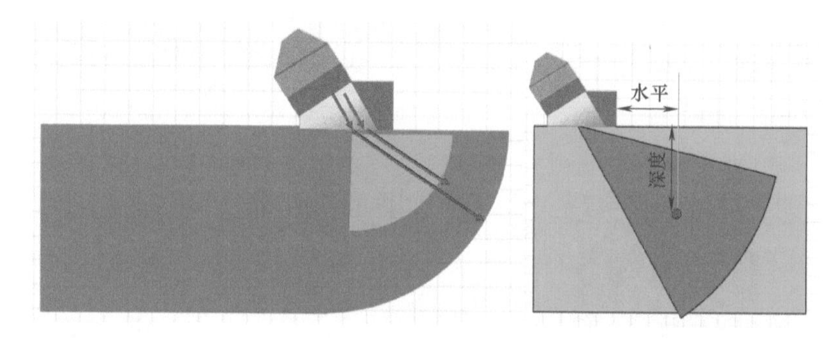

图 6-9 使用横孔测量材料声速

3. 探头延迟校准

探头延迟为超声波在探头楔块或保护层中的传播时间，探头延迟直接影响缺陷的定位准确性，由于探头延迟会随着楔块或保护层的磨损而变化，因此探头延迟需要定期测量校准。

对于相控阵扇形横波扫查模式，通常使用楔块进行波型转换得到横波，然而不同角度的横波对应的楔块中的纵波入射角也不同，纵波入射角不同，在楔块中的传播距离即存在差异，这就形成不同角度的声束在楔块中的探头延迟存在一定的差异。如果检测过程中需要使用各个角度的声束对缺陷定位，需要对各角度声束对应的探头延迟进行校准。对各角度声束探头延迟的校准主要使用一个已知材料声速的圆弧面进行，如 CSK IA 试块的 100mm 圆弧面、牛角试块 50mm 的圆弧面，如图 6-10 所示，探头入射点到圆弧面的声程必须大于声束的近场值。使用圆弧面进行校准时，相控阵仪器需要记录各角度声束在圆弧面的最大反射信号，并以此信号校准对应的探头延迟，由于不同角度声束的入射点存在一定差异，因此校准时探头需要前后细微移动，如果每个角度记录的声束入射点都在圆弧的圆心处，则能够准确校准各角度声束的探头延迟。

然而由于实际记录过程中，很难保证仪器记录的各角度声束的入射点均在圆心处，探头延迟校准将产生一定的误差。当探头延迟校准完后，以横孔试块测试各角度定位误差，如果各角度定位误差在允许范围内，则在实际工作中可以使用各角度对缺陷进行定位；如果有些角度定位误差大于允许误差，则在实际工作中应尽量避免使用这些角度的声束对缺陷定位，尽量使用定位误差小的声束进行定位测量。

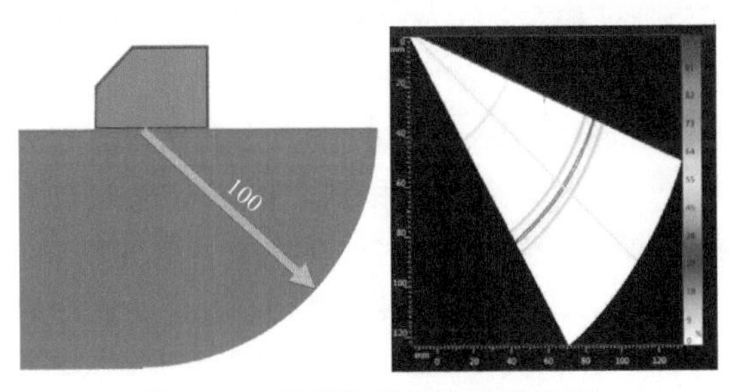

图 6-10　扇形扫描探头延迟校准

对于相控阵垂直入射线性电子扫查模式，相控阵探头通常会使用延迟块或保护层，各声束在延迟块或保护层中的传播时间也有可能不一致，特别是探头有一定磨损之后，因此也有必要对各声束的探头延迟进行校准。相控阵垂直入射线性电子扫查模式通常使用上下表面平行的大平底试块进行校准，如图 6-11 所示，使用大平底的一次回波信号进行校准，相控阵仪器需要记录各声束大平底的回波信号，并以此校准各声束的探头延迟时间。

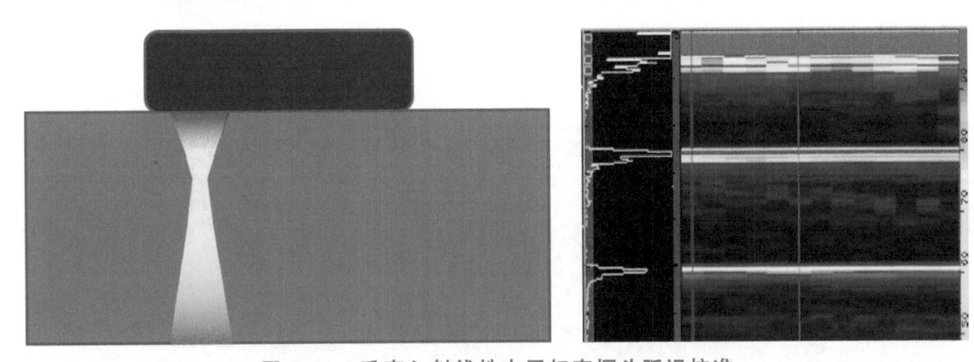

图 6-11　垂直入射线性电子扫查探头延迟校准

6.8　TCG/ACG 深度校准和角度校准

超声相控阵技术扇形扫查模式能够同时产生多角度的声束，线性电子扫查模式通过激发探头不同位置晶片也可产生多个声束，然而通过相控阵技术激发产生的不同声束的灵敏度存在一定的差异，因此需要对不同声束进行校准，使其灵敏度处于同一基准，这样才能准确定量。

超声相控阵扇形扫查模式主要使用横孔试块进行校准，横孔试块的材质须与被检测工件材料一致。记录时探头需要前后移动，确保各个角度的声束都记录到该横孔的最大回波信号，如图 6-12 所示。在探头移动过程中要确保记录横孔信号的闸门内不会有其他干扰信号影响横孔记录，因此设计 TCG/ACG 试块时，相邻横孔之间的距离不宜太近，横孔也不宜离边缘太近，因为边缘的端角容易产生干扰信号。对于较深的横孔还需要保证探头有足够的移动位置用于记录所有角度的最大回波信号，特别是对于大角度声束，当孔的深度较深时，探头距离横孔的水平距离较大，例如，当横孔深度为 50mm 时，要记录 70°声束的最大回波信号，此时探头距离横孔的水平距离约为 137mm，探头需要的移动距离至少应大于 137mm。在记录过程中要确保各角度记录到的回波幅值为最大回波幅值，这样相控阵仪器才能够准确补偿各角度声束灵敏度，图 6-13 所示为补偿前各角度声束记录的最大回波幅值和补偿后各角度声束的最大回波幅值，补偿后各角度得到的最大回波幅值基本一致，当各角度声束的最大回波幅值在允许误差范围内时，该点就成功记录，可以记录下一个横孔。

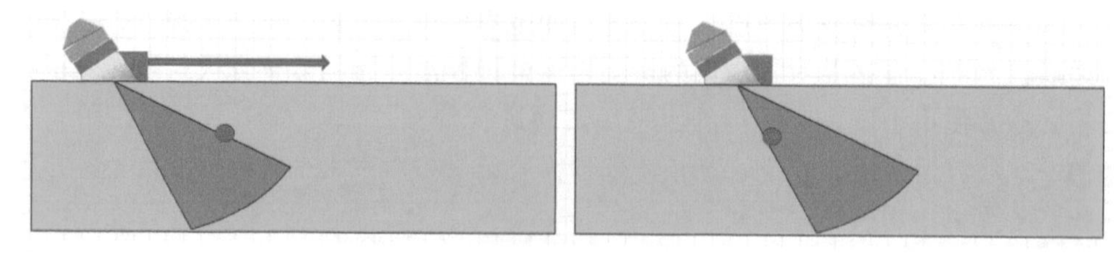

图 6-12 记录时探头前后移动示意图

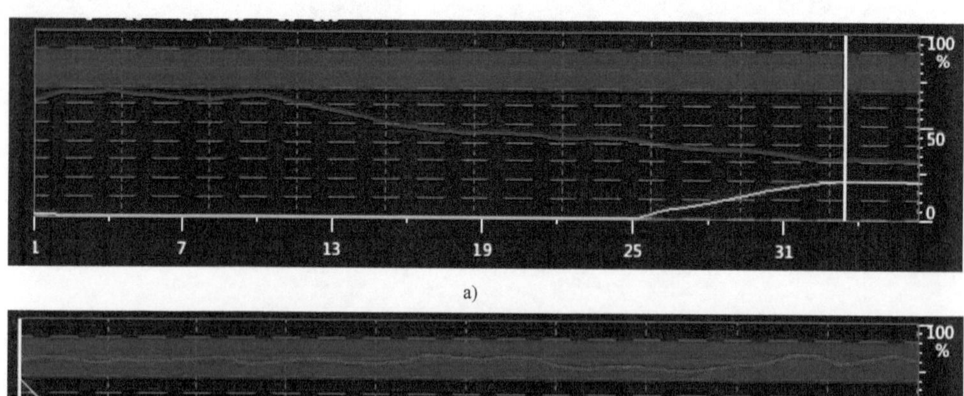

a)

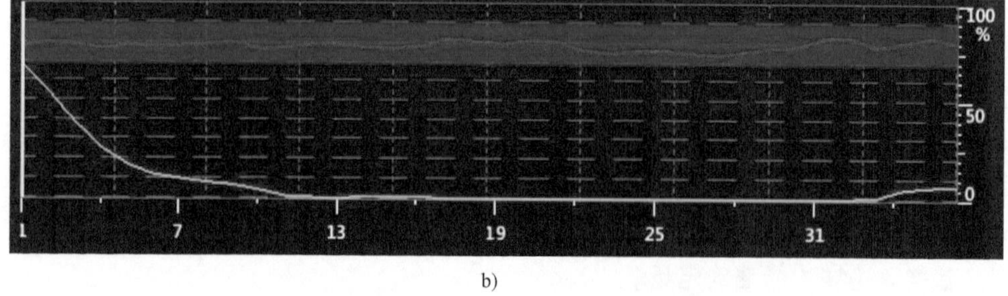

b)

图 6-13 各角度声束记录最大回波幅值

a）补偿前各角度声束记录的最大回波幅值 b）补偿后各角度声束记录的最大回波幅值

TCG 和 ACG 校准需要记录的横孔数量与被检测工件的检测范围有关，要保证记录的横孔最大深度大于被检测工件的检测范围，如果一个探头能够记录的最大深度范围小于被检测工件的检测范围，则说明该探头不能完全满足该工件的检测要求，需要更换探头或者需要多个探头检测该工件。

超声相控阵线性电子扫查 TCG/ACG 校准主要使用不同深度的平底孔或者大平底试块进行校准，试块的材料应与被检测工件材料一致。由于相控阵探头各晶片灵敏度存在一定的差异，相控阵仪器激发不同晶片时产生的超声波灵敏度也存在一定差异，记录平底孔信号时，相控阵探头需要左右移动，使所有的声束都记录到平底孔的最大回波信号。为了使相同大小的缺陷在不同深度时相控阵仪器得到的回波幅值都一致，需要记录不同深度的平底孔信号，或者记录不同深度的大平底信号，如图 6-14 所示，需要记录的平底孔信号数量或大平底信号数量与被检测工件的厚度有关，记录的最深平底孔或大平底深度应大于被检测工件需要检测的深度范围。

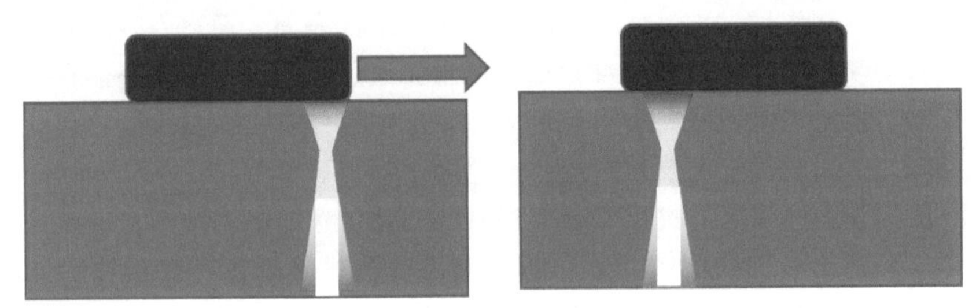

图 6-14　线性电子扫查 TCG/ACG 记录示意图

6.9　扫查检测工艺

1. 确定探头扫查方式

当超声相控阵仪器完成了声速测量、探头延迟校准后即能够对缺陷准确定位，做完了 TCG/ACG 校准后，即可以对缺陷进行定量，随后需要确定检测扫查方式，超声相控阵检测主要有手动扫查和扫查器扫查两种方式。

(1) 手动扫查方式　手动扫查方式灵活方便，探头位置可以前后移动，确保整个检测区域都能以多角度声束覆盖，当发现缺陷时，探头可以前后左右灵活移动和以一定角度摆动，从而找到最大回波位置，并得到最大当量值。需要测量缺陷自身高度时，探头也需要在找到缺陷位置附近移动，以找到最佳测量位置，特别是要用衍射波测量缺陷自身高度时，探头需要移动，找到最佳衍射信号位置，使缺陷测量更加准确。当被检测工件形状较复杂，检测空间受限时，手动扫查方式更加灵活方便，能够使探头与工件表面耦合稳定。手动扫查方式也有不利的方面，手动扫查方式不利于连续记录检测结果，如使用手动扫查方式，无法给仪器提供准确的位置信息，如需记录 C 扫描图像，则只能通过时间的方式记录 C 扫描图像，这种方式无法在C扫描图上准确测量缺陷长度，也无法确定在记录过程中是否有数据丢失。使用手动扫查方式时，探头的位置随时变化，如果仪器设置了被检测工件结构图像，探头与工件的相对位置会发生变化，此时在仪器上显示的超声波图像与被检测工件图像不匹配，需要随时修正探头与被检测工件的相对位置。使用手动扫查方式时，探头与工件的耦合效果完全由人的操作决定，受人为因素影响较大，一个熟练的检测人员能够保证均匀稳定的耦合效果，而一个不太熟练的检测人员较难保证均匀稳定的耦合效果。

（2）扫查器扫查方式　扫查器扫查方式是将超声相控阵探头固定在扫查器上，扫查器移动从而带动探头移动实现超声检测，扫查器移动有一维移动和两维移动两种方式，一维移动扫查器只给相控阵仪器提供一个方向的位置信息，两维移动扫查器能给相控阵仪器提供两个方向的位置信息。扫查器的移动主要有手动扫查和通过电动机带动自动扫查，手动扫查主要由人推动扫查器在一维或二维方向移动，扫查速度由人决定，探头通过夹具以一定的弹力压在工件表面，通过人工涂耦合剂或者通过水泵自动喷水耦合。电动机自动扫查器主要通过电动机带动扫查器在一维或二维方向移动，探头也是通过夹具以一定的弹力压在工件表面，扫查器的移动速度由电动机控制，探头的耦合主要通过水泵自动喷水耦合。

扫查器扫查方式能够通过编码器得到探头移动位置的准确数据，因此通过扫查器扫查方式得到的C扫描图像能够在图像上准确测量缺陷在扫查器移动方向的长度。数据采集的步距可以通过仪器设定，相控阵仪器可以记录扫查器整个扫查过程的检测结果，相控阵仪器能够准确知道扫查过程中是否有数据丢失。当相控阵扇形扫查模式通过扫查器扫查时，探头在扫查过程中在超声波入射方向的相对位置是固定的，当工件中有缺陷时，扇形扫描的某些角度声束能够入射到缺陷，而并非所有角度声束都入射到该缺陷，因此当相控阵扇形扫描模式通过扫查器扫查一遍时，有可能能够显示工件里面的缺陷，但是有可能探头在该位置时，显示的缺陷幅值并非最大幅值，如果探头沿着声速传播方向移动，用其他声束扫查该缺陷有可能能够得到更强幅值，如图6-15所示，这有可能造成当量定量误差。相控阵扇形扫描模式的超声波声场轮廓为扇形形状，在不同水平位置声场在垂直方向的宽度不一致，如图6-16所示，有可能会造成部分区域漏检，因此扇形扫描模式使用扫查器扫查时，要确保扇形扫描声场能够覆盖整个被检测区域。如果使用声程较远较宽的扇形声场时，要确保该区域的检测灵敏度与信噪比能够满足检测要求，如果声场覆盖范围达不到检测要求，则需要考虑使用扫查器多次扫查，如果较远声场检测灵敏度与信噪比不能满足检测要求，则需要考虑使用多个探头进行检测。验证相控阵探头声场覆盖范围与检测灵敏度是否满足检测要求的最佳方式是使用对比试块，通过对比试块上各个位置的人工缺陷或自然缺陷验证声场覆盖和检测灵敏度，通过对比试块确认需要做几次扫查或使用几个探头进行扫查。

扫查器扫查方式不仅需要探头接触的空间，而且需要扫查器的放置空间，因此

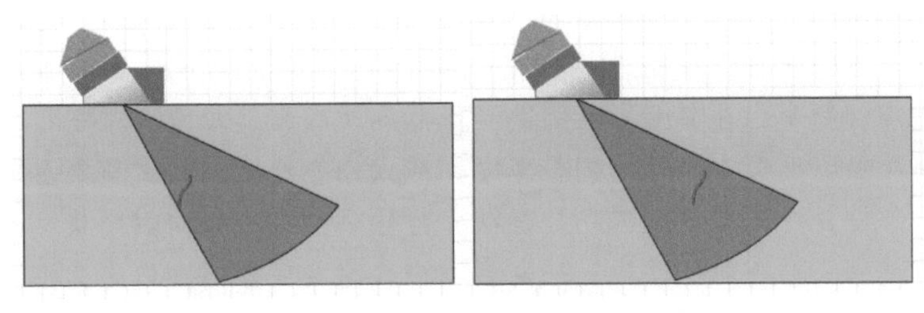

图 6-15　不同角度声束扫查缺陷示意图

要确保被检测工件需检测部位有足够大的空间运行扫查器。被检测工件形状较复杂、表面不平整、曲率变化等也会影响扫查器扫查的可靠性，会增加扫查器设计的难度。通过扫查器扫查时，探头的耦合效果主要由机械弹力控制，要达到稳定的耦合效果，对扫查器的设计有较高要求，特别是检测面为弧面时难度更大，因此使用扫查器扫查时，要确保整个扫查过程中探头能够稳定耦合。

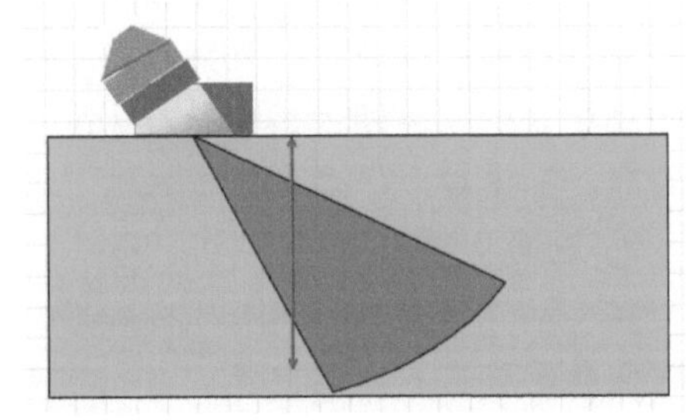

图 6-16　扇形扫描在深度方向的声束宽度

手动扫查方式与扫查器扫查方式都有各自的优缺点，扫查方式的选择要结合被检测工件的形状结构、检测等级、主要缺陷类型和缺陷评判方式等因素综合考虑，有时可能需要充分利用两种扫查方式的优点，例如手动扫查初扫，发现缺陷后，通过扫查器扫查记录缺陷。如果缺陷评判以当量为主，则考虑手动扫查，可得到更准确的当量值；如果缺陷评判以缺陷长度测量为主，则考虑扫查器扫查以得到准确的测量数据。

2. 最大扫查速度

超声检测时，移动探头的扫查速度至关重要，如果扫查速度过快，超声检测仪器还没来得及显示超声信号，探头已经移动到另一位置，这会造成缺陷位置不准确，也会造成漏检。超声相控阵检测技术通过图像显示缺陷，超声相控阵仪器需要以一定的延时聚焦法则激发相控阵探头各晶片，并以一定的延时聚焦法则对各晶片接收到的信号进行处理并合成得到 A 扫描信号，超声相控阵检测通常都会得到多个超声 A 扫描信号，同时需要对得到的 A 扫描信号进行各种处理，最终转换成图像显示出来。超声相控阵仪器从激发第一个晶片到完整显示出一幅图像所需的时间称为图像刷新率，如果超声相控阵探头移动的速度大于超声相控阵仪器的图像刷新率，就会造成缺陷误判和漏检，因此超声相控阵检测通过手动扫查时，扫查速度必须小于超声相控阵仪器的图像刷新率，如果通过扫查器模式进行检测时，扫查器的扫查速度必须小于超声相控阵仪器能够记录的最大速度。

超声相控阵仪器的图像刷新率由仪器的脉冲重复频率、延时聚焦法则模式及数量、图像显示范围、数据处理算法和仪器的硬件运算速度等因素影响，因此一个相控阵仪器的图像刷新率很难通过计算的方式得到。对于相同的仪器设置，不同相控阵仪器的图像刷新率也存在差异，因此当仪器的所有设置及校准做完之后，可以进行扫查之前需要测出最大允许的扫查速度。最大扫查速度的测试需要使用对比试块进行，如果条件允许尽量使用自动扫查器，将探头固定于自动扫查器，通过控制自动扫查器移动探头扫查对比试块，一直增加扫查速度反复扫查对比试块，直到仪器不能准确显示或记录对比试块中的缺陷为止，此时自动扫查器的扫查速度即为最大允许扫查速度。如果检测时通过手动扫查模式进行检测，通过手动方式移动探头或扫查器，提高扫查速度，直到仪器不能准确显示或记录对比试块中的缺陷为止，此时手动扫查的速度即为最大扫查速度，通过手动扫查不能准确控制扫查速度，因此扫查时的速度要小于最大扫查速度，确保不会造成误判和漏检。

3. 表面补偿

在实际工件上进行超声相控阵检测时，由于实际工件的表面状况与灵敏度试块的表面状况存在一定的差异，因此在实际工件上进行超声相控阵检测时，需要考虑表面补偿，即由于被检测工件与试块表面粗糙度不一致而造成的探头耦合效果差异，从而导致被检测工件与试块检测的灵敏度不一致。因此，需要在灵敏度试块与被检测工件试块上测量出表面耦合偏差。对于相控阵垂直入射线性扫查模式，可以使用相同深度的大平底回波信号作为参考信号测量耦合偏差；对于相控阵扇形扫描模式，可以使用相同声程的圆弧面或横孔信号测量表面耦合偏差。测量出表面耦合偏差后，在实际工件上扫查时，扫查灵敏度需要根据表面耦合偏差进行补偿修正，对缺陷进行定量时，也需要根据表面耦合偏差进行补偿修正。

4. 材质传输衰减补偿

如果记录 ACG/TCG 试块的材质与被检测工件的材质有较大差异，特别是试块的材质衰减系数与被检测工件的材质衰减系数存在较大差异时，需要测试 ACG/TCG 试块与被检测工件材质的传输衰减系数差。如果材质传输衰减系数差较小，对定量误差的影响在允许范围内，则在缺陷定量时不需要修正；如果材质传输衰减系数差较大，造成的定量误差超出允许范围，则在定量时需要根据材质传输衰减系数差与缺陷的声程对得到的当量进行修正。

5. 编码器校准

如果超声相控阵检测的扫查方式为扫查器扫查，通过 C 扫描图像记录检测结果，扫查器中通常有编码器，通过编码器将探头移动的位置信息传输给超声相控阵仪器，编码器在转动过程中会发出脉冲信号，超声相控阵仪器根据编码器发出的脉冲信号计算出扫查器移动的距离。超声相控阵仪需要准确计算出扫查器移动的距离，通常需要对编码器进行校准，需要得到扫查器移动 1mm 编码器发出的脉冲数，然后将扫查器移动时接收到的脉冲信号转换成移动的位置信息。编码器的具体校准方式与所用的超声相控阵仪器与扫查器类型有一定的关系，常见的校准方式是先在超声相控阵仪器中输入校准时扫查器需要移动的距离，然后让扫查器移动指定的距离，随后仪器即能计算出扫查器移动 1mm 编码器发出的脉冲数。通常扫查器校准一次后即可准确得到扫查器移动的位置，无须每次进行校准，只有当扫查器中安装的编码器的滚动轮磨损后，扫查器的移动位置会产生一定的误差，当误差超出允许误差范围之后，需要对编码器重新校准。

6. 检测灵敏度校准

超声相控阵检测灵敏度是保证超声相控阵检测可靠性的关键，超声相控阵检测灵敏度为超声相控阵能够检测出的缺陷尺寸大小，通常以标准参考反射体为基准。如检测灵敏度为 2mm 平底孔，则需要调节仪器的增益，使仪器能够清晰显示被检测工件任何位置 2mm 平底孔信号，通常将试块中 2mm 平底孔信号的幅值调至 80%，此时能尽量保证被检测工件中与 2mm 平底孔相当的缺陷不漏检。如果检测灵敏度设置过低，容易造成缺陷漏检，如果检测灵敏度设置过高，被检测工件中的晶粒噪声过大，显示的超声信号信噪比低，不利于缺陷判断，同时容易使缺陷回波信号溢出，无法对缺陷准确定量。因此检测时要使检测灵敏度处于一个合适的水平，即超声相控阵仪器的增益值处于一个合适的水平，检测灵敏度确定后，每次检测都必须以相同的检测灵敏度进行检测，这样才能保证检测的一致性。

超声探头在检测过程中会有一定的磨损，探头与楔块之间的耦合效果会发生变化，这会造成检测灵敏度也发生一定的变化，特别是检测过程中如果超声探头性能下降，这些因素可能造成检测过程中某一时间段检测灵敏度达不到检测要求，造成缺陷漏检。因此检测一定时间后，需要定期校验检测灵敏度，确定检测灵敏度是否满足检测要求，一些检测标准中通常要求检测 4h 之后需要校验检测灵敏度。检测灵敏度的校验主要是为了保证检测过程的一致性，可以根据实际情况选择合适的试块进行校准，如可以使用横孔、大平底、平底孔试块，如果被检测工件上能够得到稳定的结构噪声信号，也可以利用被检测工件上的结构噪声校验检测灵敏度。

7. 耦合监控

用接触式超声相控阵技术进行检测时，探头与工件表面的耦合效果对检测结果的可靠性有很大的影响，如果检测过程中耦合效果不好，将直接造成缺陷的漏检或误判，因此超声相控阵检测要确保整个检测过程中耦合能够满足检测要求，特别是扫查器扫查模式。扫查器扫查模式的超声探头通常由弹簧的压力使探头与工件表面接触耦合，耦合效果主要由扫查器的设计决定，只有扫查器的探头固定装置设计得好，才能保证探头耦合的稳定性和一致性。为了确保扫查器在整个扫查过程中探头耦合能够满足检测要求，需要实时监控探头与工件表面的耦合效果，从而保证整个扫查结果的可靠性，不同的超声相控阵仪器实现耦合监控的方式存在一定的差异。目前，大部分超声相控阵仪器通过分组扫查模式实现耦合监控功能，通过一组延时聚焦法则产生的超声信号专门用于监控耦合。如通过一组延时聚焦法则产生一束垂直入射的超声波，通过工件底波或者界面波的回波幅值监控耦合效果，如果被检测工件材料的晶粒均匀稳定，检测时能够看到稳定的晶粒噪声；也可以通过监控晶粒的噪声水平达到监控耦合效果的目的，如果被检测工件有稳定的结构噪声，也可以通过监控结构噪声达到监控耦合效果的目的。

8. 扫查检测

当所有的仪器设置、仪器校准都设置完成后，即可对被检测工件进行手动扫查检测或扫查器扫查检测。扫查时必须根据对比试块验证的扫查方案进行检测，如果被检测工件表面会影响探头耦合，需要对被检测工件表面进行一定的处理，保证探头耦合均匀稳定，扫查检测的速度必须小于经验证的最大扫查速度。在被检测工件上进行检测扫查时，由于产生多角度的超声波同时入射，容易产生一些结构噪声和变型波信号，需要仔细分析显示的超声波图像，要根据被检测工件结构判断是否有一些结构噪声信号，特别是扇形扫查模式。手动扫查模式进行检测时，如果发现需要记录的信号，根据检测要求对该信号进行记录和测量。使用扫查器扫查记录 C 扫描图像时，如果造成数据丢失，大部分超声相控阵仪器支持探头往后移动，然后重新扫查记录数据丢失部分，确保扫查记录的结果能够满足要求。通常要求整个扫查过程中，数据丢失的位置不能超过总扫查长度的 5%，并且不能有连续数据丢失。通过扫查器扫查时要特别注意扫查过程中的耦合效果是否能达到要求，记录的图像中是否有信号溢出，如果有信号溢出，需要调整扫查灵敏度重新扫查记录信号溢出部位。如果被检测工件不能一次扫查完成，在记录完一次扫查后，另一次扫查需要与第一次扫查有一定的重叠，确保不会产生漏检。通过扫查器记录时，应尽量保存所有的 A 扫描原始数据，这样显示的 C 扫描图像能够在图像分析时根据要求改变，如果所使用的相控阵仪器不能保存所有的 A 扫描原始数据，要确保记录的闸门位置准确，不会产生误判漏检。

6.10 缺陷图像分析及测量

在手动扫查检测过程中，如果发现异常显示信号，需要对显示的图像信号进行分析。首先需要测量出显示图像信号的深度及水平位置信息，结合被检测工件的结构尺寸判断该显示图像是否为需要检测区域的缺陷，判断该信号是否为工件的结构噪声信号，如确定异常显示信号为缺陷信号，需要对该信号进行分析测量。

6.10.1 扇形扫查图像分析

超声相控阵扇形扫描图像显示了所有声束的原始信号，能够得到每个声束 A 扫描信号中的所有信息，即所有声程位置对应的回波幅值信息。将所有 A 扫描图像以扇形显示后，能够得到内部缺陷更多的信息，如缺陷深度位置信息，缺陷在深度方向的高度信息，缺陷在声束入射截面的水平位置信息，缺陷在声束入射截面的水平长度信息和缺陷的方向性信息，另外扇形扫描图像对缺陷定性也有很大帮助。

扇形扫描图的水平轴代表超声波入射截面的水平位置，即工件上距离超声波入射点或探头前沿的水平距离；垂直轴代表超声波入射截面的深度位置，即对应工件中距离上表面的深度距离，在扇形扫描图上可以直接测量某一声束对应回波信号的深度位置、水平位置、回波幅值。如图 6-17 所示，该显示信号在超声波入射截面水平方向具有一定的长度，可以在扇形图上直接测量各反射点的水平位置及缺陷长度值，通过该图像也可以得知该显示信号在深度方向一致，即各声束反射点信号的深度位置相同。

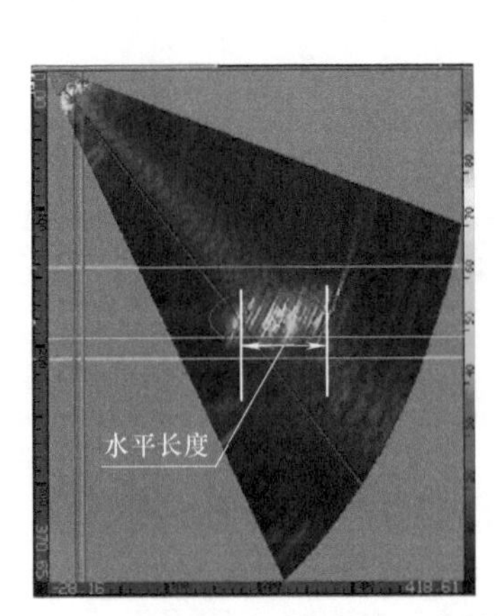

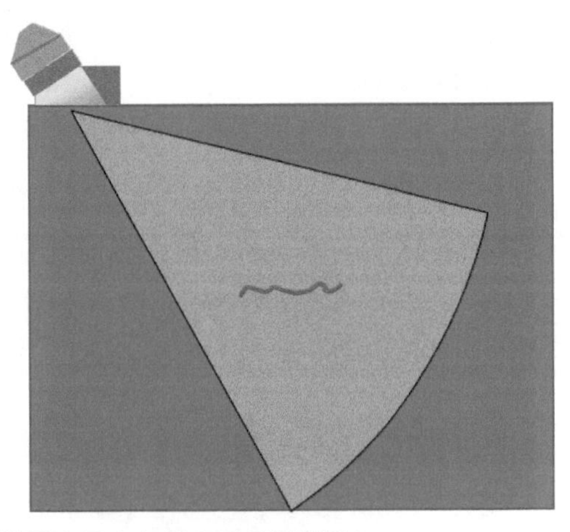

图 6-17　扇形扫描图水平方向长度显示及测量

图 6-18 所示为扇形扫描单个缺陷显示图像，从图中可以得到缺陷的水平位置与深度位置。在该位置处如果缺陷的尺寸小于声束宽度，则在扇形扫描图中测量缺陷自身高度误差大，需要根据声束宽度尺寸进行修正才能减小一定的测量误差；如果该缺陷的尺寸大于声束宽度，则可以通过边缘 6dB 法测量缺陷的自身高度，如图 6-18 所示。从图中可以看出，各角度声束从该缺陷的反射面得到的回波幅值连续均匀，因此缺陷的反射面光滑，如果该缺陷的尺寸大于声束宽度，根据各角度的回波幅值可以分析出该缺陷反射面的方向，当缺陷反射面与入射声束方向垂直时得到的回波幅值最强，因此可以根据最大回波幅值对应的声束角度反推出反射面的角度。

图 6-19 所示的扇形扫描图为一个较大缺陷显示图，该缺陷大于声束宽度，在深度方向有一定的自身高度，从图中可以看出各角度声束得到的回波信号幅值不一致，有些角度的声束从该缺陷反射面无法接收到反射回波信号，有些角度声束接收到的回波幅值较低，即该角度声束的反射面较小或方向与声束入射方向不垂直，因此该缺陷的反射面并非连续光滑反射面，是比较典型的锯齿状裂纹反射面。从图中可以看出，各角度反射信号的水平位置基本一致，从而可以判断该缺陷为垂直方向缺陷，是比较典型的垂直裂纹信号，可以在图像上直接测量出缺陷的自身高度值，

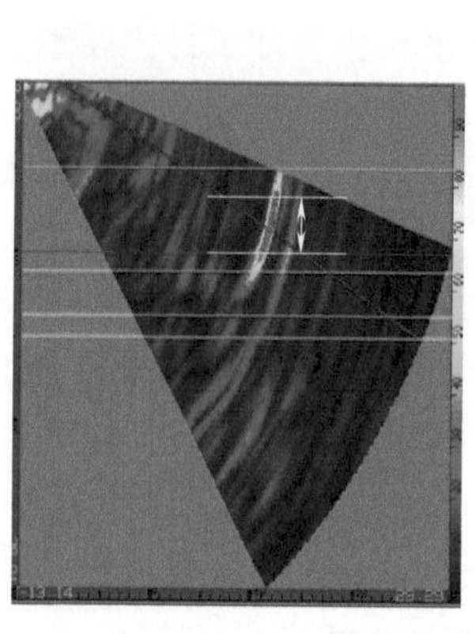
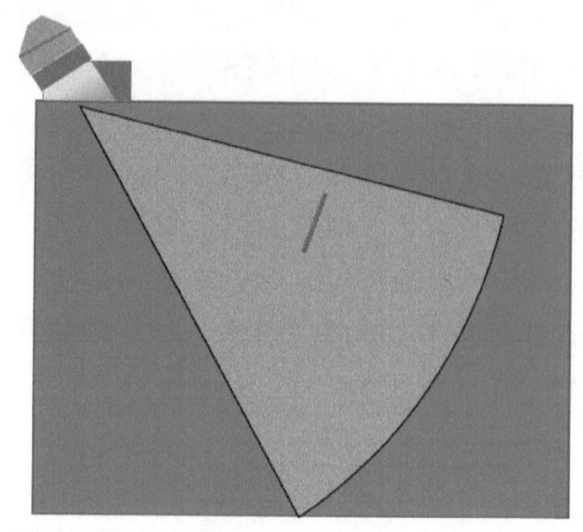

图 6-18 扇形扫描单个缺陷显示图像

如图 6-19 所示。由于这种锯齿状反射面哪些角度声束有反射回波都是随机的，由真实的自然缺陷决定，最上点与最下点信号有可能不是真正的上端点与下端点，真实的缺陷高度有可能要大于测量值。

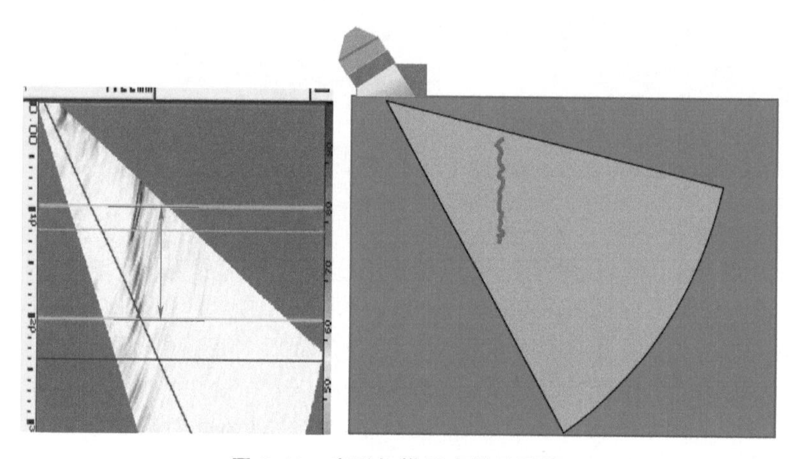

图 6-19 扇形扫描垂直缺陷图像

在相控阵扇形扫描模式下，当合适角度的声束入射到垂直缺陷时，在缺陷的端点容易产生衍射信号，如果能够在扇形扫描图像中找到缺陷上、下端点衍射信号，通过测量衍射信号的位置，能够提高缺陷自身高度测量精度。图 6-20 所示扇形扫描图为下表面开口裂纹图像，从图中可以看出开口裂纹上端点的衍射信号幅值远低于裂纹端角反射信号，裂纹端角反射信号很强，而且很多角度的声束都能够接收到端角反射信号，而且各角度接收到的端角反射信号幅值均匀，通过测量上端点的衍射信号位置能够精确得到缺陷的自身高度值。然而并非所有角度声束入射到缺陷都能得到较强的衍射信号，甚至有些角度入射到缺陷时产生的衍射信号非常弱，很难与噪声信号区分开，因此如需要通过衍射法测量缺陷的自身高度时，探头有可能需要在超声波入射方向前后移动，用不同的角度入射到缺陷，找到衍射信号最强的位置，并在此位置测量衍射信号位置，从而得到缺陷的自身高度值。

图 6-21 所示为正、负角度扇形扫描图像，从图中可以看出有多个独立的反射信号，而且反射点位置相邻，在一定的水平范围和深度范围都有反射信号，这是典型的密集气孔缺陷信号，从该图中可以测量出密集气孔的水平范围值与深度范围值，如图 6-21 所示，能够了解多个缺陷在工件中的具体分布情况。

对于不同的扫查模式，需要根据被检测工件情况及检测要求测量相应的数据用于评判。

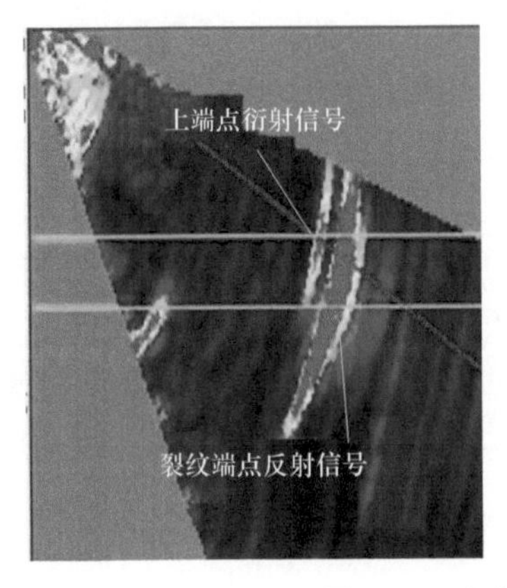

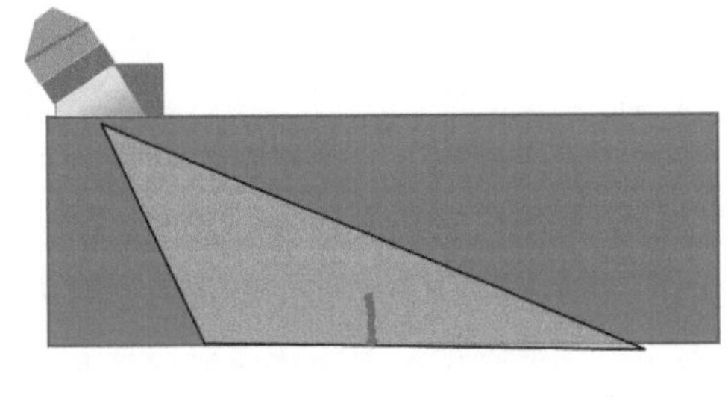

图 6-20　衍射信号法测量缺陷自身高度

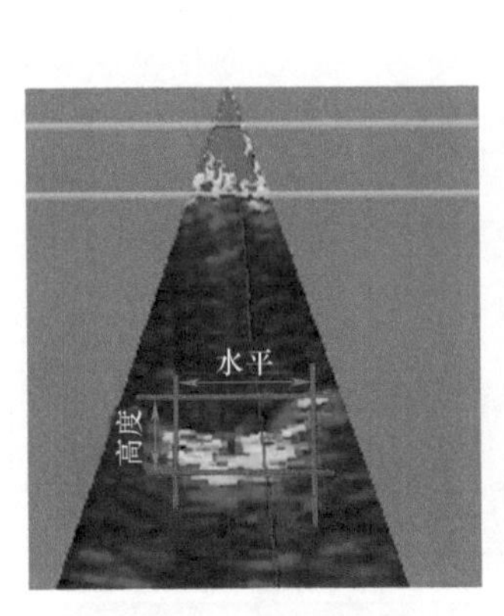

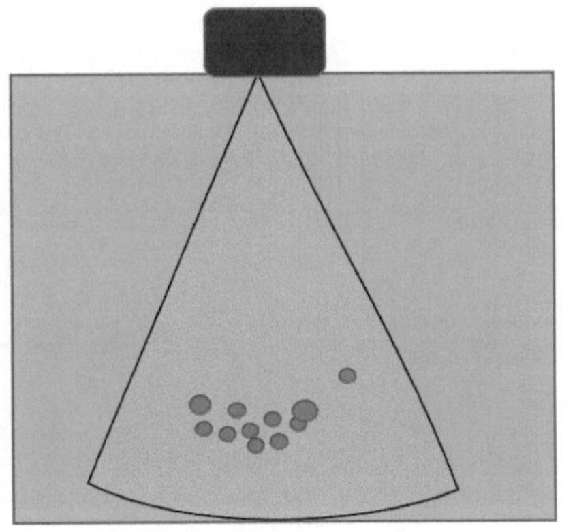

图 6-21　正、负角度扇形扫描图像

6.10.2　线性电子扫查图像分析

超声相控阵垂直入射线性电子扫查模式能够控制超声波声束移动扫查，通过相控阵探头各晶片的位置信息得到声束在工件中的相对位置信息，能够在线性电子扫查 B 扫描图上通过 6dB 法测量声束电子扫查方向的长度值，如图 6-22 所示。在 B 扫描图上也能够直接测量缺陷反射回波信号的幅值、缺陷反射回波信号的深度值，能够得到声束扫查方向平面在深度方向的缺陷轮廓信息，如内壁腐蚀轮廓信息，如果内部缺陷不是面状缺陷，也能够得到缺陷在深度方向的自身高度值。

如果超声波入射到缺陷后，能够直接得到清晰的反射回波信号，在 B 扫描图上能够直接显示缺陷回波信号图像，此时可以直接在缺陷回波信号图像上测量回波幅值、深度位置、在声束扫查方向的长度和在深度方向的自身高度值。当缺陷在工件上表面或下表面时，如果相控阵探头的分辨力不够，不能清晰显示缺陷回波图像，此时无法准确测量缺陷回波幅值；但如果在 B 扫描图像上能够对回波信号或噪声信号造成影响，也可以在图像中发现该位置有缺陷，并测量其在声束扫查方向的长度。如果缺陷的尺寸小于声束在缺陷位置处的声束宽度，此时可以考虑聚焦功能，在缺陷位置处聚焦减小声束宽度，使声束宽度小于缺陷尺寸，这样就可以测量其在声束扫查方向的长度；如果通过聚焦功能得到的声束宽度仍然大于缺陷尺寸，则无法准确测量缺陷在声束扫查方向的长度，只能根据缺陷幅值通过当量法对缺陷进行评判。为了判断显示的缺陷是否大于声束宽度，需要得到声束在整个检测声程范围内的声束宽度数据。缺陷在声束扫查方向的测量精度与相控阵探头的晶片间距有关，相控阵探头的晶片间距越小，声束的移动间距越小，测量分辨力越高，测量分辨力一般大于相控阵探头晶片间距。

1. 单线性阵列没有缺陷 B 扫描图

图 6-23 所示为超声相控阵线性电子扫查模式在没有缺陷工件上的 B 扫描图，从图中可以看出工件下表面回波幅值信号相对均匀，下表面回波传播距离基本一致，说明下表面比较光滑平整；上表面红色区域为探头表面与工件上表面的界面回波，红色区域在深度方向的宽度为检测盲区，工件内部能够看到各层的噪声回波信号，工件内部为层状结构。

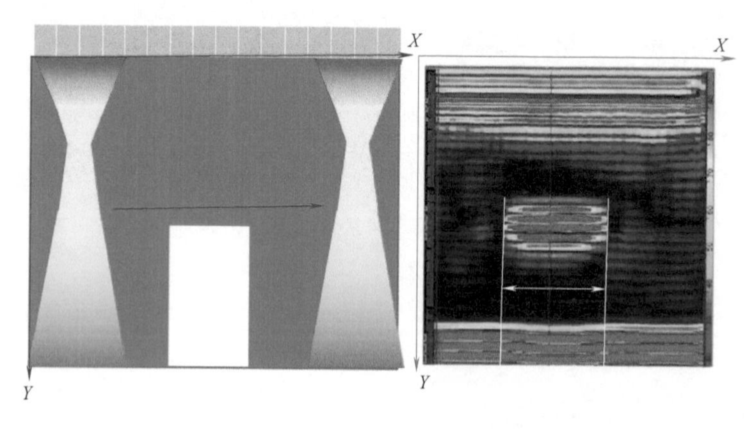

图 6-22 线性电子扫查 B 扫描图

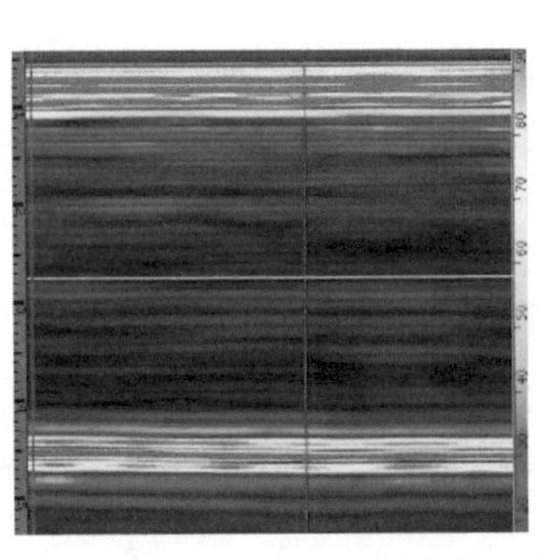

图 6-23　没有缺陷工件 B 扫描图

2. 单线性阵列上表面近表面缺陷 B 扫描图

图 6-24 所示为具有上表面近表面缺陷工件的 B 扫描图，从图中可以看出该缺陷在近表面位置附近，无法得到该缺陷的完整独立回波图像，该缺陷的回波信号与界面回波信号有一定的重叠，在深度方向只能看到部分缺陷回波信号，无法得到缺陷回波信号的起始深度位置。由于无法显示独立的回波信号，因此无法准确测量缺陷的回波幅值，显然不能清晰显示独立的缺陷回波图像，但是从底面回波信号图像中可以清晰地看到底面回波幅值的变化，在有缺陷区域的底面回波信号显示比正常区域低，甚至在缺陷的两边边缘处回波信号丢失，中间部分仍有较低回波信号，同时可以看出工件内部有缺陷区域深度方向的结构噪声信号明显比正常区域低，因此可以判断该工件内部存在缺陷，并且内部缺陷边缘区域完全脱粘，中间区域弱粘接，并未完全脱粘，可以根据底波信号或者内部结构噪声信号图像测量缺陷在声束移动扫查方向的长度值，测量时可以使用 6dB 法。

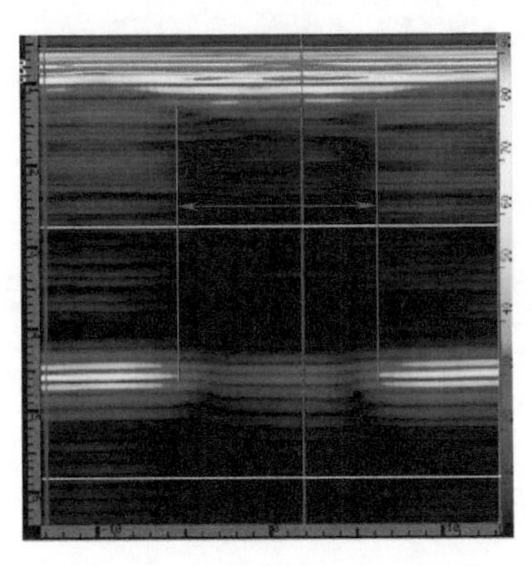

图 6-24　上表面近表面缺陷 B 扫描图

3. 单线性阵列内部缺陷 B 扫描图

图 6-25 所示为工件内部缺陷 B 扫描图，在 B 扫描图中可以清晰独立显示内部缺陷的回波信号图像，因此可以准确测量该缺陷在工件内部的深度位置及回波幅值

信息，同时可以测量该缺陷在声束扫查方向的长度。如果通过 6dB 法测量出的缺陷长度小于声束在该位置的宽度，则该缺陷尺寸小于声束宽度，测量出的缺陷在声束扫查方向的长度值误差较大，需要通过特定算法修正其长度或通过幅值法对缺陷进行定量。

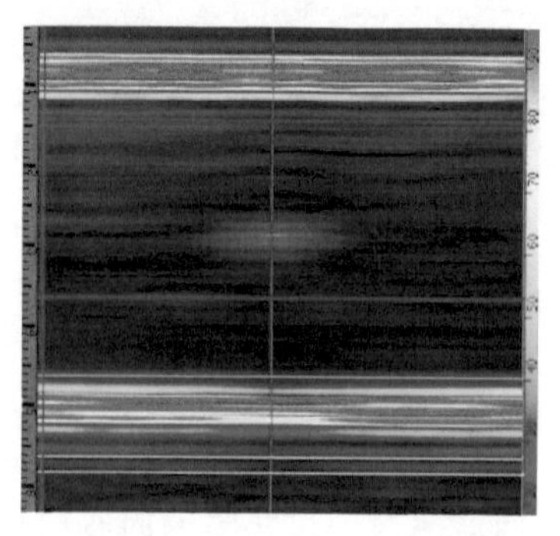
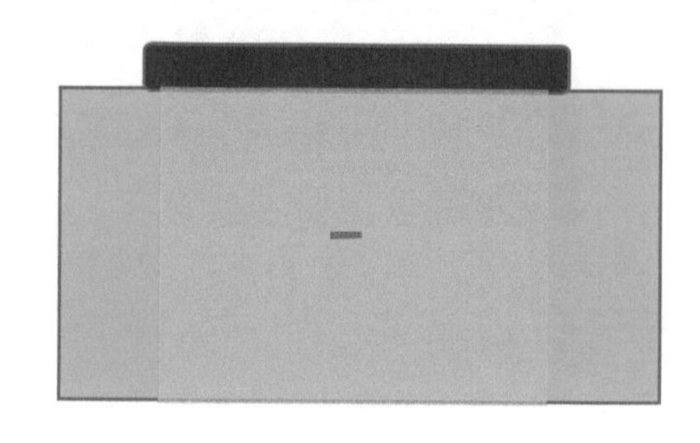

图 6-25 工件内部缺陷 B 扫描图

图 6-26 所示为工件下表面近表面缺陷 B 扫描图，B 扫描图中不能清晰独立显示缺陷回波图像，在深度方向部分信号与底面回波信号重叠，由于能够看到缺陷回波信号的起始回波位置，因此可以根据起始回波信号位置测量缺陷的深度位置信息；由于缺陷信号与底波信号重叠，因此无法准确测量缺陷的回波幅值，根据底波信号变化位置或缺陷回波信号的起点及终点位置可以测量缺陷在声束扫查方向的长度。

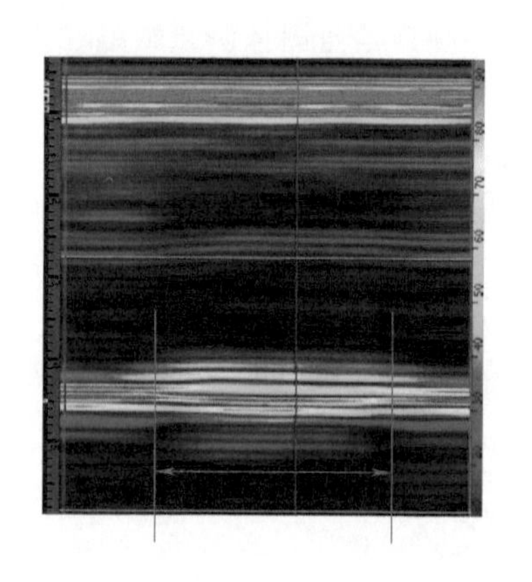
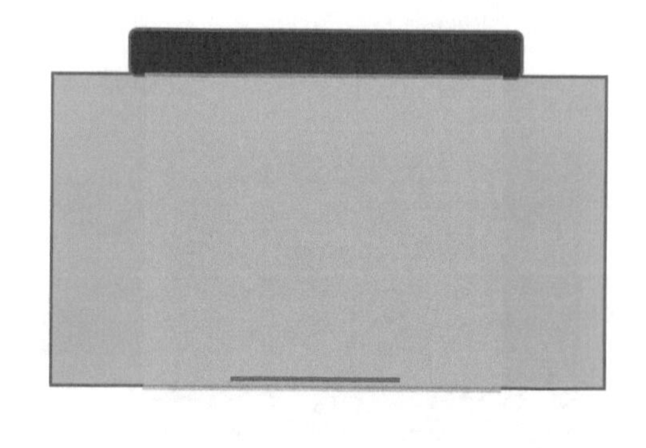

图 6-26 工件下表面近表面缺陷 B 扫描图

当相控阵探头发射与接收都使用相同的晶片组时，会有始波信号，当使用延迟块时会有界面波信号，始波信号与界面波信号都会产生一定的表面检测盲区。为了减小表面检测盲区范围，可以使用双线性阵列相控阵探头，一排线阵列探头用于激发产生超声波，另一排用于接收超声信号。如果使用了双线性阵列相控阵探头，相控阵仪器也同样需要工作于双线性阵列相控阵探头模式。图 6-27 所示为双线性阵列探头检测没有缺陷工件的 B 扫描图，从 B 扫描图中可以看到清晰的分层结构噪声信号，上表面没有界面波信号的干扰，下表面底面回波信号幅值均匀，底面回波的深度位置信息基本一致，说明下表面平整光滑。

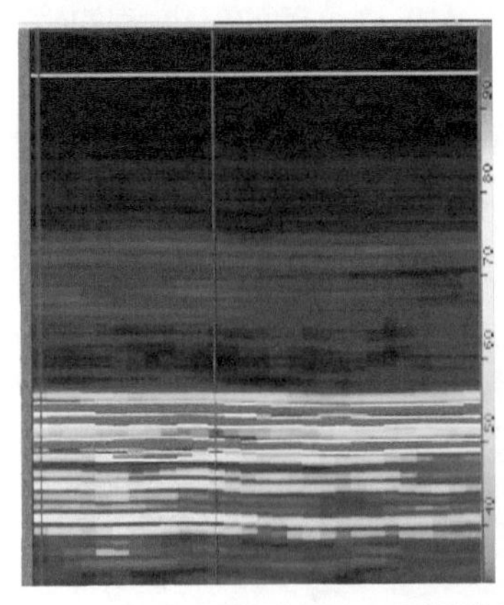

图 6-27　双线性阵列探头检测没有缺陷工件的 B 扫描图

4. 双线性阵列上表面近表面缺陷 B 扫描图

图 6-28 所示为双线性阵列探头检测上表面近表面缺陷工件 B 扫描图，由于缺陷距离上表面太近，无法在 B 扫描图上直接独立显示被检测缺陷的回波信号图像，但是在 B 扫描图上能够清晰显示工件有缺陷部位的内部噪声信号与底面回波信号与正常区域有明显差异，根据这些图像差异可以判断该位置上表面有较大缺陷信号。可以根据噪声信号或底面回波信号图像测量缺陷在声束扫查方向的长度，但无法测量缺陷的回波幅值。如果近表面缺陷太小，小于声束宽度，该缺陷对内部噪声信号与底面回波信号的显示干扰太小，则该缺陷有可能漏检。

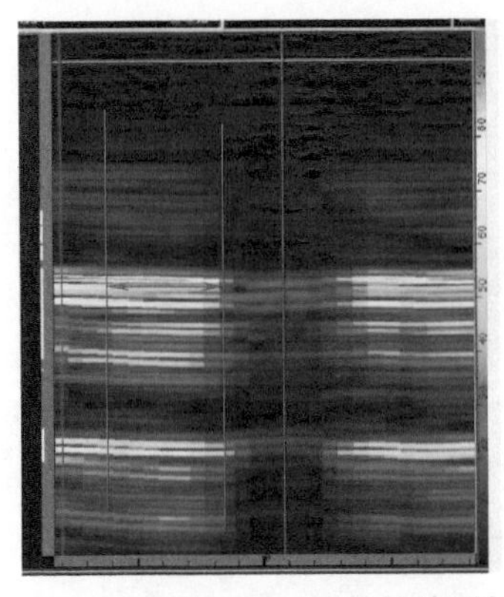

图 6-28　双线性阵列探头检测上表面近表面缺陷工件 B 扫描图

5. 双线性阵列内部缺陷 B 扫描图

图 6-29 所示为双线性阵列探头检测工件内部缺陷的 B 扫描图，B 扫描图清晰

显示了内部缺陷信号图像，可以测量缺陷回波的幅值信息。由于双线性阵列探头入射声束与接收的反射声束有一定角度，会产生变型波，因此接收探头除了能接收直接反射的纵波回波信号，也会接收到变型反射横波信号，如以幅值进行定量并评判时，需测量第一个纵波反射回波的信号幅值。当缺陷大于该位置的声束宽度时，可以用 6dB 法测量缺陷在声束扫查方向的长度，当缺陷小于声束宽度时，需要根据声束宽度对测量的缺陷长度值进行特定修正，或者测量回波幅值，根据回波幅值进行评判。

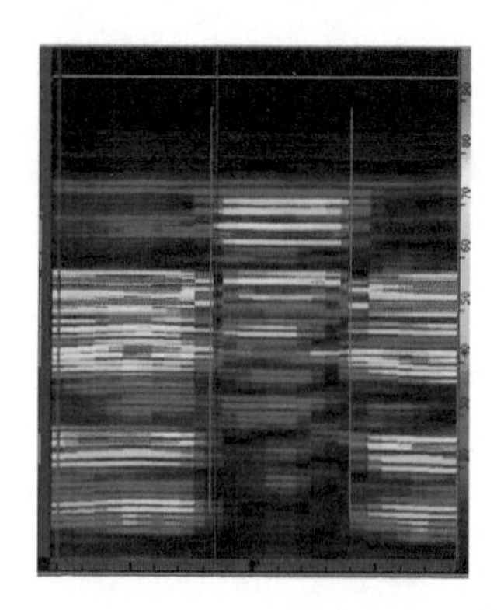

图 6-29　双线性阵列探头检测工件内部缺陷 B 扫描图

6. 双线性阵列下表面近表面缺陷 B 扫描图

图 6-30 所示为双线性阵列探头检测工件下表面近表面缺陷 B 扫描图，从 B 扫描图中可以看出有缺陷部位底面回波信号图像与正常部位底面回波信号有一定的差异，底面回波信号的图像连续性已破坏，图中二次回波信号图像有缺陷与没缺陷区域信号差异更明显，因此可以清晰判断该区域有缺陷。在图中能测量该缺陷在工件中的深度位置，能够测量缺陷在声束扫查方向的长度，如果近表面缺陷过小，对底面回波信号影响太小，则有可能检测不出。

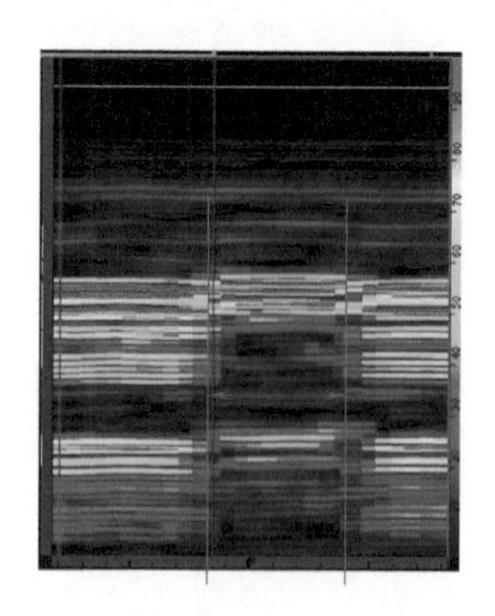
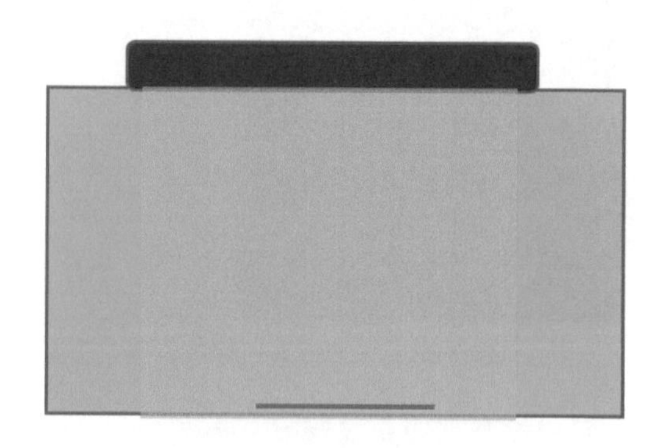

图 6-30　双线性阵列探头检测工件下表面近表面缺陷 B 扫描图

7. 双线性阵列内部密集缺陷 B 扫描图

图 6-31 所示为双线性阵列探头检测内部密集性缺陷 B 扫描图，由于没有始脉冲或界面回波信号图像干扰，双线性阵列探头检测的近表面盲区更小，从 B 扫描图中可以看出该工件中有多个独立反射回波信号，且各反射回波信号之间有一定的间距，从图中可以分析出该缺陷为密集性小缺陷聚集在一起。各小缺陷的尺寸小于声束宽度，因此测量单个缺陷的长度误差较大，可以准确测量各反射回波信号的幅值通过当量法评判，也可以把密集性缺陷当成一个大缺陷，测量缺陷的长度及自身高度。

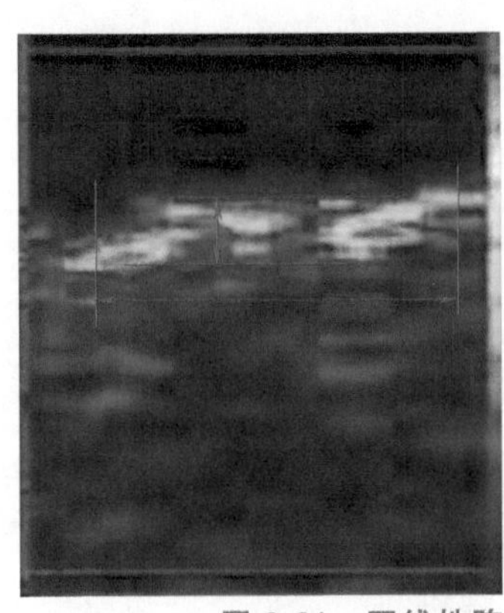

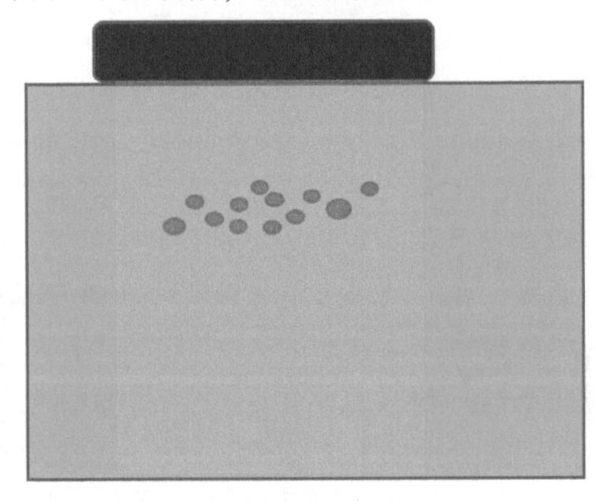

图 6-31　双线性阵列探头检测内部密集性缺陷 B 扫描图

8. 双线性阵列内壁腐蚀 B 扫描图

图 6-32 所示为双线性阵列探头检测管道内壁腐蚀 B 扫描图，从 B 扫描图中可以得到管道内壁轮廓信息，从 B 扫描图中可以测量出最小剩余壁厚信息，也可以测量在声束扫查方向的腐蚀长度。

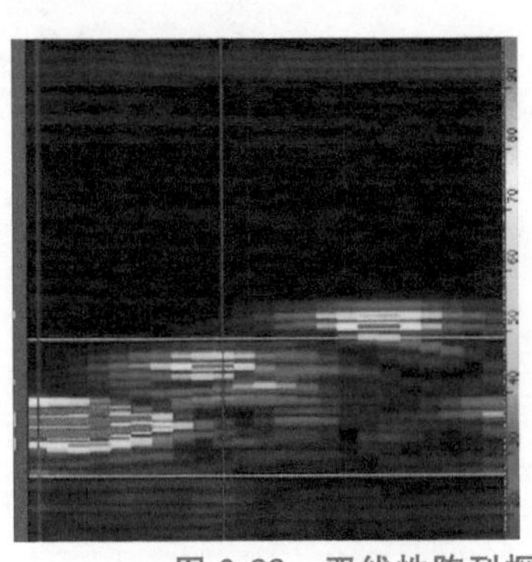

图 6-32　双线性阵列探头检测管道内壁腐蚀 B 扫描图

6.10.3　C 扫描图像分析

使用扫查器扫查模式进行检测时，可以同时显示 A 扫描信号、B 扫描信号或扇形扫描信号图像和C扫描信号图像，通过C扫描图像能够得到缺陷在工件中的整体分布信息。图6-33所示为纵波垂直入射线性扫查C扫描模式示意图及扫描结果图，在探头移动扫查方向上，如图6-33中的X方向，C扫描图像的位置信息由编码器得到，在该方向上图像显示的分辨力由编码器的扫查步距决定，在该方向上测量长度的最高精度及分辨力为扫查记录步距。由相控阵通过电子方式控制声束移动方向，如图6-33中的Y方向，在该方向上图像显示的分辨力由相控阵控制的声束移动间距决定，在该方向上测量长度的最高精度及分辨力为声束移动间距，如相控阵探头的晶片间距为0.5mm，声束移动步距为0.5mm，则在该方向上的最高测量分辨力为0.5mm，如果声束移动步距为2个晶片，则声束移动步距为1mm，在该方向上的最高测量分辨力为1mm。在C扫描图中能够直接测量缺陷在工件长度方向与宽度方向的尺寸，并得到缺陷在工件长度方向与宽度方向平面上的形状图形。在C扫描图像上的每一点位置处都对应有一个A扫描波形。而C扫描图像上只能显示一个信号，如一个幅值信号或一个深度值信号，将幅值信号或深度值信号转换成相应的颜色显示，具体显示A扫描波形上哪一点的测量值由所设置的闸门位置决定，因此通过C扫描检测时，一定要确保闸门设置正确，否则很有可能会造成缺陷漏检。如需要得到C扫描图上某一点的具体幅值和对应的深度值，需要通过仪器的测量显示值得到。如需要在深度方向得到更多的缺陷信号，则需要显示C扫描对应位置处的B扫描图或扇形扫描。如需要准确测量缺陷的自身高度值，则需要在B扫描图或扇形扫描图上进行测量。

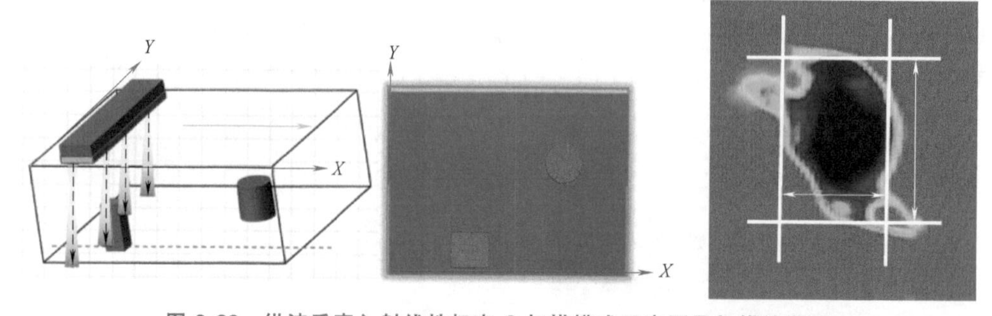

图6-33 纵波垂直入射线性扫查C扫描模式示意图及扫描结果图

图6-34所示为焊缝C扫描检测C扫描图和侧视图，从C扫描图中可以得到缺陷在探头移动扫查方向的长度值，但如果缺陷小于在该方向的声束宽度，测量值与缺陷真实长度有较大误差；如果缺陷大于在该方向的声束宽度，可以使用6dB法测量缺陷长度，同时在C扫描图中也能得到缺陷在声束入射方向的相对位置，如缺陷是在焊缝中心线还是在焊缝左坡口位置，根据这些位置信息对缺陷定性有一定帮助。

从侧视图中可以得到缺陷在工件深度方向的信息、如深度位置信息、缺陷在深度方向的自身高度值。由于侧视图中显示的信号只是原始扇形扫描图中的一部分信号，测量点的选择不一定是最佳测量点，如需要更高的测量精度，建议到该位置对

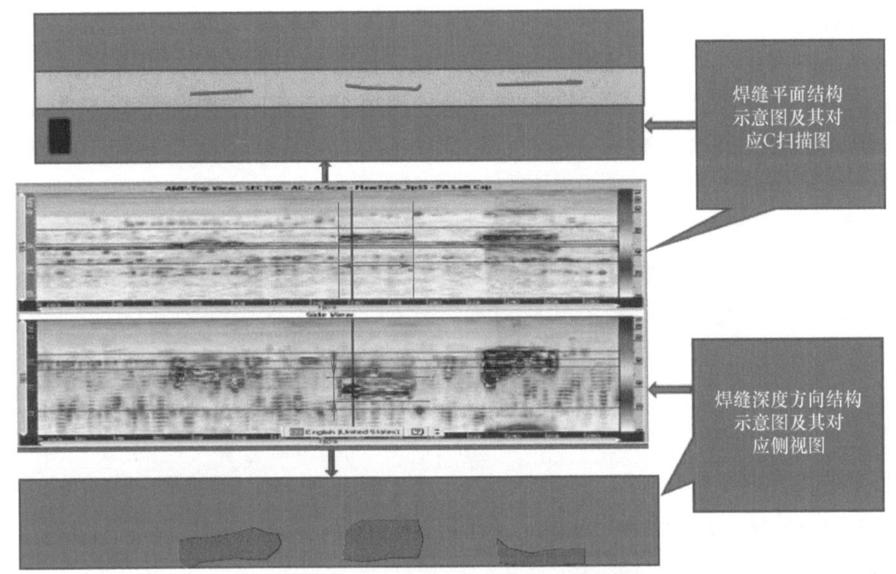

图 6-34　焊缝 C 扫描检测结果图

应的原始扇形扫描图上测量其深度位置及其自身高度，特别是如需要通过衍射信号测量自身高度，必须到扇形图中找到最佳测量点进行测量。

C 扫描图和侧视图显示的只是原始扇形图中的一部分信号，显示的内容由所设闸门及其相应的测量值决定，如果闸门位置设置不准确，容易造成缺陷漏检或误判。因此，分析 C 扫描检测结果时特别要注意所设闸门是否准确，C 扫描检测显示的内容是否准确。C 扫描图中显示的图像为软件后续处理后显示的结果，显示方式由仪器的算法决定，因此不同超声相控阵检测仪器显示的结果可能会存在一定的差异，其所支持的测量功能及测量值也可能不一致，具体的测量方式要根据仪器的操作手册进行测量。

6.11　缺陷评判

缺陷评判是超声检测最关键的部分，缺陷评判的结果直接决定了被检测工件是否合格，是否需要处理，后续需要如何处理，因此缺陷评判的准确与否至关重要，直接影响到被检测工件的安全性，影响到被检测工件在后续使用过程中是否存在安全隐患，也影响到经济效益。为了能够对被检测缺陷准确评判，需要严格控制检测过程中的每一环节，严格控制检测工艺的主要目的就是为了避免缺陷漏检，尽最大可能得到最准确的缺陷信息，减小各种误差。缺陷评判所需的信息和数据是超声检测的核心，整个超声检测过程都是围绕这些信息和数据而展开，如果缺陷评判主要依据缺陷的尺寸进行评判，而不需要依据缺陷的幅值信息进行评判，则检测过程中无须严格控制影响幅值的因素，例如耦合、传输衰减补偿等；如果缺陷评判主要依据缺陷的幅值信息，而对缺陷的形状、尺寸信息无要求，则检测过程中需要严格控制影响幅值的因素，需要选择尽可能得到最准确幅值的扫查方式，因此缺陷评判所需的信息直接决定了检测工艺。各行各业的检测要求不同，缺陷的评判方式和要求也不一致，常用于评判的缺陷信息主要有缺陷的位置信息、缺陷的幅值、缺陷的尺寸信息、缺陷的类型和缺陷的方向性。

1. 缺陷的位置信息

超声相控阵检测技术能够比较容易得到缺陷的位置信息，只要定位误差在允许范围内，缺陷的位置信息就能控制在误差范围内。由于超声相控阵同时激发产生多个声束，不同声束在缺陷的反射位置不同，因此不同声束测量得到的位置不同，如图 6-35 所示。具体测量哪个声束的位置由评判方式确定，如果评判标准以最大回波幅值的回波位置为准，则需要选择回波幅值最大的声束进行测量，如果缺陷靠近下表面，与下表面的距离影响缺陷的评判，需要选择靠近下表面的声束进行测量；如果缺陷靠近上表面，与上表面的距离影响到缺陷的评判，需要选择测量靠近上表面的声束进行测量，或者最大回波声束位置和靠近上下表面的声束位置都要测量。进行测量时需要考虑声束的宽度，如果缺陷小于声束宽度，则通常以最大回波声束位置为准。缺陷在工件中的位置直接影响该缺陷的危害性及评判结果，如缺陷在工件内部的危害性小于缺陷在工件近表面的危害性，而缺陷在近表面的危害性小于缺陷在表面的危害性，因此，相同的缺陷在不同位置的评判结果可能不一致。不同的行业与工件对近表面缺陷和内部缺陷的定义不一致，具体需要结合工件的实际使用情况进行分析。

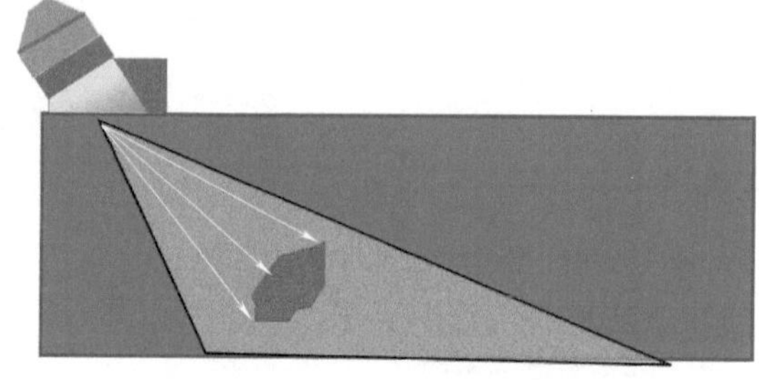

图 6-35 不同声束位置测量示意图

2. 缺陷的幅值

缺陷的幅值是缺陷评判的重要依据，特别是当缺陷尺寸小于声束宽度时，由于无法准确测量缺陷的尺寸，此时只能通过幅值当量法进行评判。以幅值当量法进行评判时，需要得到缺陷的最大幅值，需要选择回波最大的声束进行测量。为了使评判更准确，有可能需要移动探头位置、探头角度以得到最强反射回波幅值，检测工艺需要尽可能减少其他因素对回波幅值的影响，例如表面耦合补偿误差尽量准确，TCG 和 ACG 补偿误差尽量小，传输衰减修正尽量准确等。

3. 缺陷的尺寸信息

缺陷的尺寸信息一般为工件一个截面上的二维尺寸信息，如图 6-36 所示，具体需要哪个截面的尺寸信息作为评判依据，由被检测工件的设计要求决定。缺陷在截面上的二维尺寸信息主要是缺陷的长度 L 和缺陷的自身高度 h。由于自然缺陷不规则，单个缺陷的长度和高度以最大的长度和高度用于评判，同时缺陷距离上、下表面的距离也是评判的重要依据。如果截面上同时存在多个缺陷，各缺陷之间的间距也是缺陷评判的重要依据，如果两个缺陷之间的距离小于某一特定值，两个缺陷需要当成一个缺陷进行评判，如果两个缺陷之间的距离大于某一特定值，两个缺陷以单个缺陷进行评判。一些工件设计时，要求根据缺陷在截面上的面积进行评判，根据缺陷面积与工件面积的比例作为评判依据。当需要使用缺陷的尺寸信息对缺陷进行评判时，为了使缺陷评判更加准确可靠，需要得到尽可能准确的缺陷尺寸数据，在设计检测工艺时，需要尽可能提高数据测量的准确性和分辨力。

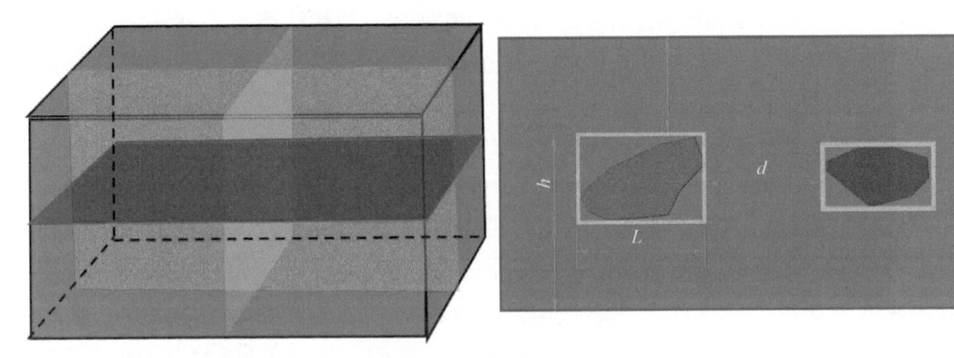

图 6-36　缺陷尺寸示意图

4. 缺陷的类型

对缺陷定性一直是超声检测的技术难点，特别是对于传统超声检测技术。由于通过传统超声检测技术只能显示一个 A 扫描波形，检测人员得到的缺陷信息太少，要从非常有限的波形信息中得到缺陷的类型信息难度很大，对检测人员要求太高，因此大部分超声检测标准没有对缺陷定性做强制要求。超声相控阵技术能够同时得到多个超声回波的信息，更多的超声回波信息降低了对缺陷定性的难度，将多个超声回波信息以图像的形式显示，结合各种缺陷的特征，更容易在图像中找到各种缺陷的特征，使通过缺陷的图像对缺陷定性成为可能。当各种类型的缺陷图像积累到一定程度，能够从图像中准确得到缺陷的特征信息后，即可得到特定的图谱，检测人员将得到的缺陷图像与图谱进行对比，即可对缺陷进行定性。

要对检测出的缺陷进行定性，首先得分析被检测工件的生产及加工工艺，根据生产加工工艺了解该缺陷容易产生哪些类型的缺陷，各种缺陷容易产生在工件中的哪些部位，同时分析各种缺陷特征，特别是超声波对于不同类型缺陷的反射特征。例如对于焊缝检测中常见的坡口未熔合缺陷，首先根据焊缝的坡口形式和角度信息，可以得知未熔合缺陷出现的准确位置，根据坡口角度信息可以得知哪个角度的入射超声的回波幅值最强，而通过超声相控阵技术可以很容易得知哪个角度的声束得到的超声回波幅值最强，结合角度信息也有利于对缺陷进行判断。由于坡口未熔合缺陷的超声波反射面是光滑反射面，反射回波信号强度较强，而且相邻角度声束得到的回波幅值变化较小，因此得到的图像为均匀连续的图像。裂纹缺陷与未熔合缺陷一样，都是面状缺陷，当超声波入射方向与裂纹反射面垂直时，得到的回波信号幅值较强。由于裂纹在扩展过程中产生一定的撕裂，这使得裂纹反射面并非平整，因此各角度声束从裂纹反射面上得到的反射回波强度并不连续均匀，裂纹显示的图像断断续续，甚至某些角度的声束得不到反射回波，这是裂纹缺陷图像与未熔合缺陷图像的较大区别。同时结合缺陷的位置信息，能够较容易区分出未熔合与裂纹缺陷，如果裂纹较小，还未扩展，裂纹尺寸小于声束宽度时，较难识别出裂纹缺陷。

从缺陷的形态上区分，缺陷可以分为点状缺陷、条状缺陷、面状缺陷、体积状缺陷。当缺陷较小且小于声束宽度时，通过超声相控阵图像能够得到的缺陷特征非常有限，这使得缺陷定性较为困难，超声相控阵技术能够对较大缺陷进行较准确的定性，而对较小缺陷定性误差较大。

5. 缺陷的方向性

缺陷的方向性对工件的危害性可能不一样，具体的危害性需要结合工件的受力方向进行分析。如果缺陷的方向在拉力方向，其危害性较大，如果缺陷的方向没有受力，其危害性较小，因此一些工件缺陷的方向信息也是评判的考虑因素。缺陷的方向性主要根据超声波的指向性得到，即某一角度的声束从缺陷得到的反射信号最强时，该缺陷的反射面与该声束入射方向垂直，从而得知缺陷的方向。

6.12 检测报告

当一个工件检测完成后需要出具检测报告，其他人员看到检测报告后能够得知该工件所使用的检测方法及检测结果，并且根据检测结果做出后续处理；同时检测报告也是被检测工件质量审核的重要依据，检测报告中一般需要包含以下信息。

（1）检测对象的详细信息

1）被检测工件的标识号。通过该标识号可知道该报告对应的是哪个工件的检测结果。

2）工件的结构尺寸信息，特别是被检测部位的位置、厚度及扫查面的尺寸。这些信息是检测方案选择的重要依据。

3）被检测工件的材料及加工工艺。通过被检测工件的材料及加工工艺能够了解该工件可能产生的缺陷类型。

4）工件检测面的表面状况及温度。工件检测面的表面状况直接影响表面耦合效果，工件的温度会影响材料声速。

5）检测时工件状态。通过检测时工件的状态信息可以了解检测时机是否合适，例如检测后在后续工艺中是否会产生缺陷。

（2）检测设备信息

1）所使用的超声相控阵仪器的生产厂家、仪器的型号。需要仪器信息判断该仪器是否能够满足检测要求。

2）所使用超声相控阵探头的生产厂家、探头的型号和探头的详细技术参数。需要根据探头信息判断该探头是否能够满足检测要求。

3）所使用的标准试块和对比试块。通过试块信息了解相控阵仪器和探头的校准方式。

4）所使用的耦合剂类型。不同耦合剂会影响耦合效果，同时要判断耦合剂是否对被检测工件有影响。

5）扫查器生产厂家、扫查器类型及型号。如使用了扫查器，扫查器的类型和可靠性直接影响检测结果的可靠性。

（3）检测技术

1）检测所参考的检测标准。通过检测标准能够了解检测技术细节。

2）检测目的和检测要求。如检测灵敏度要求、检测等级要求、检测比例、合格标准等信息。

3）仪器设备的校准方式。如探头晶片测试校准方式、探头延迟校准方式、检测灵敏度校准方式。

4）检测扫查方式。手动扫查方式还是扫查器扫查方式、扫查位置及扫查次数、扫查步进。

5）检测前准备与表面补偿。检测前是否打磨、设置多少表面补偿灵敏度。

（4）仪器基本设置

1）扫查方式。扇形扫查、线性电子扫查还是双线性阵列扫查模式。

2）延时聚焦法则。如激发晶片数、扇形扫查角度范围、角度步距、线性扫查步距、所使用的探头晶片数。

3）聚焦设置。是否设置了聚焦模式及聚焦深度值。

4）显示范围。仪器的检测显示范围。

5）仪器的 TCG/ACG 记录详细信息。如以何种参考反射体记录了 TCG/ACG 曲线，记录了几个参考点的信号。

6）仪器误差范围。如检测的定位误差、TCG 定量误差。

（5）检测结果

1）缺陷的位置信息。缺陷在工件中的位置示意图。

2）缺陷的显示图像信息。各个经评判的缺陷图像信息。

3）缺陷的详细尺寸信息。如缺陷在截面上的长度、自身高度和多个缺陷之间的间距。

4）缺陷的幅值信息。缺陷的回波幅值、当量信息。

5）缺陷的其他信息。如有必要，记录缺陷的其他信息，如缺陷方向、缺陷类型等信息。

6）缺陷的评判结果。根据评判标准对缺陷评判的结果。

7）存储信息。如检测图像或 C 扫描图以电子方式保存，需要记录存储文件的相应文件名信息。

8）检测人员和复核人员签字。

第7章

横波扇形扫查检测焊接接头基本工艺

横波扇形扫查检测模式是超声相控阵检测技术中应用最广泛的检测模式，通过多角度横波检测能够检测出各个方向的缺陷，不仅能够提高检测效率，而且能够大大提高检测可靠性。焊接接头是各行业焊接工件的关键部位，超声检测技术广泛应用于焊接接头的检测。超声相控阵检测技术在焊接接头检测中最能发挥其技术优势，使用超声相控阵技术检测焊接接头也是最成熟的检测应用，而焊接接头的检测主要应用超声相控阵的横波扇形扫查模式。本章主要以焊接接头检测应用为例介绍相控阵横波扇形扫查的基本检测工艺。

7.1 焊接概述

焊接是通过加热或加压或两者并用，使用或不使用填充材料，使两个分开的工件达到原子结合的一种加工方法。焊接技术广泛应用于各行各业中，常用的焊接方法有熔焊、压焊、钎焊和其他特殊焊接，虽然各种新焊接方法不断出现，但目前应用最广泛的仍是熔焊，本章主要介绍熔焊焊缝的超声检测。

熔焊也叫熔化焊，在焊接过程中利用电能或其他形式的能量产生高温使金属熔化，形成熔池，熔融金属在熔池中经过冶金反应后冷却，将两个分开的工件牢固地结合在一起。在熔焊过程中，焊接区内各种物质之间在高温下相互作用的过程称为焊接冶金过程，这是一个极为复杂的物理化学变化过程，焊接冶金过程对焊缝金属的成分、性能、某些焊接缺陷，以及焊接工艺性能都有很大影响。焊接时，焊缝区的金属都是由常温状态开始被加热到较高的温度，然后逐渐冷却到常温，所得到的组织即为一次结晶组织，当焊缝金属温度降低至相变温度时，发生组织转变，即焊缝二次结晶，焊缝金属的组织是经过二次结晶而得到的。以碳钢为例，一次结晶为奥氏体，经二次结晶后的组织大部分为铁素体加少量珠光体，为了提高焊接接头的性能，可采用一些方法改善焊缝的晶粒组织，细化晶粒。焊接过程中焊缝两侧因焊接热作用而发生组织性能变化的区域叫作热影响区，热影响区对焊接接头组织性能会产生不利影响，甚至会在热影响区产生缺陷，因此在焊接过程中应尽可能减小热影响区的范围。

7.2　焊缝中常见的内部缺陷

1. 气孔

熔池在结晶过程中某些气体来不及逸出时，就可能残存在焊缝中形成气孔。气孔不仅会削弱焊缝的有效工作截面，同时也会引起应力集中，将显著降低焊缝金属的强度和塑性，气孔常出现在焊缝内部或表面。焊缝中会出现各种各样的气孔，以单个或以蜂窝状的形式出现在焊缝的外表面或内部，气孔有时沿焊缝长度方向呈链状分布，或成条状沿结晶方向分布。焊缝中产生气孔的根本原因是高温时金属熔解了较多的气体（如 H_2、N_2），另外在进行冶金反应时又产生了相当多的气体（如 CO、H_2O），这些气体在焊缝结晶过程中来不及逸出就会产生气泡，当气泡长大到一定程度上浮时，若受到熔池内部结晶的阻碍，则可能被围在焊缝的内部而形成气孔，气孔所在位置取决于气泡的上浮位置。图 7-1 所示为焊缝中常见气孔示意图，主要有单个气孔、均匀分布气孔和密集气孔。

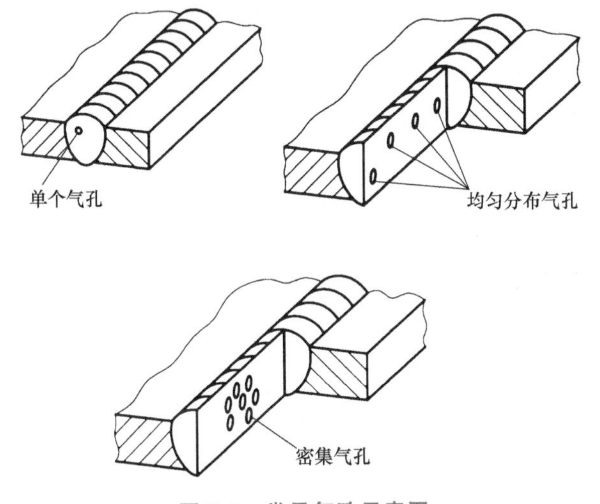

图 7-1　常见气孔示意图

2. 夹杂

熔池在结晶过程中凝固较快，在焊缝内可能残存各种夹杂物，这些夹杂物不仅降低了焊缝金属的塑性，增加了低温脆性，同时也增加了产生热裂纹的倾向，因此在焊接过程中应尽可能地减少焊缝中的夹杂物。焊缝中的夹杂物主要有非金属夹杂物和金属夹杂物，手工埋弧焊焊接低碳钢时有可能产生氧化物，如 SiO_2，这种氧化物容易引起热裂纹。当焊接时如果保护不良或用光焊丝焊接低碳钢和低合金钢时可能产生氮化物，如 FeN，这使焊缝具有很高的硬度而塑性急剧下降。有时母材或焊丝中含硫量偏高，容易产生硫化物（FeS），硫化物也容易引起热裂纹。当焊接工艺不当时，熔渣中容易直接混入金属夹杂，如果钨极氩弧焊中的钨极烧损，钨极触及熔池或焊丝剥落熔入焊缝中容易产生夹钨。根据夹杂的分布形态可以分为孤立夹杂、线状夹杂和密集夹杂，如图 7-2 所示。

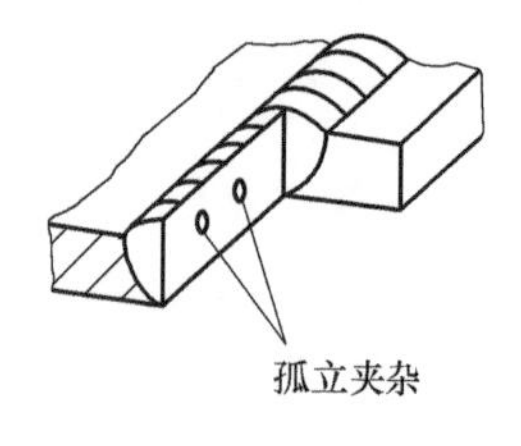

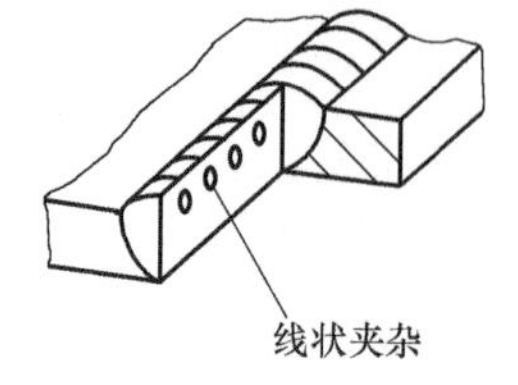

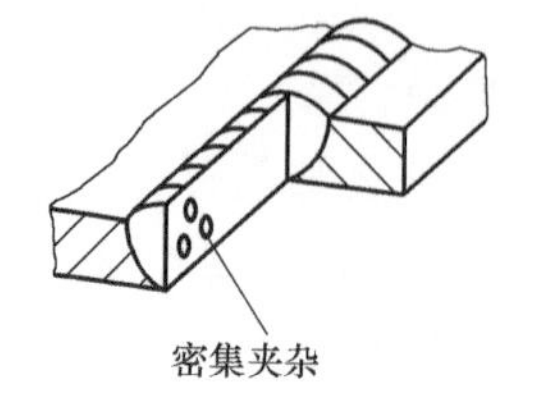

图 7-2 常见夹杂示意图

3. 裂纹

裂纹是焊接中常见的而又非常危险的缺陷，它不仅会使产品报废，而且还可能引起严重的事故，因此为了提高焊接质量和结构的可靠性，应该避免在焊接接头中产生裂纹，超声检测也要确保裂纹不漏检。按焊接的温度和时间的不同，裂纹可分为热裂纹、冷裂纹、层状撕裂和应力腐蚀裂纹。焊接产生的裂纹可出现在焊缝表面，也可出现在焊缝内部，有的则产生在热影响区内。平行于焊缝的裂纹称为纵向裂纹，垂直于焊缝的裂纹称为横向裂纹，产生在弧坑上的裂纹称为弧坑裂纹，常见的裂纹如图 7-3 所示。裂纹有时在焊接过程中产生，有时在焊接后放置或运行一段时间后才出现，在焊接后过一段时间才出现的裂纹为延迟裂纹，这种裂纹的危害性更严重。

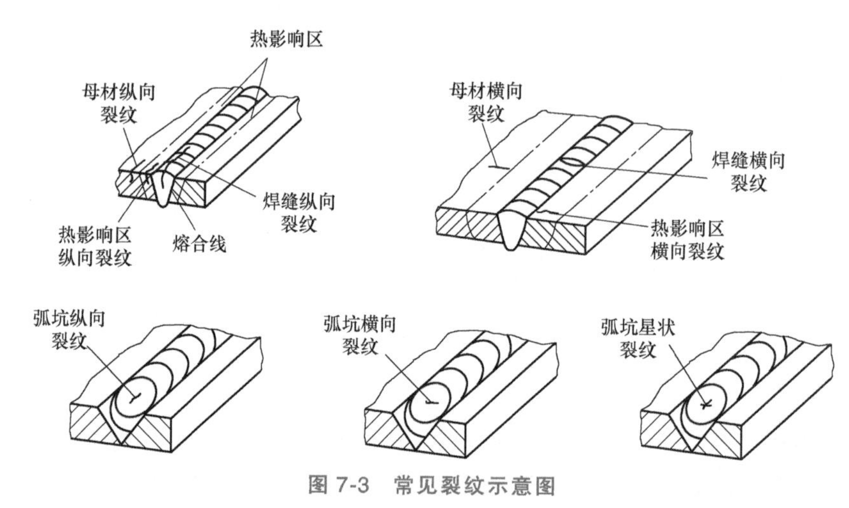

图 7-3 常见裂纹示意图

（1）热裂纹 热裂纹是在高温下结晶时产生的，而且都是沿晶界开裂。热裂纹主要是由于焊接熔池在结晶过程中存在偏析现象，偏析出的物质多为低熔点共晶体和杂质，它们在结晶过程中以液态间层存在，结晶凝固时的高温强度也极低，在一定条件下，当拉伸焊接应力足够大时，液态间层会被拉开或在其凝固过程中被拉断而形成热裂纹。热裂纹主要出现在含杂质较多的焊缝中，特别是含硫、磷、碳较多的碳钢焊缝中和单相奥氏体或某些铝及铝合金焊缝中，有时也产生在热影响区中，有纵向的，也有横向的，露在焊缝表面的热裂纹有明显的或不明显的锯齿形状，弧坑中的热裂纹往往是星状的。不同形式的接头，其刚性大小、散热条件、结晶特点也都不同，因而产生热裂纹的倾向也不一样，不同形式接头产生热裂纹的倾向如图 7-4 所示。

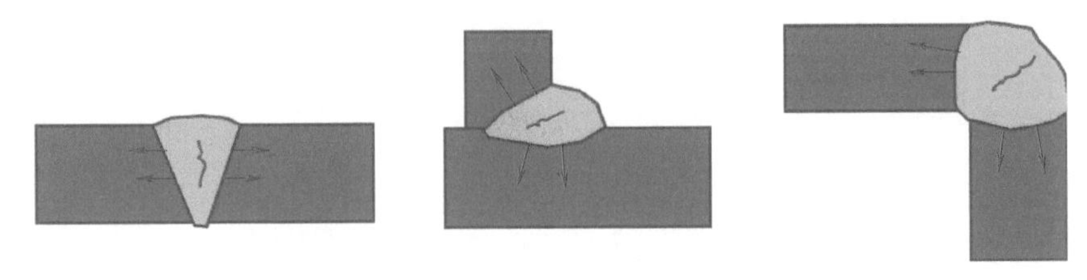

图 7-4　不同形式接头产生热裂纹的倾向

（2）冷裂纹　冷裂纹是在焊后较低的温度下产生的，焊接中碳钢、高碳钢、低合金高强度钢、某些超高强度钢、工具钢、钛合金等材料时容易出现这种缺陷。对于中高碳钢、超高强度钢或工具钢，冷裂纹一般在焊后 200~300℃或更低的温度下产生；对于低合金高强度钢，则在 150℃以下或低温条件下产生。冷裂纹可以在焊后冷却到一定温度下立即出现，或有时经过几小时、几天甚至更长的时间后才产生，故又称为延迟裂纹，延迟裂纹形成温度低，裂纹端部细尖。产生冷裂纹的因素很多，主要是钢的淬硬倾向，焊接接头中扩散氢的存在，以及存在较大的拉伸应力。

（3）层状撕裂　在大型焊接结构中，往往采用 30~100mm 甚至更厚的轧制钢材，轧制钢材中的硫化物、氧化物和硅酸盐等非金属夹杂物，呈平行于钢板表面的片状分布在钢板中，在沿焊件厚度方向的应力（包括焊接应力）作用下，夹杂物界面就会开裂，从而在焊缝热影响区及其附件的母材上，或远离热影响区的母材上出现具有阶梯状的裂纹，这种裂纹就是层状撕裂。层状撕裂经常产生在 T 形接头、十字接头和角接接头的热影响区中。

（4）应力腐蚀裂纹　应力腐蚀裂纹是指金属材料在某些特定介质和拉应力共同作用下发生的延迟破裂现象，从表面上看，无明显的均匀腐蚀痕迹，所观察到的应力腐蚀裂纹呈龟裂形式，断断续续，若在焊缝表面上，则多以横向裂纹出现。如深入金属内部观察应力腐蚀裂纹，它的形态如同树根一样，从断口的形态来看是属典型的脆性断口。应力腐蚀裂纹大致沿垂直于拉应力的晶界向纵深发展，应力腐蚀裂纹的形成必须同时有三个因素的作用，即材质、腐蚀介质和临界拉应力。

4. 未熔合

未熔合是指焊缝金属与母材金属，或焊缝金属之间未熔化结合在一起的缺陷，根据其所在部位，未熔合可分为坡口未熔合、层间未熔合和根部未熔合三种，如图 7-5 所示。

未熔合是一种面积缺陷，坡口未熔合和根部未熔合对承载截面积的减小都非常明显，应力集中也比较严重，其危害性仅次于裂纹，其产生的主要原因是焊接热输入太低，电弧指向偏斜，坡口侧壁有锈垢及污物层间清渣不彻底等。常见未熔合如图 7-5 所示。

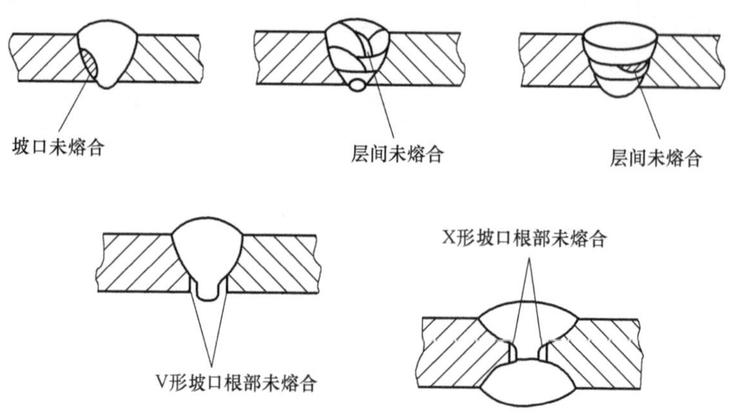

图 7-5 常见未熔合示意图

5. 未焊透

实际熔深小于公称熔深而形成的差异部分称为未焊透，未焊透会减小焊缝的截面积，造成应力集中，引发裂纹，从而降低接头的强度和疲劳强度。未焊透产生的原因是焊接过程中未按规定加工坡口，钝边厚度过大，坡口角度或间隙尺寸不合理，以及双面焊时背面清根不彻底或坡口两侧及层间焊接未清理干净，使氧化物、熔渣等阻碍金属间充分熔合。应注意，未焊透是否视为缺陷应根据产品的技术规范或设计要求评价，常见的未焊透如图 7-6 所示。

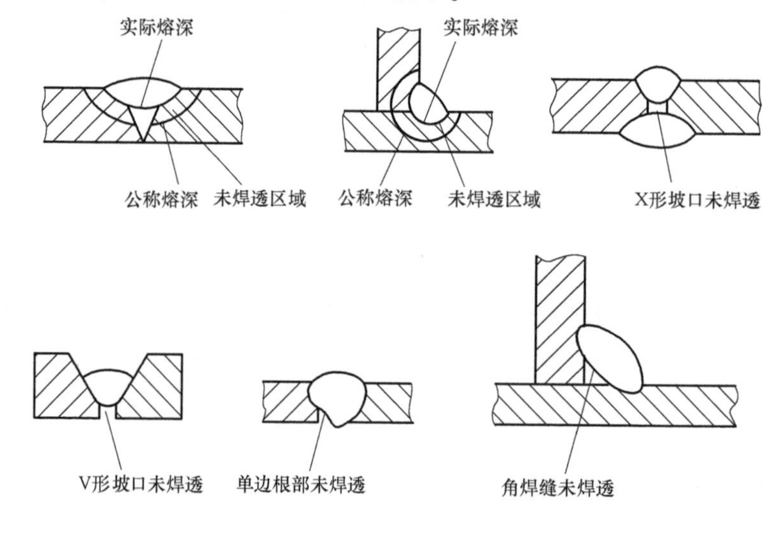

图 7-6 常见未焊透示意图

7.3　焊接接头形式

用焊接方法连接的接头称为焊接接头，焊接接头包括焊缝、熔合区和热影响区，常见的焊接接头形式有对接接头、T 形接头、角接接头等。焊接接头的结构形式及坡口类型直接影响到超声检测的检测方案，例如坡口未熔合的检测需要考虑坡口的类型，从而决定超声波入射的方向和扫查方式。

7.3.1　对接接头

两焊件端面相对平行的接头称为对接接头，对接接头是在焊接结构中采用最多的一种接头形式。根据焊件的厚度、焊接方法和坡口准备的不同，对接接头可分为不开坡口的对接接头和开坡口的对接接头。

1. 不开坡口的对接接头

当钢板厚度在 6mm 以下时，一般不开坡口，只留 1～2mm 的间隙，如图 7-7 所示，但对于一些重要的结构，当钢板厚度大于 3mm 时，就要求开坡口。

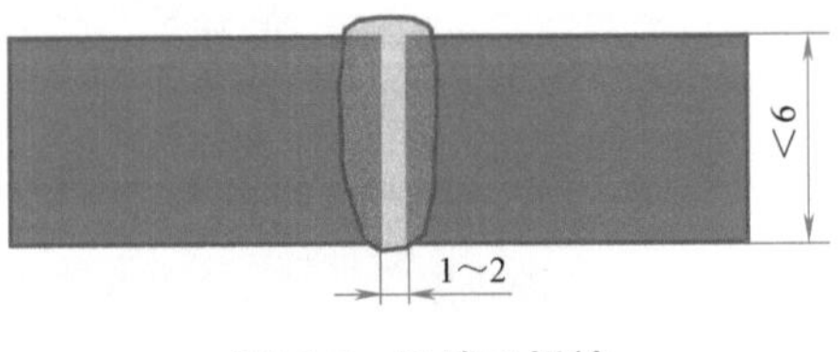

图 7-7　无坡口焊缝

2. 开坡口的对接接头

所谓坡口就是根据设计或工艺需要，在焊件的待焊部位通过机械、火焰或电弧方式加工的一定几何形状的沟槽。将接头开成的一定角度叫坡口角度，其目的是保证电弧能深入接头根部，使接头根部焊透，以及便于清除熔渣获得较好的焊缝成形，而且坡口能起到调节焊缝金属中母材和填充金属比例的作用。焊件开坡口时，沿焊件厚度方向未开坡口的部分称为钝边，钝边是为了防止烧穿，但钝边的尺寸要保证第一层焊缝能焊透。在焊前，接头根部之间预留的空隙称为根部间隙，根部间隙也是为了保证接头根部能焊透。

对于板厚大于 6mm 的钢板，为了保证焊透，焊前必须开坡口，坡口形式主要有 V 形坡口、X 形坡口、U 形坡口。

（1）V 形坡口　钢板厚度为 7～40mm 时，常采用 V 形坡口，V 形坡口又分为钝边 V 形坡口、钝边单边 V 形坡口、无钝边 V 形坡口和无钝边单边 V 形坡口如图 7-8 所示。V 形坡口的特点是加工容易，但焊件易产生角变形。为了保证焊缝焊透，防止单边坡口烧穿，有时会在焊缝底部加垫板，当焊缝加垫板时，超声检测经常会出现垫板结构信号，需要将垫板结构信号与内部缺陷区分开。

（2）X 形坡口　钢板厚度为 12～60mm 时可采用 X 形坡口，也称双面 V 形坡口，如图 7-9 所示，与 V 形坡口相比较，X 形坡口焊件焊后变形和产生的内应力要小些，所以它主要用于大厚度及要求变形较小的结构中。

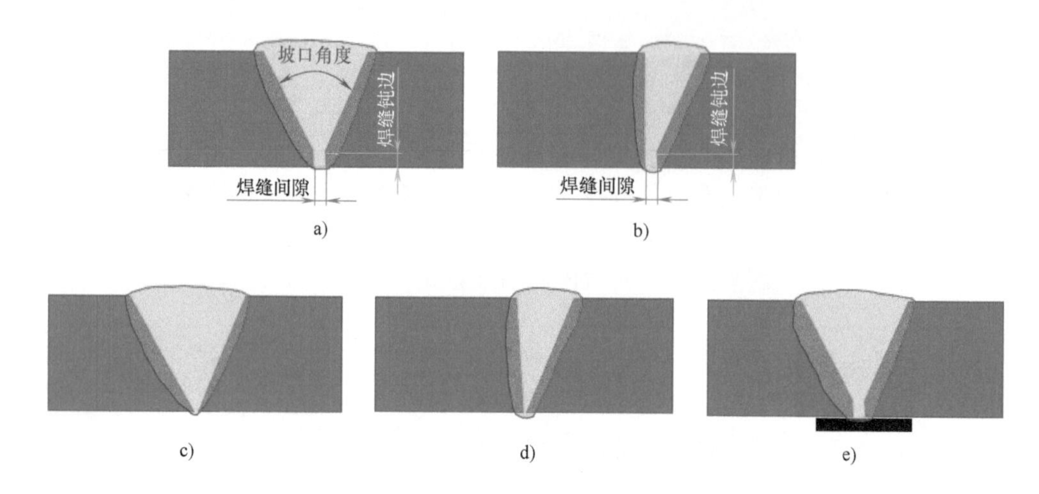

图 7-8 常见 V 形坡口示意图
a）钝边 V 形坡口 b）钝边单边 V 形坡口 c）无钝边 V 形坡口
d）无钝边单边 V 形坡口 e）带垫板钝边 V 形坡口

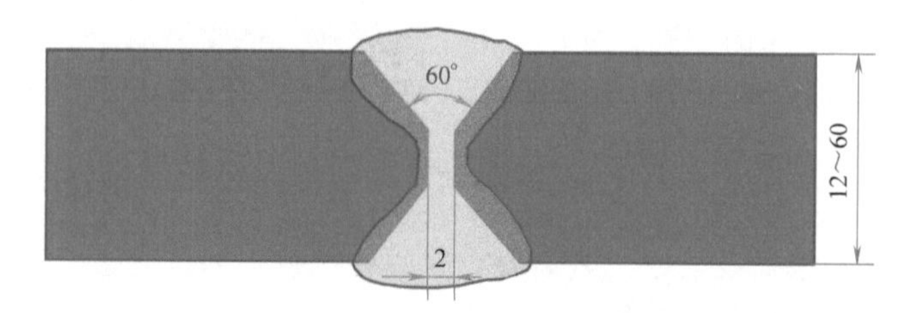

图 7-9 X 形坡口对接接头

（3）U 形坡口　U 形坡口有双边 U 形坡口、单边 U 形坡口和双面 U 形坡口三种，如图 7-10 所示。当钢板厚度为 20~40mm 时采用双边 U 形坡口，当钢板厚度为 40~60mm 时常采用双面 U 形坡口。U 形坡口的特点是焊着金属量最少，焊件产生的变形也小，焊缝金属中母材金属占的比例也小，但这种坡口加工较困难，一般应用于较重要的焊接结构。

7.3.2 T 形接头

一焊件端面与另一焊件表面构成直角或近似直角的接头，称为 T 形接头，T 形接头形式在焊接结构中被广泛采用。按照焊件厚度和坡口准备的不同，T 形接头可分为不开坡口、单边 V 形、K 形以及双面单边 U 形四种形式。T 形接头作为一般连接焊缝，钢板厚度在 2~30mm 时，可不开坡口，它不需要较精确的坡口准备；若 T 形接头的焊缝要求承受载荷，则应按照钢板厚度和对结构强度的要求，分别选用单边 V 形、K 形和双面单边 U 形坡口形式，使接头能焊透，保证接头强度。不同坡

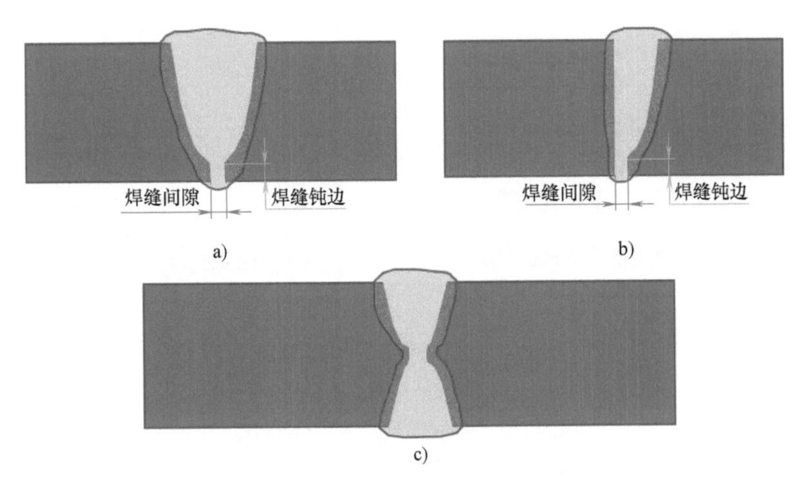

图 7-10　常见 U 形坡口示意图

a）双边 U 形坡口　b）单边 U 形坡口　c）双面 U 形坡口

口 T 形接头示意图如图 7-11 所示。

7.3.3　角接接头

两焊件端面间构成大于 30°、小于 135°夹角的接头，称为角接接头。角接接头一般用于不重要的焊接结构中，根据焊件厚度和坡口准备的不同，角接接头可分为不开坡口、单边 V 形坡口、V 形坡口及 K 形坡口，常见的角接接头如图 7-12 所示。

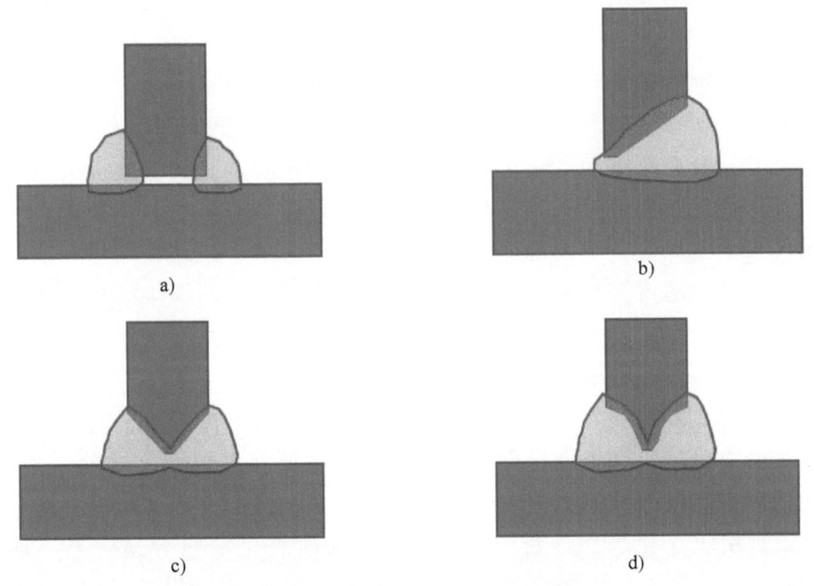

图 7-11　不同坡口 T 形接头示意图

a）不开坡口　b）单边 V 形坡口　c）K 形坡口　d）双面单边 U 形坡口

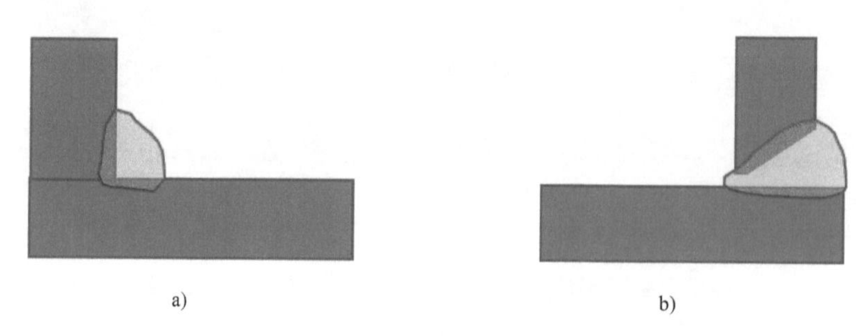

图 7-12 常见角接接头示意图
a）不开坡口 b）单边 V 形坡口

7.4 焊接接头质量检测及评判方法

1. 焊接接头质量要求及检测方法

焊接接头质量的好坏直接影响到焊接构件的使用安全和寿命。根据焊接接头的使用环境及应用要求，不同场合对焊接接头的质量要求也不一样，为了满足各行各业对焊接接头质量控制的要求，通常会对焊接接头进行质量等级分级，不同等级的焊接接头对焊接的质量要求存在一定的差异。焊接接头的质量控制主要考虑焊接接头的表面缺陷、内部缺陷以及焊接接头的几何形状缺陷。常见的表面缺陷有盖面咬边、根部收缩凹陷、余高过大、余高过高、根部焊瘤、盖面凹陷等；常见的内部缺陷主要有裂纹、未熔合、未焊透、气孔、夹杂等；焊接接头的几何形状缺陷主要包括错边、焊缝间隙过大等。

裂纹是最危险的缺陷，焊接接头基本上不允许存在裂纹。大部分焊接接头不允许未熔合缺陷，一些要求较低的焊接接头允许存在一定的未熔合，但是未熔合位置、长度及其自身高度需满足特定要求。对焊接质量要求高的焊接接头不允许存在未焊透，要求较低的焊接接头允许存在一定的未焊透，但其熔深及长度必须满足一定的要求。对于气孔、夹杂内部缺陷，需要综合考虑单个缺陷的尺寸、多个缺陷的分布状态，以及缺陷占焊接接头的比例等因素，不同等级的焊接接头，其要求各不一样。对于其他一些缺陷的评判，也需要根据其相应的具体尺寸综合评判，不同等级的焊接接头允许存在的缺陷尺寸各不相同。

焊接接头的质量检测方法主要有破坏性检测和非破坏性检测。破坏性检测是采用机械方法对焊接接头或焊缝进行破坏性检查，主要有机械性能试验与金相试验。机械性能试验主要包括拉伸试验、弯曲试验、冲击试验、疲劳试验等；而金相试验主要包括宏观组织（粗晶）分析、断口分析、硫磷氧化物偏析分析等。非破坏性检测是在不破坏容器结构完整性的前提下采用各种物理手段检测焊接接头的质量，常见的非破坏性检测有外观目视检测、致密性检测和无损检测。外观目视检测是一种简单而又应用广泛的检测方法，外观目视检测一般以肉眼检测为主，有时也可借助量具和 5~10 倍放大镜进行检测。外观目视检测主要是为了发现焊接接头的咬边、表面气孔、较大表面裂纹、弧坑、焊瘤等缺陷，同时也为了检测焊缝和焊件的外形尺寸。致密性检测主要检测贮存液体或气体的焊接容器，检测焊缝的不致密缺陷，如贯穿性的裂纹、气孔、未焊透及疏松等缺陷，常用的致密性检测方法有水压试验、气压试验和煤油试验。无损检测是目前最常用的表面缺陷及内部缺陷检测方法，常用无损检测方法有 X 射线检测、超声检测、磁粉检测、渗透检测、涡流检测。X 射线检测能检测焊缝表面及内部缺陷，它能够得到缺陷的长度及宽度尺寸信息，也能得到缺陷的分布信息，但其不能确定缺陷在焊缝内部的深度位置信息。超声检测能够检测焊缝内部缺陷和部分表面缺陷，能够得到缺陷的长度、宽度、自身高度，以及其在深度方向的位置信息。磁粉检测、渗透检测、涡流检测主要用于检测焊缝表面以及近表面的缺陷。

2. 超声检测焊接接头质量评判方法

焊接接头质量评判的依据主要有两种，一种是基于断裂力学进行评判；另一种是基于工艺经验进行评判。

1）基于断裂力学进行评判的主要依据是 SN 曲线，SN 曲线也称应力寿命曲线，即将对应的工件加工成特定的试件，通过各种实验得到其疲劳强度极限，通过 SN 曲线得到各种缺陷允许存在的最大值。基于断裂力学进行评判需要考虑焊缝的受力及应力情况，焊缝材料和母材的强度，缺陷长度、高度、位置、方向等因素。如对焊接接头基于断裂力学进行评判，必须得到缺陷的长度值、自身高度值，须区分是表面缺陷、近表面缺陷还是内部缺陷，由于常规超声检测技术较难准确得到缺陷的自身高度值，因此常规超声检测技术基于断裂力学的评判标准规范较少。超声相控阵技术能够较容易得到缺陷的长度、自身高度、位置、方向等信息，这将促进基于断裂力学的评判方法用于超声检测技术。

2）基于工艺经验进行评判主要是根据以往历史经验进行评判，一般过于保守，特别是材料特性变化情况下，基于工艺经验的缺陷评判主要考虑缺陷的长度，不测缺陷的高度。目前超声检测技术大部分都是基于工艺经验对缺陷评判，主要考虑缺陷的超声回波幅值信息、缺陷长度对缺陷进行评判。超声相控阵检测技术也可以使用基于工艺经验的缺陷评判方法，由于超声相控阵技术通过多角度声束进行检测，得到的缺陷最大回波幅值信息更加准确，因此超声相控阵检测技术也能提高基于工艺经验进行缺陷评判的可靠性。

为了使焊接接头质量评定准确可靠，超声相控阵焊接接头检测工艺需结合缺陷评判方法和标准，尽可能准确可靠地得到更多缺陷评判所需的信息。

7.5 横波扇形扫查探头选择及仪器设置

7.5.1 焊接接头超声相控阵检测探头选择

对于不同规格和类型的焊接接头，需要选择不同规格的相控阵探头，超声相控阵探头选择是否合适，直接影响到检测效果。焊接接头检测常用的相控阵探头为线性阵列相控阵探头，常见的探头频率有 2MHz、2.25MHz、4MHz、5MHz、7.5MHz 和 10MHz。探头的频率主要决定其穿透能力和分辨力，主要根据焊接接头的厚度选择探头的频率，对于一些粗晶材料焊缝，如奥氏体不锈钢焊缝，也会使用 1MHz 和 1.5MHz 的单线性或双线性阵列相控阵探头。焊缝检测主要以扇形扫查为主，扇形扫查检测焊缝使用的探头晶片数主要为 16 晶片或 32 晶片，探头晶片数的选择主要看所使用相控阵检测仪具有的独立激发通道数，同时结合探头晶片间距确定激发晶片面积。焊缝检测相控阵探头的晶片间距范围为 0.4~1.5mm，晶片间距越小，超声波声束能够偏转的角度范围越大，检测工艺中如需使用较大角度的超声波声束，在检测灵敏度能够达到要求的情况下，尽量选择较小晶片间距的相控阵探头以提高大角度声束的性能。相控阵探头单个晶片的长度决定了与扇形扫描方向垂直面上声束的半扩散角及能量分面，焊缝检测探头单个晶片的长度范围为 6~20mm。当确定了焊缝检测相控阵探头的频率后，激发晶片的有效面积直接决定了超声波声束具有的最大穿透能力及最大焦点位置，需要根据焊缝的范围选择合适的有效晶片面积。

焊缝检测常用相控阵探头规格见表 7-1，该表同时列出了这些探头的最大近场值及检测工件厚度范围。近场值为激发所有晶片时的近场值，相控阵不同角度声束的近场值存在一定的差异，如欲得到更准确的近场值，须用试块测量超声波能量分布。表 7-1 中各规格探头的检测工件厚度范围值仅为参考，一个探头的检测范围和具体的检测工艺也有一定的关系，一个探头能够检测的厚度范围主要以其能够完成的 TCG 记录范围为准，须以模拟试块进行验证。

焊缝检测的相控阵探头需要使用楔块，通过楔块将纵波转换成横波，常用的楔块角度为 36°，即超声波在楔块中的入射角为 36°，在钢中的横波自然折射角约为 55°，该楔块一般设置的扇形角度范围为 35°~75°，扇形扫描角度范围一般为自然折射角±20°。当被检测工件接触表面具有一定曲率时，楔块有效接触面与工件表面之间的最大间隙应小于 0.5mm，确保楔块与工件表面耦合稳定。如果楔块有效接触面与工件表面之间的最大间隙大于 0.5mm，则楔块需要加工成曲面接触面，由于楔块与曲面的最大间隙较难测量，可以通过下式进行估算。

$$g=\frac{a^2}{4D}$$

式中　g——楔块与工件表面的最大间隙；

a——楔块在曲面方向的宽度；

D——工件的直径。

当楔块加工成一定曲率后，能够用于曲率比楔块曲率小一些的工件，当楔块曲率小于 100mm 时，能用于曲率比其小最大 20mm 的工件；当楔块曲率在 100～250mm 范围内时，能用于曲率比其小最大 50mm 的工件；当楔块曲率大于 250mm 时，能用于曲率比其小最大 100mm 的工件。楔块加工成带有曲率的主要目的是保证楔块与工件表面耦合稳定，带扫查器自动或半自动扫查时要求楔块曲率与工件曲率尽可能接近，手动扫查时楔块曲率与工件曲率偏差可以稍微大一些。

表 7-1　焊缝检测常用相控阵探头规格

频率/MHz	晶片数	晶片间距/mm	晶片长度/mm	晶片面积/mm^2	最大近场值/mm	检测工件厚度/mm
10	16	0.4	6.4	6.4×6.4	44	4～8
4	16	0.5	9	8×9	30	8～30
5	32	0.6	10	16×9	103	8～45
2.25	16	1.0	13	16×13	53	20～60
2.25	16	1.5	19	24×19	118	40～150

7.5.2　焊接接头超声相控阵检测仪器基本设置

超声相控阵技术检测焊接接头时，超声相控阵仪器须考虑以下关键参数设置。

（1）探头频率　一些超声相控阵仪器会根据所设置的探头频率自动设置仪器接收带宽，探头频率也是检测报告中的主要参考信息，因此须准确输入探头频率参数。

（2）探头晶片数　一些超声相控阵仪器会根据探头晶片数判断仪器的延时聚焦法则是否合理，因此也须准确输入探头晶片数。

（3）晶片间距　探头晶片间距是判断检测工艺是否合适的重要数据，是检测报告中的重要信息。

（4）单个晶片长度　单个晶片长度一般不会影响延时聚焦法则计算，该参数也是判断检测工艺是否合适的重要数据，是检测报告中的重要信息。

（5）第一晶片位置　该参数定义相控阵探头第一个晶片的相对位置，将直接影响延时聚焦法则计算，影响相控阵图像显示，因此须准确输入。

（6）楔块相关参数　由于不同品牌的超声相控阵仪器对楔块各参数的定义存在一定的差异，必须根据仪器操作说明输入楔块的相关参数。楔块的相关参数是计算延时聚焦法则的重要数据，如数据不准确会直接影响相控阵图像显示的准确性，以及缺陷定位的准确性，因此必须保证楔块相关参数准确输入。一些公司生产的楔块会标识相关的楔块数据，如已标识，可直接输入，如没标识，需要手动测量后输入。

（7）波型　波型定义了用于检测工件的超声波波型，主要有横波和纵波，焊接接头检测主要选择横波，对于一些粗晶材料焊缝也有可能用到横波。波型类型直接影响到延时聚焦法则计算，因此波型须准确设置。

（8）横波声速　横波声速为横波在被检测工件中的传播速度，如果波型设置为横波，横波声速将用于延时聚焦法则计算，如果被检测工件横波声速已知，可直接输入，如果横波声速未知，须测量校准。

（9）纵波声速　纵波声速为纵波在被检测工件中的传播速度，如果波型设置为纵波，纵波声速将用于延时聚焦法则计算，如果被检测工件纵波声速已知，可直接输入，如果纵波声速未知，须测量校准。

（10）工件厚度　工件厚度为被检测工件在超声波传播方向的厚度，如果是二次波检测到缺陷，工件厚度将影响缺陷的深度位置值，如果焊接接头厚度不同，工件厚度以超声波二次反射面工件的厚度值为准。

（11）显示范围　显示范围为仪器能够显示的声程范围，显示范围要确保工件最远被检测区域的信号能够显示，检测过程中如果发现缺陷，须提高显示分辨力，可灵活优化显示范围。

（12）扫查模式　扫查模式主要设置超声波是以扇形扫查还是以特定角度线性扫查，焊缝扫查主要用扇形扫查进行检测，如检测工艺中用到某一固定角度线性扫查检测未熔合缺陷，须将扫查模式设置为线性扫查。

（13）起始角度　起始角度为扇形扫查的最小角度，焊缝检测常用的36°楔块或55°折射角楔块最小的起始角度为35°。起始角度设置太小，在工件中会同时存在纵波和横波，不利于缺陷信号判断，同时角度太小得到的声束声场特性较差，不利于检测。因此起始角度的设置须根据焊接接头板厚优化设置，既能保证较大声束覆盖范围，又能较容易完成TCG记录。

（14）终止角度　终止角度为扇形扫查的最大角度，焊缝检测常用的36°楔块或55°折射角楔块最大的终止角度为75°，但在实际检测过程中，扇形扫查最大角度须根据焊接接头的板厚优化，特别是当焊接接头较厚时，如果扇形扫查最大角度设置过大，TCG记录困难，有可能无法完成整个扇形扫查区域的TCG记录，这时扇形扫查最大角度须设置得小一些。因此，扇形扫查的角度范围设置既要保证声束能够覆盖需要检测的区域，又要保证能够完成TCG记录，特别是分区域扫查时，更需要优化扇形扫查角度范围。

（15）角度步长　角度步长为扇形扫查角度增加最小值，角度步长会影响扇形扫查图像测量分辨力，步长越小，测量分辨力越高；但角度步长越小，延时聚焦法则数越多，图像刷新率越慢，影响检测速度，由于不同角度的声束都有一定的声束宽度，角度步长太小只会增加一些区域的声束重叠范围，并不能提高检出率。因此，设置角度步长时既要考虑测量分辨力，又要考虑检测效率，扇形扫查一般角度步长设置为 1°，如检测工艺有特殊要求，也可以设置得小一些或更大一些。

（16）激发孔径　激发孔径为延时聚焦法则一次激发的晶片数，对于一组扇形扫查，各角度声束通常激发相同的一组晶片，激发孔径的设置需要综合考虑所选用探头的晶片数、焊接接头的结构及计划使用的超声波声场特性，对于 16 晶片相控阵探头，通常将激发孔径设为 16。对焊接接头初扫检测时，激发孔径的设置须尽量使声束覆盖的焊缝区域在声场近场区之外，使声场均匀，如果需要对某一区域进行聚焦检测，激发孔径的设置须尽量使声束覆盖的聚焦区域为近场值区域，以提高聚焦效果。

（17）聚焦焦距　聚焦焦距为相控阵聚焦焦点位置，不同相控阵仪器有不同的聚焦方式，有些以深度位置作为聚焦焦距，有些以声程位置作为聚焦焦距，具体的聚焦方式须参考仪器的操作说明。设置了聚焦焦距后，在焦点位置附近检测灵敏度高，检测分辨力高，但需要注意在焦点以外区域检测灵敏度与分辨力都会明显下降。因此在初扫检测时，只有焦柱区域能够覆盖整个检测区域时建议以聚焦模式检测，如薄壁小径管焊缝检测；如焦柱区域不能覆盖整个检测区域，不建议聚焦，尽量使检测区域位置在近场值之外的区域；当检测过程发现缺陷，需要对缺陷做进一步分析时，在缺陷位置处进行聚焦检测。当设置的焦距位置超出近场区范围时，相当于不聚焦，只有当焦距位置在近场区范围内才有聚焦效果，具体聚焦效果还须考虑聚焦系数的影响。

（18）第一晶片　第一晶片为延时聚焦法则中第一个激发的晶片，如果相控阵探头为 16 晶片，激发孔径为 16，则第一晶片为相控阵探头物理第一个晶片，如果激发孔径为 8，则需要通过第一晶片参数设置激发哪 8 个晶片。

（19）焊缝结构　一些相控阵仪器能够将焊接接头的结构直接显示在仪器上，并将超声信号位置与焊接接头位置一一对应，不同仪器的焊缝结构参数设置存在差异，如须显示焊缝结构，须根据仪器操作说明完成相关参数设置。

（20）编码器参数　当使用 C 扫描显示方式进行检测时，通常需要通过编码器得到探头移动的位置信息，为了保证探头移动位置准确，需要准确输入编码器的分辨力、编码器移动方向、编码器类型等参数。

（21）扫查分辨力　当扫查器移动时，相控阵仪器记录的间隔距离即为扫查分辨力。扫查记录间距越小，在扫查方向上的显示和测量分辨力越高，但是数据量也会大幅增加，降低扫查速度，因此扫查分辨力的设置需要综合考虑检测效率与测量分辨力，相邻记录声束需要保证 20%的声束重叠。在测量分辨力和覆盖面积能够达到检测要求的情况下，应尽量使扫查间距大一些以提高检测效率，常用的扫查分辨力为 1mm。

（22）显示模式　焊缝检测常用的显示模式有扇形扫描图像、C 扫描图像、D 扫描图像和 A 扫描图像。扇形扫描图像是焊缝检测最基本的图像，C 扫描图像、D 扫描图像和 A 扫描图像的数据都来自于扇形扫描图像。通过扇形扫描图像能够更准确地对缺陷进行测量，当 C 扫描图像和 D 扫描图像中有异常信号时，通常需要通过扇形扫描图像分析缺陷信号。当手动检测时，一般只显示扇形扫描图像和 A 扫描图像，通过 A 扫描图像显示各角度的原始 A 扫描信号，有时通过 A 扫描图像辅助测量。当使用扫查器进行自动扫查或半自动扫查时，一般需要显示 C 扫描俯视图和 D 扫描侧视图，需要同时根据 C 扫描图像和 D 扫描图像判断缺陷信号，在 C 扫描图像上测量缺陷长度，在 D 扫描图像上测量缺陷位置和缺陷自身高度。如有条件，尽量通过单独的 C 扫描图像显示并监控耦合状态。

7.6　焊接接头各缺陷检测方法

7.6.1　裂纹检测方法

裂纹是焊接接头最危险的缺陷，裂纹为面状缺陷，不同焊接工艺裂纹可能产生于下表面、上表面、内部等部位，不同焊接工艺可能产生各个方向的裂纹，超声横波以合适的角度入射至裂纹反射面有很高的裂纹检出率。

1. 根部焊趾裂纹检测方法

根部焊趾裂纹通常在下表面开口，从下表面开始往上开裂，超声波入射至焊趾裂纹时类似于端角反射，因此焊趾裂纹的反射信号很强，很强的反射信号来自于裂纹与下表面形成的端角。如果裂纹有一定的自身高度，扇形扫描图上有可能显示裂纹反射面上的反射信号，裂纹反射面上的反射信号强弱和裂纹的形态有一定关系，有可能看到裂纹面上断断续续的反射信号，当探头位置合适时，有可能在扇形扫描图上显示裂纹上端点衍射信号。

图 7-13 所示为扇形扫描一次波检测下表面根部焊趾裂纹示意图及扇形扫描图，扇形扫描图中清晰显示了上端点的衍射信号，也显示了部分裂纹反射面上反射回来的信号，通过衍射信号能够准确测量裂纹自身高度。

需要注意的是，当焊缝下表面余高较高时，扇形扫查时会显示较强的余高信号，其显示位置与焊趾裂纹信号显示位置接近，当裂纹较小时，较难将裂纹信号与焊缝余高信号区分开，通常裂纹信号幅值明显比焊缝余高信号强。当相控阵探头离焊缝的偏移位置较大时，如大角度一次波声束和小角度三次波声束均能入射至焊趾裂纹处，一次波及三次波对根部焊趾裂纹均有较高检出率。图 7-14 所示为一次波和三次波同时检测出根部焊趾裂纹的示意图及扇形扫描图，从图中可以看出，小角度三次波与大角度一次波虽然都能检测出根部焊趾裂纹，但是三次波分辨力比一次波差，不能清晰显示裂纹端点衍射信号及裂纹反射面反射信号。由于根部焊趾裂纹撕裂方向通常垂直于下表面，或者接近于垂直方向，因此在焊缝的左侧及右侧均能检测出根部焊趾裂纹，但左侧及右侧检测出的缺陷幅值可能存在一定的差异。

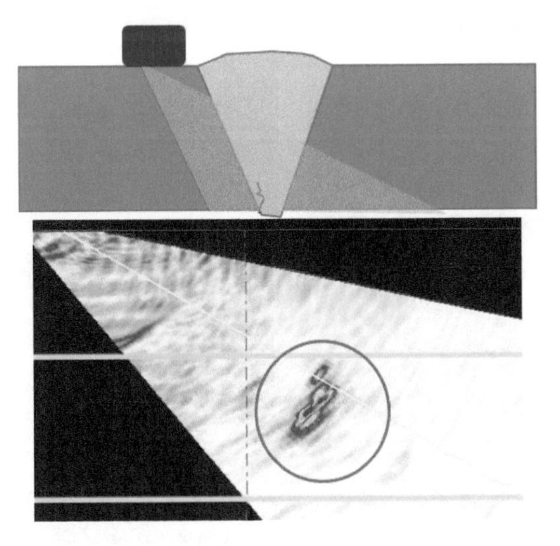

图 7-13　扇形扫描一次波检测下表面焊趾裂纹

2. 上表面开口裂纹检测方法

焊接接头上表面的裂纹通常通过二次波或者四次波检测，但通过二次波检测时，焊接接头内壁须与上表面平行，下表面能够均匀稳定地反射超声波，使超声波反射至焊缝上表面。因此设计检测工艺时如果考虑用二次波检测上表面缺陷以及内部缺陷，须确保下表面与上表面平行，如下表面不与上表面平行，需用对比试块验证通过下表面反射的超声波是否能够覆盖上表面及内部需要检测区域。使用二次波检测时除了须考虑下表面与上表面平行，还须考虑反射二次波的下表面的表面粗糙度，特别是对于一些在役焊接接头的检测，管道或容器内有介质，或者内表面不清洁都将影响二次波的反射，需要考虑这些因素对二次波反射能量及方向的影响，确保通过二次波检测上表面缺陷能够达到一定的检测灵敏度要求。如果因为各种因素无法通过二次波检测上表面缺陷，则须考虑在焊接接头双面进行检测，或者通过表面波或爬波检测上表面裂纹，如果这些方法还是无法达到检测上表面裂纹的要求，则须考虑其他检测方法进行补充检测。

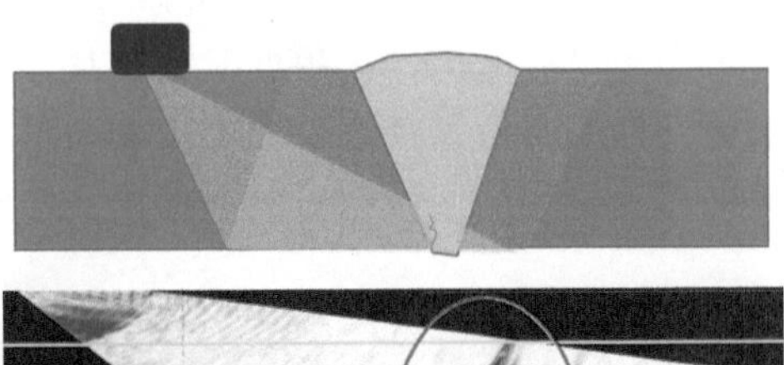

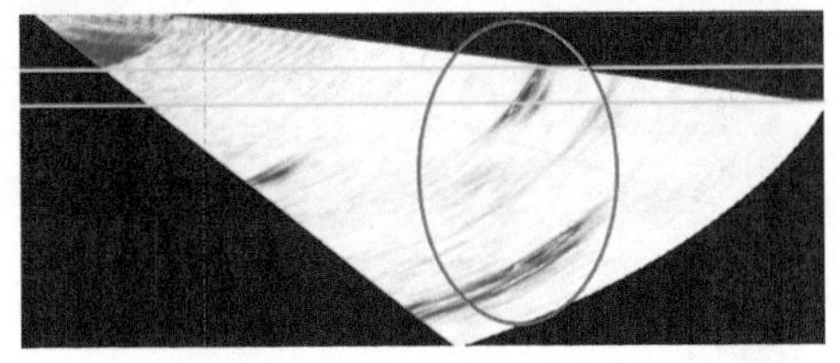

图 7-14　扇形扫描一次波和三次波检测下表面焊趾裂纹

图 7-15 所示为用小角度二次波及大角度二次波检测靠近探头侧焊缝边缘焊趾裂纹。从实验结果可以看出，用小角度二次波及大角度二次波均能较容易检测出上表面焊趾裂纹，当扫查位置合适时，均能在扇形图像上测出焊缝自身高度，小角度与大角度超声检测上表面裂纹时在幅值上存在一定差异。

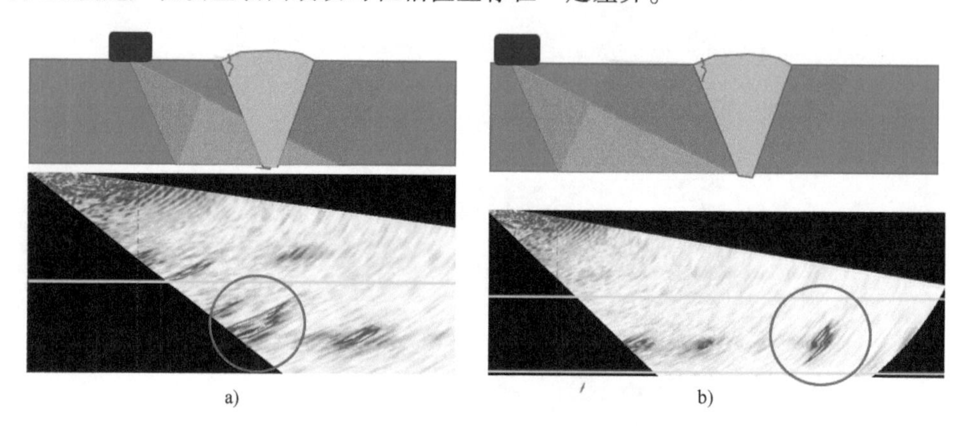

图 7-15 小角度二次波及大角度二次波检测靠近探头侧焊缝边缘焊趾裂纹

a）小角度二次波 b）大角度二次波

图 7-16 所示为小角度二次波及大角度二次波检测焊缝对侧边缘裂纹实验结果。从扇形图中可以看出，小角度二次波及大角度二次波均能检测出焊缝对侧上表面焊趾裂纹，当探头位置合适时也能较准确测量出裂纹的自身高度，只是探头与焊缝距离不同时，得到的回波信号幅值存在一定差异。

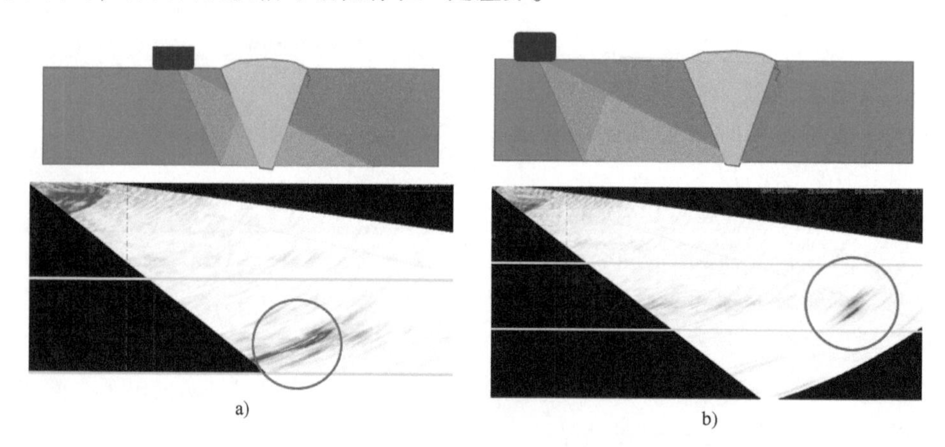

图 7-16 小角度二次波及大角度二次波检测焊缝对侧边缘裂纹

a）小角度二次波 b）大角度二次波

3. 内部裂纹检测方法

上下表面的开口裂纹较容易检测，主要是因为开口裂纹通常与上下表面形成端角，超声波的端角反射很强，较容易接收到较强反射信号。超声波入射至内部未开口裂纹时，反射信号的强弱与裂纹的方向、形态和反射面等因素有关。超声检测内部未开口裂纹时，接收到的信号有可能是衍射信号或裂纹锯齿状反射面的反射信号，通常得到的回波信号较弱，仅通过幅值判断有可能漏判、误判。因此内部未开口裂纹信号的判断通常须结合扇形扫描图与 C 扫描图综合分析。

图 7-17 所示为实验验证用二次波及四次波检测上表面未开口裂纹结果图，从扇形图中可以看出，未开口裂纹信号幅值较弱，其反射信号均为裂纹面上的反射信号或衍射信号，因此回波信号幅值较弱，而且未开口裂纹反射信号的强弱与超声波入射角度有一定关系，和裂纹的方向性有一定关系。从实验结果可以看出，通过二次波与四次波均能检测出未开口上表面裂纹信号，扇形扫查模式在合适的检测灵敏度条件下对未开口裂纹有较高检出率。

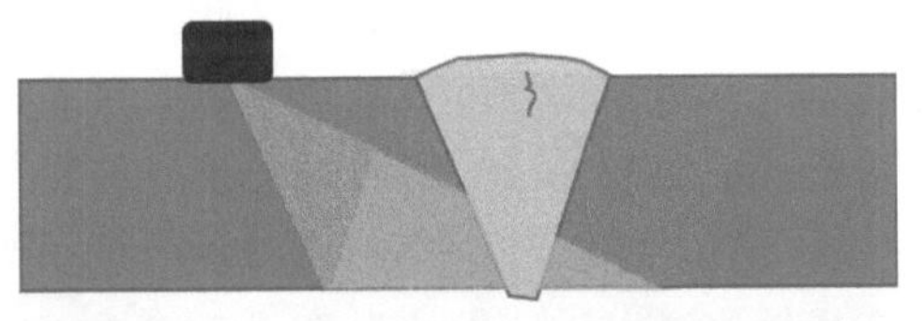

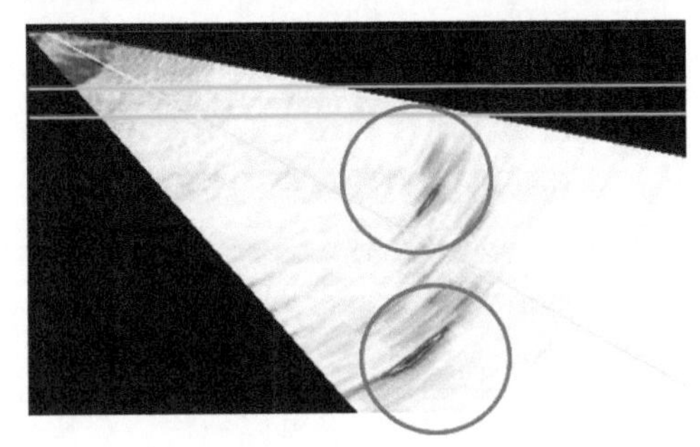

图 7-17　二次波及四次波检测上表面未开口裂纹

4. 横向裂纹检测方法

横向裂纹也是焊接接头中常见的危险缺陷，当焊接工艺不当时，在焊缝中很容易产生横向裂纹。由于横向裂纹开裂面通常与焊缝方向垂直，因此当超声探头沿着焊缝扫查时，超声波入射方向与裂纹开裂面平行，检测过程中有可能接收到很弱的横向裂纹信号，甚至根本接收不到横向裂纹信号，容易造成漏检。因此如果焊接工艺存在较大的横向裂纹风险，有必要增加扫查方式检测横向裂纹。

由于焊缝上表面通常都有一定的余高，这使得超声探头直接在焊缝余高上检测横向裂纹时，将产生一定的耦合问题。因此当用超声相控阵扇形扫查检测横向裂纹时，如果有条件，应尽量将焊缝上表面的余高磨平，使探头在焊缝上图 7-18 所示 A 位置进行扫查检测，使超声波声束入射方向与横向裂纹开裂面垂直。

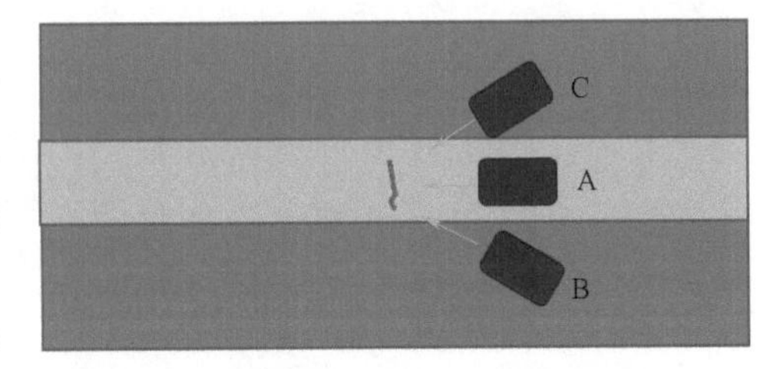

图 7-18　横向裂纹超声检测扫查方式

如果焊缝上表面余高没条件磨平，可以尝试用较稠的耦合剂优化耦合效果。探头直接在焊缝余高上检测横向裂纹时，会增加一定的上表面盲区，同时也会一定程度降低信噪比。但根据一些工程检测实际经验，探头直接在焊缝余高上检测横向裂纹有较高的检出率，特别是对于焊缝内部和下表面横向裂纹有较高检出率。图 7-19 所示为探头在焊缝余高检测横向裂纹结果，从图中可以看出横向裂纹的反射信号信噪比较高，而且能够测量裂纹自身高度。

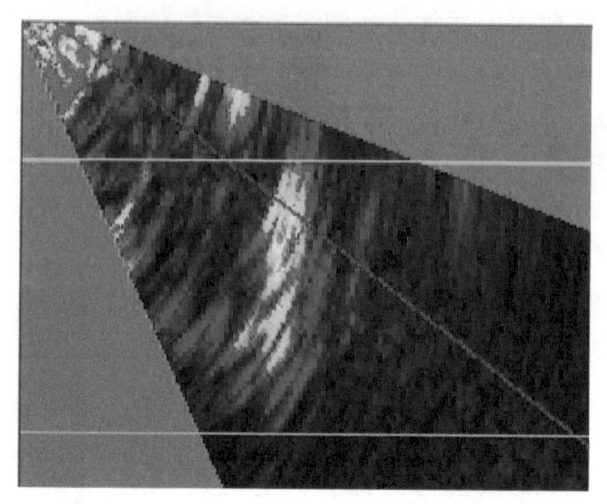
图 7-19 探头在焊缝余高检测横向裂纹结果

当焊缝余高表面质量较差，严重影响探头耦合时，无法在焊缝余高上进行扫查检测，此时只能在焊缝边缘以一定的小角度对焊缝进行扫查检测，如图 7-18 所示的探头 B 或 C 位置。相控阵扇形扫查使探头在焊缝边缘以一定的小角度摆动检测横向裂纹，该扫查模式对横向裂纹有一定的检出率，但需要通过对比试块验证并找到最佳探头位置和摆动角度。如果经对比试块验证无法通过脉冲反射法在 A、B、C 探头位置检测出缺陷，此时需考虑通过串列式扫查方式检测横向裂纹，即探头在 B 位置发射超声波，在 C 位置接收超声波。

从以上实验验证结果可以看出，焊接接头内的裂纹检出率较高，其检出率受探头位置及超声波入射方向影响较小。当检测灵敏度能达到一定要求，超声探头位置合适，能够保证焊接接头检测区域的声束覆盖时，超声相控阵扇形扫查在焊缝单面单侧对裂纹均有较高检出率，对于横向裂纹，探头在焊缝余高上扫查检测有较高的检出率。

7.6.2 未熔合检测方法

未熔合是焊接接头中较常见的缺陷，也是非常危险的缺陷，焊接接头中通常不允许存在未熔合缺陷，特别是坡口未熔合。坡口未熔合缺陷为面状缺陷，其方向可以根据焊接工艺得知，坡口未熔合缺陷反射面光滑，当超声波入射角度合适时反射信号非常强，因此超声检测未熔合缺陷的检出率非常高。根据理论分析，须以与焊接接头坡口面垂直的声束检测坡口未熔合缺陷，常规超声检测未熔合缺陷时对探头位置与探头角度有较高要求。经实验测试验证，相控阵扇形扫查对坡口未熔合缺陷有较高检出率，探头的位置与声束角度对坡口未熔

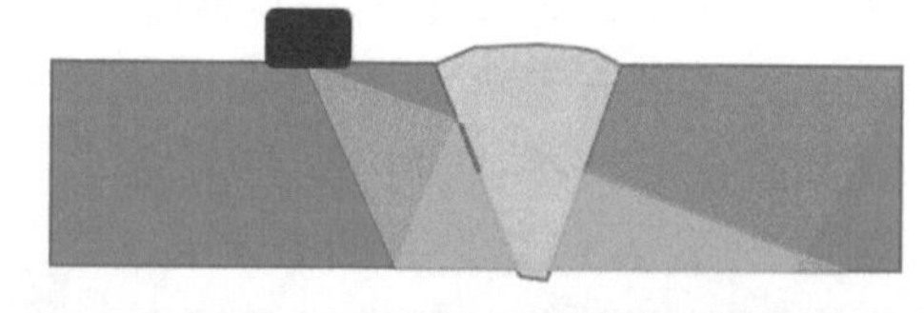
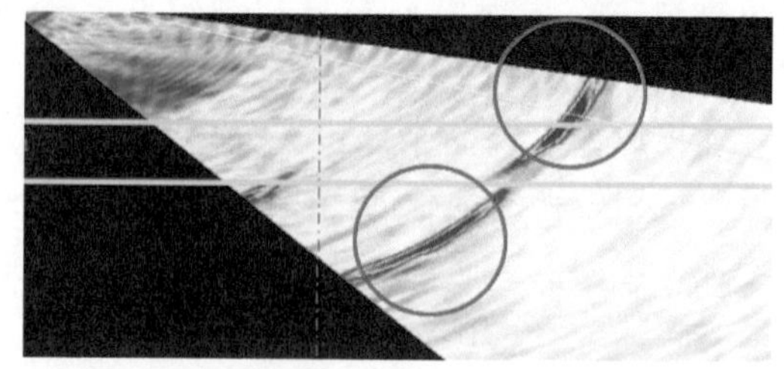
图 7-20 相控阵探头检测同侧坡口未熔合缺陷

合缺陷的检出率影响较小。图 7-20 所示为相控阵探头检测同侧坡口未熔合缺陷结果图，从检测结果图中可以看出，当相控阵探头靠近焊缝边缘时，大角度一次波与小角度二次波均能检测出同侧未熔合缺陷。

图 7-21 所示为相控阵探头靠近焊缝边缘检测对侧坡口未熔合缺陷结果图，从图中可以看出，只要大角度声束能够覆盖对侧坡口未熔合缺陷，一次波能够检测出对侧坡口未熔合缺陷，但图中只显示了未熔合下半部分缺陷图像，并未显示整个未熔合图像，这主要是因为焊缝上表面通常都有余高，探头大角度无法覆盖焊缝靠近上表面区域未熔合缺陷。从图中可以得知，小角度三次波能够检测出对侧坡口未熔合缺陷，其显示的信号幅值较弱，显示的图像并非连续，这主要是因为小角度声束是经过上表面焊缝余高反射后再入射至未熔合缺陷，而焊缝余高表面不平，影响声束反射，同时小角度声束入射方向并非与未熔合垂直，因此接收到的信号较弱。

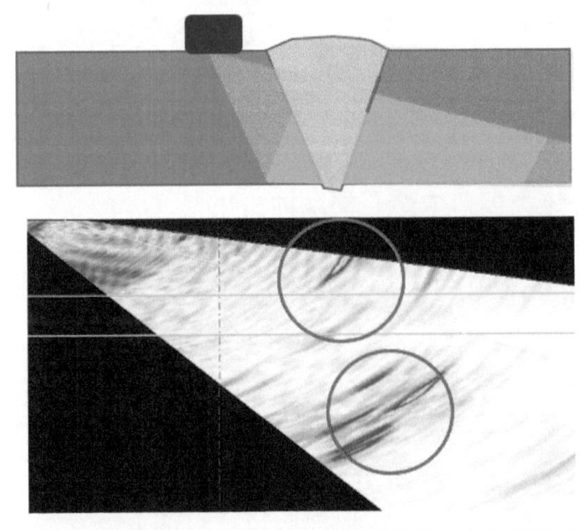

图 7-21　相控阵探头靠近焊缝边缘检测对侧坡口未熔合缺陷

图 7-22 所示为相控阵探头距离焊缝有一定偏移检测同侧坡口未熔合缺陷，一次波无法入射至坡口未熔合缺陷，主要通过二次波检测未熔合缺陷。从图中可以看出，未熔合缺陷信号幅值很强，且图像连续，是比较典型的未熔合缺陷图像特征。

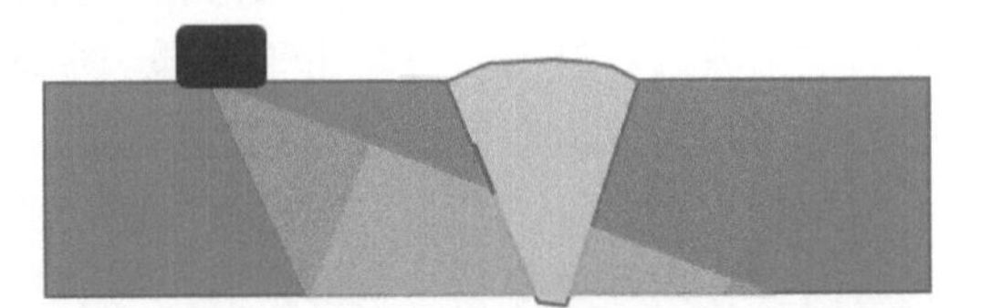

图 7-22　相控阵探头距离焊缝有一定偏移检测同侧坡口未熔合缺陷

图 7-23 所示为相控阵探头距离焊缝有一定偏移检测对侧坡口未熔合缺陷，从图中可以看出，超声波经焊缝上表面余高反射后仍能得到较强的未熔合反射信号，但未熔合

反射信号旁会有一些噪声信号图像。

从以上分析得知，超声相控阵扇形扫查对坡口未熔合缺陷有较高检出率，探头位置与声束角度对未熔合缺陷检出率影响较小。当焊接接头板厚较薄，二次波的检测灵敏度能够达到一定检测灵敏度要求时，在焊接接头单面单侧扫查能够得到较高检出率；当无法通过二次波检测时，须考虑从焊接接头双面进行检测。检测坡口未熔合缺陷时，也要考虑坡口形式对检测的影响，特别是对于一些坡口角度较小的焊接接头，需要通过对比试块验证一次波与二次波对该类坡口未熔合缺陷的检出率。

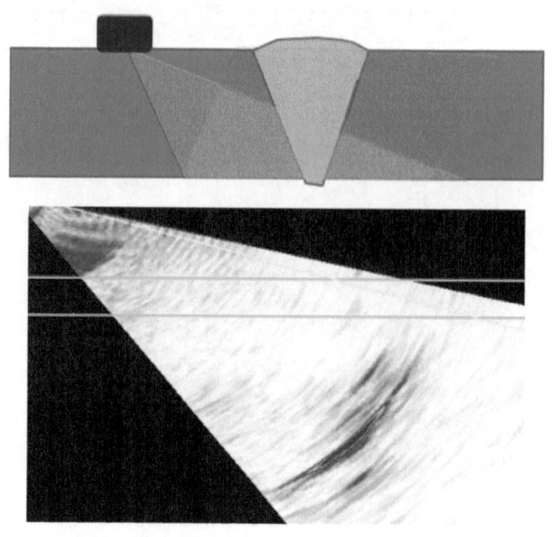

图 7-23 相控阵探头距离焊缝有一定偏移检测对侧坡口未熔合缺陷

7.6.3 未焊透检测方法

未焊透缺陷也是焊接接头中常见的缺陷，对一些质量要求高的焊接接头通常不允许存在未焊透，而对于一些质量要求较低的焊接接头允许一定的未焊透。对于 V 形坡口和 X 形坡口的未焊透，如图 7-24 所示，超声检测效果存在一定的差异。

V 形坡口焊接接头未焊透通常在根部区域，根部未焊透与下表面形成一定的端角，因此超声波入射至根部未焊透时，其发生端角反射，反射信号很强，因此根部未焊透缺陷较容易检测。但是由于根部未焊透位置与根部余高部位接近，在扇形扫描图上显示的未焊透缺陷位置与根部余高位置接近，只有较小差别，要区分未焊透信号与根部余高信号。由于未焊透信号幅值强度远高于根部余高信号，因此从幅值上较容易区分未焊透信号与根部余高信号，同时由于未焊透通常是一长条出现，因此探头在移动扫查过程中信号连续稳定，未焊透信号在 C 扫描图中也较容易与根部余高信号区分。由于在焊缝两侧扫查根部未焊透均为端角反射，因此在焊缝两侧均对未焊透有较高的检出率。

X 形坡口焊接接头未焊透通常在焊缝中间区域，当超声波入射至 X 形坡口未焊透区域时，反射超声波的幅值与未焊透的形态有一定的关系，当焊接深度没有达到钝边位置时，此时超声波入射至坡口及坡口与钝边过渡区域有较强的反射回波，当焊接深度达到钝边位置时，此时未焊透的反射信号强度与钝边的形态有一定关系，其反射信号强度通常较弱。因此 X 形坡口的未焊透反射信号强度通常小于 V

形坡口未焊透，探头在焊缝两侧入射至 X 形坡口未焊透的检出率差异较小，受超声波入射方向影响较小。

综合以上分析，V 形坡口与 X 形坡口未焊透超声检测均有较高检出率，V 形坡口未焊透反射信号很强，X 形坡口未焊透反射信号较弱，探头在焊缝一侧扫查对未焊透有较高检出率。

图 7-24　V 形坡口与 X 形坡口未焊透检测示意图

7.6.4　内部体积状缺陷检测方法

焊缝内部的体积状缺陷是指在三维方向均有一定长度的缺陷，通常体积状缺陷对各个方向入射的超声波均有一定的反射，体积状缺陷的超声检测受超声波入射方向影响较小，焊缝内部常见的体积状缺陷有气孔、夹杂等。

焊缝内常见的气孔有单个气孔和密集性气孔，由于单个气孔的超声波反射面通常为凸弧面，其对入射声束有一定的发散，因此超声波入射至单个气孔得到的反射回波幅值较低，特别是当气孔较小时，其幅值很低，如图 7-25 所示。因此超声波

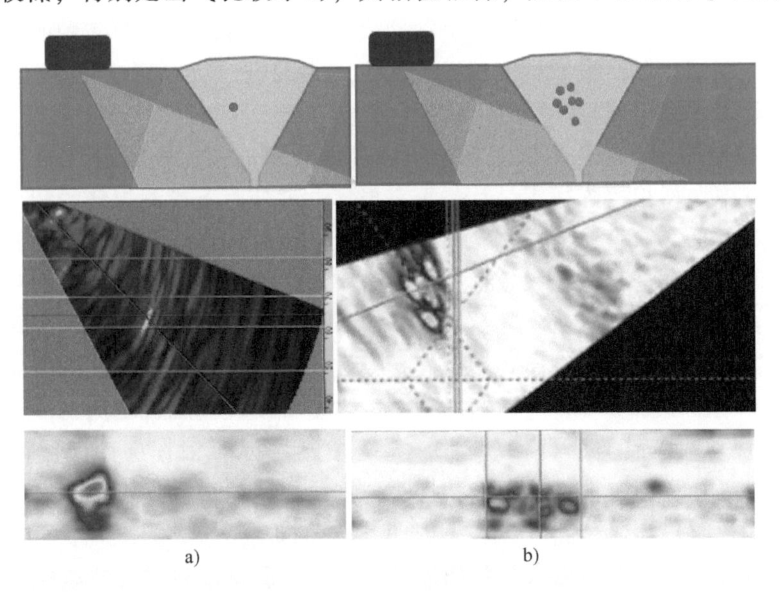

图 7-25　气孔检测示意图及检测显示图

a）单个气孔扇形图显示及 C 扫描显示　b）密集气孔扇形图显示及 C 扫描显示

能够检测出的最小气孔取决于焊缝内部材质的晶粒度及焊缝的结构噪声水平，当晶粒噪声与结构噪声较大时，较难将较弱的气孔反射信号与噪声信号区分开。焊缝内的密集性气孔由多个气孔组成，通常密集性气孔中存在较大的单个气孔，超声相控阵扇形扫查检测密集性气孔时能够看到多个独立的气孔反射信号，信号的幅值强度存在一定的差异，如图 7-25 所示，焊缝内部的密集性气孔有较高的检出率。

超声检测技术检测焊缝内夹杂的检出率和夹杂材质与母材材质的声阻抗差有较大关系，对于声阻抗差较大的夹杂，其检出率较高，而对于声阻抗差较小的夹杂，其检出率较低，例如，对于金属焊缝内的非金属夹杂有较高检出率，而对于金属焊缝内的金属夹杂检出率较低。焊缝内夹杂的存在形态差异较大，不同夹杂的形状可能不同，因此超声波入射至不同夹杂后的反射面差异也较大，不同夹杂得到的超声回波幅值也存在较大差异，反射回波的幅值不仅由夹杂与母材的声阻抗差决定，也由夹杂对超声波的反射面决定。焊缝内的夹杂分为点状夹杂和条状夹杂，夹杂的超声回波幅值通常较低。

对于焊缝内的体积状缺陷，由于其检出率受超声波的入射方向影响较小，因此相控阵探头的位置对其检出率的影响较小，主要取决于检测的灵敏度及信噪比。检测焊缝内的体积状缺陷，通常在焊缝单侧扫查能够得到较高检出率。

7.7 焊缝检测超声相控阵基本校准

当超声相控阵仪器针对焊缝检测的基本设置完成后，需要对仪器进行校准，确保相控阵仪器和探头的综合性能能够达到检测要求，焊缝检测前常做的校准有相控阵探头晶片测试、材料横波声速校准、探头延迟校准、TCG/ACG 深度增益补偿与角度增益补偿和编码器校准。

（1）相控阵探头晶片测试　在进行相控阵检测之前，需要确认相控阵探头是否正常，其中包括相控阵探头晶片是否有损坏；另外由于检测焊缝的相控阵探头通常由探头和可拆卸的楔块组成，探头与楔块之间需要耦合剂，检测前需要确认探头与楔块之间的耦合是否均匀一致，如探头与楔块之间的耦合与之前存在差异，需要重新涂耦合剂并固定。

将仪器设置成线性扫查模式，激发孔径设为 1，依次激发所有晶片，将探头楔块放置于空气中并擦干楔块表面耦合剂，相当于将楔块当成被检测工件，此时能看到各晶片在楔块底面的反射回波信号，如图 7-26 所示，根据底面回波信号判断相控阵探头各晶片是否有损坏，并判断探头与楔块之间的耦合是否一致。

（2）材料横波声速校准　对一些常见材料的焊接接头检测，如果该材料声速已知，可以直接在仪器中输入材料横波声速，无须测量该材料横波声速；如果该材料声速未知，则须以该材料加工相应的试块，测量出该材料横波的声速，横波声速测量校准一次即可。

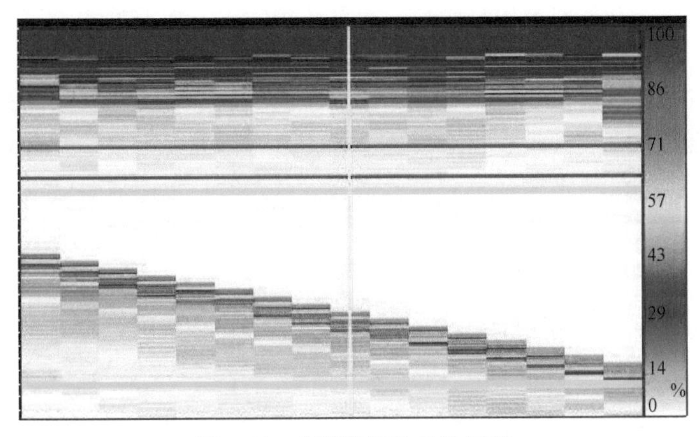

图 7-26　相控阵探头晶片测试

(3) 探头延迟校准　探头延迟数据直接影响延时聚焦法则与缺陷定位的准确性，而且探头延迟会随着楔块的磨损而变化，因此须根据楔块的磨损情况定期测量并校准探头延迟，探头延迟的具体校准方法可参考 6.7 节。

(4) TCG/ACG 深度增益补偿与角度增益补偿　由于扇形扫查检测焊接接头时，各角度声束与声束在不同声程位置的检测灵敏度存在较大差异，因此须做深度增益补偿与角度增益补偿，使各角度声束与不同声程位置的声束灵敏度基本一致。扇形扫查 TCG/ACG 记录补偿常用横孔做参考反射体，需要记录的横孔深度范围应覆盖整个焊缝检测范围，特别是最深的横孔所对应的声程应大于焊缝检测的最大声程。当焊接接头较厚时，如果无法记录较深横孔以保证覆盖整个焊缝检测区域，须考虑减小扇形角度范围，或者使用另一相控阵探头做分组扫查。TCG/ACG 记录的横孔直径与焊接接头厚度有关，焊接接头厚度越大，横孔直径越大，需要记录的横孔数量与横孔深度位置要参考所使用相控阵检测标准。

(5) 编码器校准　如使用 C 扫描模式检测焊接接头，须使用编码器记录探头移动位置，为了保证探头移动位置的精度，须对编码器进行校准。编码器的校准方式与所使用的相控阵仪器和扫查器类型有一定关系，有些设备做一次校准即可，而有些设备需要定期校准。

7.8　焊缝检测扫查方式

1. 对接焊接接头扫查方式

超声相控阵扇形扫查检测对接焊缝时，通常使用单面单侧扫查方式检测对接焊缝，当使用扫查器在焊缝单面单侧检测时，首先需要确定探头距离焊缝中心的偏移距离，确保超声波声束能够覆盖整个焊缝区域，特别是二次波能够覆盖焊缝整个上表面区域和热影响区，如图 7-27 所示。当工件厚度较厚时须考虑焊缝旁边是否有足够区域保证探头有足够的偏移距离，另外还须考虑二次波检测上表面区域的检测灵敏度是否足够。单面单侧固定探头偏移线性扫查方式对焊缝的各种缺陷有较高检出率，但是不能保证该探头位置是检测已发现缺陷的最佳位置，因此单面单侧固定探头偏移线性扫查方式常用于初次扫查，检测过程中如发现缺陷，且对缺陷不能做出准确评判，特别是缺陷在合格与不合格临界状态时，可能需要通过手动扫查或者改变探头偏移焊缝中心的位置做补充扫查，以得到更准确的缺陷信息。

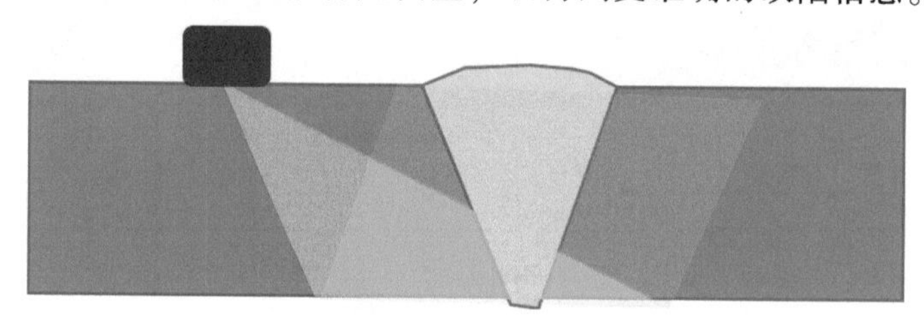

图 7-27　单面单侧扫查方式

当焊接接头较厚或者无法通过二次波的方式检测上表面区域时，须考虑从焊缝双面检测，如图 7-28 所示。从焊缝双面进行检测时，要确保双面扫查的声束能够覆盖整个焊缝区域且检测灵敏度能够达到一定检测要求。

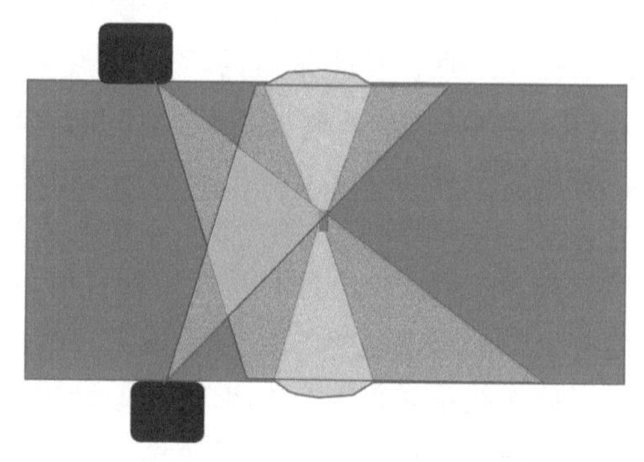

图 7-28　双面单侧扫查方式

对于一些检测要求较高的焊接接头，或者初扫时发现缺陷的焊接接头，为了更准确地评判缺陷，有时会采取单面双侧的扫查方式，如图 7-29 所示，特别是主要根据超声信号幅值评判缺陷时，单面双侧能够得到更准确的超声信号幅值。

图 7-29　单面双侧扫查方式

对一些较厚的焊接接头，如果经对比试块验证一次扇形扫查不能覆盖整个焊缝区域，则需要考虑多次扫查。如图 7-30 所示，如果一个探头能够完成的 TCG/ACG 记录校准的横孔深度范围不能覆盖整个焊缝区域，则需要考虑更换探头做多次扫查。如果一些焊缝由于坡口角度原因，扇形扫查对坡口未熔合的检测达不到所期望的检测要求，则有可能需要增加与坡口面垂直的声束角度做线性扫查，或者增加其他的扫查方式对焊缝进行检测。当需要对焊接接头做多次扫查时，可以对焊接接头做独立的多次扫查进行检测，如果所使用的相控阵仪器或扫查器支持分组扫查，也可以考虑使用相控阵多组扫查方式，一次机械扫查完成整个焊接接头的检测。多次扫查方式以及探头位置和延时聚焦法则设置需根据对比试块进行验证，确保该扫查能够检测出焊接接头中所有期望检测出的缺陷。

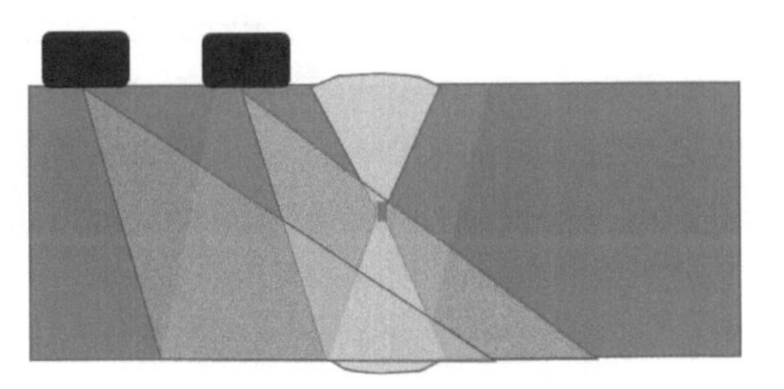

图 7-30　多次扫查方式

2. 角接焊接接头扫查方式

焊接质量要求较高的角接焊接接头通常会对一边钢板加工坡口，另一边通常不加工坡口，对于此类焊接接头，扇形扫查探头通常在加工坡口侧进行检测，如图 7-31a 所示，通过大角度声束检测角焊缝根部区域，小角度声束二次波检测角焊缝坡口未熔合及焊缝内部区域。探头在加工坡口侧进行检测时，对侧未开坡口侧未熔合缺陷超声波反射回波幅值较低，在不同位置的未熔合超声波反射回波幅值有一定的差异，如果经对比试块验证扇形扫查探头在加工坡口侧能检测出对侧未开坡口侧未熔合缺陷，则可以只使用扇形扫查检测该角接接头焊缝。如果经对比试块验证扇形扫查无法检测未开坡口侧未熔合缺陷，则须考虑增加纵波线性电子扫查检测未开坡口侧未熔合，如图 7-31b 所示。

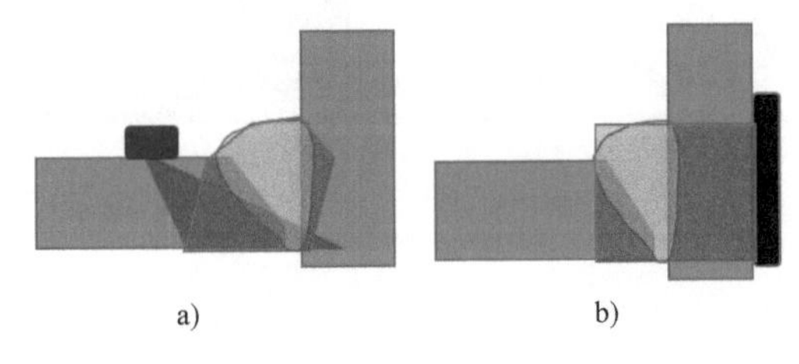

图 7-31　角接焊接接头扫查方式

a）扇形扫查位置　b）线性扫查位置

如果由于角接焊接接头结构及位置限制，无法在图 7-31 所示扫查位置进行检测，也可以考虑在图 7-32a 所示扫查位置进行检测，通过扇形扫查检测整个角焊缝区域。如果扇形扫查对未开坡口侧未熔合缺陷检出率较低，也可考虑同时多组线性电子扫查，一组扫查纵波垂直入射线性扫查检测，另一组以固定的角度斜入射线性扫查检测，该角度应尽量使声束与坡口侧坡口垂直。

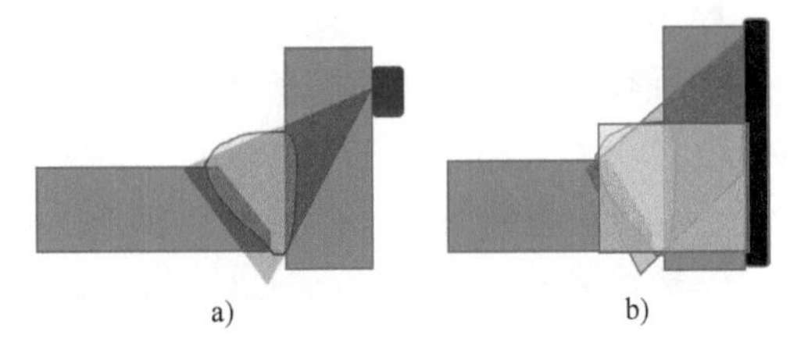

图 7-32　未开坡口侧检测角接焊接接头

a）未开坡口侧扇形扫查　b）未开坡口侧线性电子扫查

具体选择以何种扫查方式检测角接焊接接头，须综合考虑焊接接头的检测要求和焊接接头的结构，通过对比试块验证选择最佳扫查方式。

3. T 形焊接接头扫查方式

T 形焊接接头常用的有单边 V 形坡口和单边 K 形坡口，单边 V 形坡口的 T 形焊接接头的扫查方式与图 7-31 和图 7-32 所示的角接接头扫查检测方法类似。单边

K形坡口的T形焊接接头首先选择在开坡口侧横波扇形扫查检测，如图7-33a所示，在该侧扫查对坡口未熔合及各种内部缺陷有较高检出率，对未开坡口侧的未熔合缺陷也有一定的检出率。如果受焊接接头结构及空间位置限制，无法在开坡口侧扫查检测，则也可以考虑在未开坡口侧扇形扫查检测，此时需要在两个方向分别扫查，使声束能够尽可能垂直两个坡口面，如图7-33b所示。如果T形接头质量要求较高，或者经对比试块验证扇形扫查对未开坡口侧未熔合缺陷的检出率达不到检测要求，则也须考虑在未开坡口侧进行纵波线性电子扫查检测，同时也可以考虑多组不同角度线性电子扫查检测整个焊缝区域，如图7-34所示，如果经对比试块验证多组纵波线性电子扫查能够达到检测要求，也可以考虑不用扇形扫查检测。

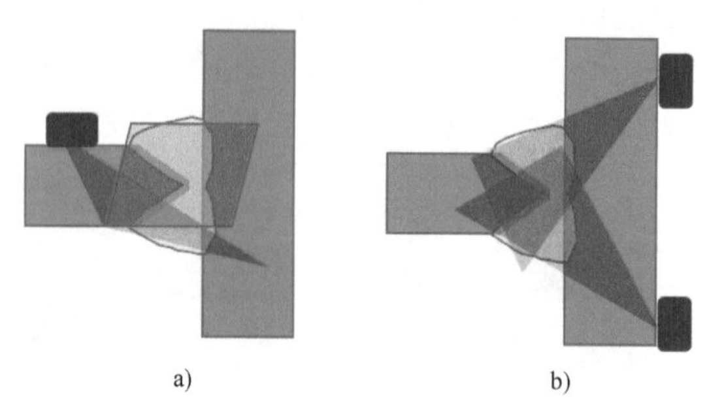

图7-33 T形焊接接头扇形扫查检测
a）开坡口侧扇形扫查 b）未开坡口侧扇形扫查

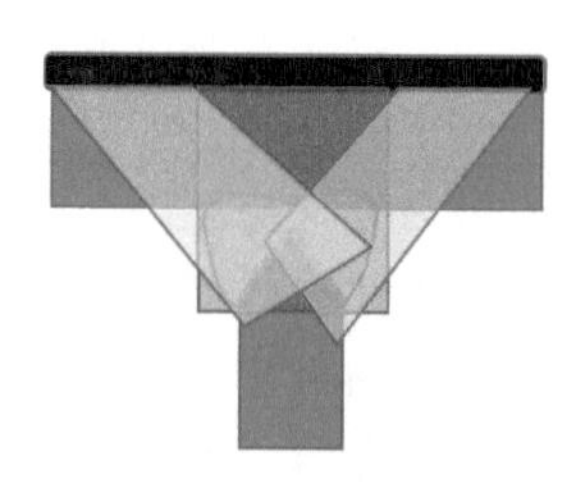

图7-34 T形焊接接头未开坡口侧线性电子扫查检测

7.9 其他工艺项目

1. 检测工艺验证

当所有的仪器设置及扫查方式确定后，为了验证该设置及扫查方式确实能够覆盖整个焊接接头区域，并能检测出所期望检测出的各种缺陷，须在对比试块中验证该检测工艺。根据检测工艺在对比试块上扫查检测，分析对比试块中的各缺陷显示，测量各缺陷的信噪比，测量缺陷位置及各种尺寸数据，评估测量误差；如有必要，可根据缺陷显示效果再对仪器设置及扫查方式进行优化，确保对比试块中各缺陷的检测效果能够达到检测要求，特别是对于容易漏检区域或较难检测区域的缺陷。仪器设置及扫查方式经对比试块验证后，仪器各相关设置及扫查方式不能再更改，对实际检测工件的扫查检测须严格按照经验证的检测工艺进行检测。

2. 检测扫查速度

所有仪器设置及扫查方式经对比试块验证后，焊接接头中的各种缺陷均能可靠检出，如果扫查速度过快，相控阵仪器来不及显示或保存扫查数据，将有可能造成漏检，特别是手动扇形扫查显示检测方式，相控阵仪器一般不能监控扫查速度是否大于相控阵显示图像的更新速度。扫查方式为扫查器C扫描检测方式时，相控阵仪器能够通过编码器了解当前扫查器的移动速度，从而判断当前扫查速度是否大于显示和数据存储速度，因此大部分相控阵仪器能够提示扫查过程中是否会造成数据丢失。由于相控阵仪器的图像显示、数据存储速度由延时聚焦法则、脉冲重复频率、图像显示范围、扫查步进、数据处理算法和仪器硬件水平等因素决定，无法通过简单计算得到扫查速度。为了确保扫查速度不会造成漏检，需要在对比试块中测试最大扫查速度，即在不漏检的情况下探头移动的最大扫查速度，如果测试得到的扫查速度过慢，无法达到检测效率要求，则可以考虑适当增加扫查步距，降低一定的分辨力以提高检测效率。

3. 扫查检测

当所有仪器设置和检测工艺经对比试块验证后，即可在被检测的工件上以一定的检测灵敏度进行扫查检测，扫查检测须严格按照经验证的扫查方式进行检测，特别是探头距离焊缝中心的位置。扫查过程中须确保超声耦合达到一定要求，如有条件尽量通过一个单独界面或图像显示耦合状态，实时记录检测过程中的耦合状态，如仪器无法单独显示耦合状态，可考虑通过结构噪声、内部晶粒噪声等信号作为参考，监控耦合状态。扫查过程中须注意扫查速度，确保扫查速度不会造成漏检，如仪器显示有数据丢失，则需要降低扫查速度，扫查过程中应尽量使探头匀速移动，如焊缝表面状况会影响探头及扫查器移动，则须进行表面处理。检测过程中如发现疑似缺陷信号，如对该扫查显示的疑似缺陷信号无法准确评判，则须考虑对该疑似缺陷位置处补充扫查以得到更多缺陷信息，是否需要补充扫查须根据检测标准要求进行操作。

7.10　评判验收

由于超声相控阵技术不仅能够得到缺陷反射信号的幅值，同时能够通过图像直接显示缺陷信号，并在图像上直接测量缺陷的长度，如有条件还可以直接测量缺陷自身高度值，因此一些焊缝验收标准中将缺陷的长度及自身高度尺寸作为验收依据，这些验收标准通常基于断裂力学得到相应验收数据。但是超声相控阵技术检测焊接接头时，并不是任何情况都能准确测量缺陷自身高度，这种情况下，一些标准将缺陷长度值与缺陷信号幅值作为焊接接头验收标准，该验收标准通常基于工艺经验得到相应的验收数据。下面以 ISO 19285：2017 标准为例详细介绍两种验收评判方法。

7.10.1　基于缺陷长度及自身高度评判

1. 单个缺陷评判验收标准

如评判缺陷基于缺陷长度及自身高度，则需要测量出缺陷的长度和自身高度值，单个缺陷的长度测量方法常用端点 6dB 法，也有些标准使用绝对幅值法测量，具体测量方法应根据所使用标准和缺陷特征综合考虑。单个缺陷的长度测量精度与编码器的移动步距和声束宽度有一定关系，因此检测过程中发现的缺陷，如需要更准确地测该缺陷长度，可使用聚焦功能，使缺陷在焦点位置附近。基于缺陷长度及自身高度的评判标准，需要考虑缺陷是内部缺陷还是表面开口或近表面缺陷，具体是表面开口还是近表面缺陷，需要根据所选标准的定义进行判断。缺陷的自身高度通常以缺陷整个长度方向的最大自身高度值作为该缺陷的自身高度值，超声测量缺陷自身高度值主要有衍射法和 6dB 法，检测过程中如能显示缺陷上下端点的衍射信号，则通过测量上下端点衍射信号的位置能够准确测量缺陷的自身高度；如果发现的缺陷无法识别出上下端点衍射信号，则只能通过 6dB 法测量缺陷自身高度。6dB 法测量缺陷自身高度时，其测量精度和声束宽度有关，如缺陷自身高度小于声束宽度，6dB 法测量出的自身高度值有一定放大，如缺陷自身高度大于声束宽度，则能够较准确地测量出缺陷自身高度，因此使用 6dB 法测量缺陷自身高度时，尽量使用聚焦技术，使声束焦点在缺陷位置附近，以提高测量精度。

ISO 19285：2017 标准规定了三个验收等级，分别为 1 级、2 级和 3 级，1 级验收等级最严，3 级验收等级最松。表 7-2 为单个缺陷 1 级验收标准，不同厚度范围的焊接接头允许存在的缺陷自身高度与缺陷长度存在一定差异，对缺陷评判时，首先判断该缺陷是表面开口缺陷还是内部缺陷，然后根据焊接接头厚度范围确定表面开口缺陷或内部缺陷允许存在的最大自身高度。例如，焊接接头厚度范围 $6\text{mm}<t\leqslant15\text{mm}$ 时，如果表面开口缺陷自身高度 h_3 大于 1.5mm，则 1 级不合格；如果内部缺陷自身高度 h_2 大于 2mm，则 1 级不合格。如果表面开口缺陷自身高度小于 h_3 或者内部缺陷自身高度小于 h_2，则须考虑缺陷长度是否大于 L_{max}，即 $0.75t$，其中 t 为焊接接头厚度，如果焊接接头焊缝两边不等厚，t 以较薄厚度计算，如果缺陷长度小于 L_{max}，则 1 级验收合格；如果缺陷长度大于 L_{max}，则还需考虑缺陷自身高度，如果缺陷自身高度大于 h_1，对于 $6\text{mm}<t\leqslant15\text{mm}$ 范围内的焊接接头，h_1 为 1mm，此时如果缺陷长度大于 L_{max} 且缺陷自身高度大于 1mm，则 1 级验收不合格。当缺陷长度大于 L_{max} 且缺陷自身高度小于 h_1 时，1 级验收合格。表 7-3 与 7-4 分别为单个缺陷 2 级和 3 级验收标准，评判方法与 1 级验收标准一致。

表 7-2 单个缺陷 1 级验收标准

焊接接头厚度 t /mm	缺陷自身高度小于 h_3 或 h_2 时允许最大长度 L_{max}/mm	表面开口缺陷允许自身高度 h_3/mm	内部缺陷允许自身高度 h_2/mm	缺陷长度大于 L_{max} 时允许缺陷自身高度 h_1/mm
$6<t\leqslant15$	$0.75t$	1.5	2	1
$15<t\leqslant50$	$0.75t$	2	3	1
$50<t\leqslant100$	40	2.5	4	2
$t>100$	50	3	5	2

表 7-3　单个缺陷 2 级验收标准

焊接接头厚度 t /mm	缺陷自身高度小于 h_3 或 h_2 时允许最大长度 L_{max}/mm	表面开口缺陷允许自身高度 h_3/mm	内部缺陷允许自身高度 h_2/mm	缺陷长度大于 L_{max} 时允许缺陷自身高度 h_1/mm
$6<t\leqslant 15$	t	2	2	1
$15<t\leqslant 50$	t	2	4	1
$50<t\leqslant 100$	50	3	5	2
$t>100$	60	4	6	3

表 7-4　单个缺陷 3 级验收标准

焊接接头厚度 t /mm	缺陷自身高度小于 h_3 或 h_2 时允许最大长度 L_{max}/mm	表面开口缺陷允许自身高度 h_3/mm	内部缺陷允许自身高度 h_2/mm	缺陷长度大于 L_{max} 时允许缺陷自身高度 h_1/mm
$6<t\leqslant 15$	$1.5t$(最大 20)	2	2	1
$15<t\leqslant 50$	$1.5t$(最大 60)	2.5	4.5	2
$50<t\leqslant 100$	60	4	6	3
$t>100$	70	5	8	4

2. 多个缺陷累积长度评判验收标准

如果焊缝中存在多个自身高度小于 h_1 的缺陷，则需要考虑多个缺陷的累积长度，如果多个缺陷的累积长度超过特定值，也会造成验收不合格。但是点状缺陷不计算到累积长度中，点状缺陷通常定义为在各个方向没有延长长度的缺陷，点状缺陷在 C 扫描图上的显示长度与缺陷所在位置处的声束宽度有关，一般缺陷长度小于声束宽度的缺陷显示为点状缺陷，具体点状缺陷的定义和评判需要参考所采用的检测和验收标准。累积缺陷的长度以超过记录线的缺陷长度值作为累积长度。

表 7-5 所示为单组扫查焊接接头厚度小于或等于 50mm 焊接接头累积长度验收标准，不同等级 $12t$ 长度范围内允许存在的累积长度不同，1 级为 $3.5t$，2 级为 $4.0t$，3 级为 $4.5t$，其中 t 为焊接接头厚度。如果焊缝两边厚度不同，以较薄厚度计算，但允许存在的累积长度不能超过最大累积长度值，例如对于 45mm 厚的焊接接头，如果 1 级验收，$12t$ 长度范围，即 540mm 长度范围允许存在的累积长度按

表 7-5　单组扫查焊接接头厚度小于或等于 50mm 焊接接头累积长度验收标准

焊接接头厚度 t/mm	验收等级	$12t$ 长度范围内允许存在的累积长度(t 为厚度)/mm	$12t$ 长度范围内允许存在的最大累积长度/mm
$t\leqslant 50$	1	$3.5t$	150
	2	$4.0t$	200
	3	$4.5t$	225

3.5t 计算，即 157.5mm，但是 157.5mm 已经超过允许存在的最大累积长度 150mm，因此 45mm 厚焊接接头 1 级验收允许累积长度为 150mm。

表 7-6 为单组扫查焊接接头厚度大于 50mm 焊接接头累积长度验收标准，当焊接接头厚度大于 50mm 时，允许累积长度考虑整个焊缝内缺陷的累积长度。1 级、2 级、3 级验收标准允许存在的累积长度为整个焊缝长度 L 的 10%，但不同等级 10%L 的最大值不同，1 级验收标准允许存在的最大累积长度不能超过 500mm，2 级验收标准允许存在的最大累积长度不能超过 600mm，3 级验收标准允许存在的最大累积长度不能超过 700mm。

表 7-6　单组扫查焊接接头厚度大于 50mm 焊接接头累积长度验收标准

焊接接头厚度 t/mm	验收等级	整个焊缝长度 L 范围内允许存在的累积长度/mm	整个焊缝长度 L 范围内允许存在的最大累积长度 L_{max}/mm
t>50	1	10%L	500
	2	10%L	600
	3	10%L	700

如果焊缝检测采用了两组扫查模式，探头在不同位置进行扫查，另一组扫查检测出的更多缺陷须累积计算，累积计算后的最大允许累积长度不能超过表 7-5 或表 7-6 最大允许值的 1.5 倍。

3. 群缺陷评判验收标准

根据单个缺陷评判验收标准，焊缝中存在多个允许存在的缺陷，如果两个允许存在的缺陷相邻，两个相邻缺陷在长度方向的间距小于较长缺陷的长度且两个相邻缺陷在深度方向的间距小于较大自身高度缺陷的自身高度值，则这两个缺陷需组合成一个群缺陷。组合后的群缺陷长度为两个缺陷的长度之和加上两个缺陷的间距，组合后的群缺陷自身高度为两个缺陷自身高度之和再加上两个缺陷在深度方向的间距，经组合的群缺陷再以其组合后的缺陷长度与自身高度按单个缺陷评判验收标准进行评判，经组合后的群缺陷不能再与其他缺陷再组合成另一群缺陷。

如图 7-35 所示，检测结果中发现 3 个缺陷，分别为缺陷 1、缺陷 2 和缺陷 3。

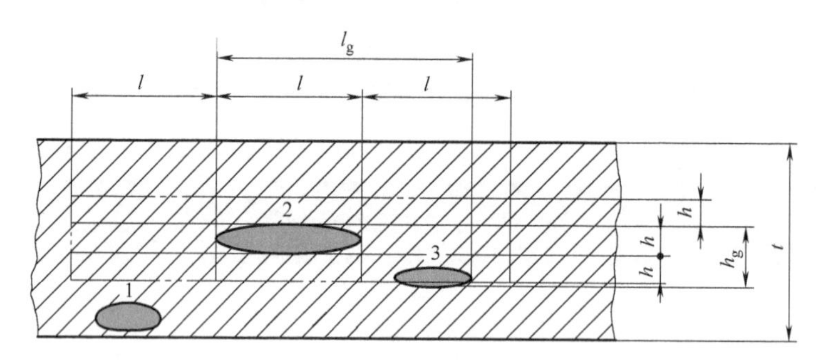

图 7-35　群缺陷组合示意图

其中缺陷 2 最大，其长度为 l，自身高度为 h，相邻的缺陷 1 与缺陷 3 在焊缝方向与缺陷 2 之间的间距均小于 l，其中缺陷 2 与缺陷 3 在深度方向之间的间距小于 h，而缺陷 1 与缺陷 2 在深度方向的间距大于 h，因此缺陷 2 只能与缺陷 3 组合成群缺陷，而不能与缺陷 1 组合成群缺陷。经组合后的群缺陷长度为 l_g，自身高度为 h_g，群缺陷以长度 l_g 和自身高度 h_g 按单个缺陷的评判验收标准进行评判。

4. 点状缺陷评判验收标准

点状缺陷不参与累积长度计算，也不参与群缺陷评判，但是对点状缺陷也有一定的限制。在焊缝任意 150mm 长度范围内不允许存在单个点状缺陷的数量为 N，由 $N=1.2t$ 计算得到，其中 t 为焊接接头厚度，单位为 mm，N 为 1.2t 计算值的整数。例如 12mm 厚的焊缝 N 的计算值为 14.4，因此 N 为 14，即 12mm 厚焊缝任意 150mm 范围内允许存在的最多点状缺陷为 14 个。

7.10.2　基于缺陷长度与幅值评判验收标准

1. 单个缺陷评判验收标准

基于缺陷长度与幅值的评判验收标准只适用于 2 级和 3 级验收，不适用于 1 级验收，基于缺陷长度与幅值的评判验收标准须得到缺陷的最大幅值及缺陷在焊缝长度方向的长度值，缺陷的幅值通常以记录 TCG/ACG 的参考反射体为基准。以 ISO 19285：2017 标准为例，该标准引用的相控阵检测标准 ISO 13588 有横孔与刻槽两种参考反射体，这里以横孔为例。表 7-7 为 ISO 13588 标准不同焊缝厚度 TCG/ACG 记录横孔直径，横孔如果在不同试块中，横孔的长度为 45mm。以横孔完成 TCG/ACG 校准后，缺陷信号幅值则以横孔信号为基准，得到合格验收当量、记录当量和评定当量值。表 7-8 为基于 TCG 不同焊缝厚度 2 级和 3 级对应的验收当量、记录当量和评定当量值。以 6mm≤t<15mm 焊缝厚度 2 级验收为例，该厚度范围焊缝以 2.5mm 横孔为基准完成 TCG/ACG 校准，完成 TCG 后的灵敏度基准为 H_0，从而得到评定当量为 H_0-14dB。检测过程中如发现缺陷，须测量该缺陷的最大幅值，并测量缺陷的长度，缺陷的长度以绝对灵敏度方法进行测量，绝对灵敏度为评定当量，即缺陷的起点和终点以幅值超过评定当量的位置进行测量。缺陷长度测量示意图如图 7-36 所示，找到缺陷最大回波后确定最大回波当量值，然后将扫查灵敏度设为评定当量，随后探头往缺陷两边移动，以评定当量为基准确定缺陷的两个端点：位置 1 与位置 2，从而测量出缺陷的长度 l。

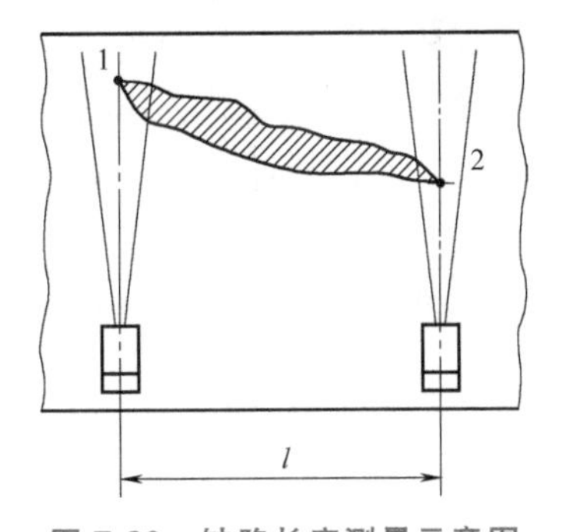

图 7-36　缺陷长度测量示意图

表 7-7 ISO 13588 标准不同焊缝厚度 TCG/ACG 记录横孔直径

焊接接头厚度 t/mm	横孔直径/mm	焊接接头厚度 t/mm	横孔直径/mm
$6<t\leqslant 25$	2.5	$50<t\leqslant 100$	4.5
$25<t\leqslant 50$	3.0	$t>100$	6.0

表 7-8 基于幅值评判标准

验收等级	焊接接头厚度 t/mm	缺陷长度	TCG 基准	评定当量	验收当量	记录当量
2 级	$6\leqslant t<15$	$l\leqslant t$	H_0	H_0-14dB	H_0-4dB	H_0-8dB
		$l>t$	H_0	H_0-14dB	H_0-10dB	H_0-14dB
	$15\leqslant t<100$	$l\leqslant 0.5t$	H_0	H_0-14dB	H_0	H_0-4dB
		$0.5t<l\leqslant t$	H_0	H_0-14dB	H_0-6dB	H_0-10dB
		$l>t$	H_0	H_0-14dB	H_0-10dB	H_0-14dB
3 级	$6\leqslant t<15$	$l\leqslant t$	H_0	H_0-10dB	H_0	H_0-4dB
		$l>t$	H_0	H_0-10dB	H_0-6dB	H_0-10dB
	$15\leqslant t<100$	$l\leqslant 0.5t$	H_0	H_0-10dB	H_0+4dB	H_0
		$0.5t<l\leqslant t$	H_0	H_0-10dB	H_0-2dB	H_0-6dB
		$l>t$	H_0	H_0-10dB	H_0-6dB	H_0-10dB

得到缺陷的长度后，须判断长度 l 是否大于焊接接头厚度 t，如果缺陷长度 $l\leqslant t$，则验收当量为 H_0-4dB；如果缺陷长度 $l>t$，则验收当量为 H_0-10dB。此时判断缺陷最大幅值是否小于验收当量，如小于验收当量，则该缺陷合格，如大于验收当量则该缺陷不合格。

2. 群缺陷评判验收标准

如焊缝中存在多个允许验收缺陷，需要考虑相邻缺陷之间的间距，如图 7-37 所示，如果图示中的三个缺陷幅值均超过记录当量，并且满足以下三个条件，则需组合成群缺陷进行评判。

1）缺陷在焊缝长度方向之间的间距 d_x 小于相邻较长缺陷的 2 倍。

2）缺陷在焊缝宽度方向之间的间距 d_y 小于焊缝厚度的一半，但最大间距不能超过 10mm。

3）缺陷在深度方向之间的间距 d_z 小于焊缝厚度的一半，但最大间距不能超过 10mm。

如果相邻缺陷满足群缺陷条件，则群缺陷的长度为相邻缺陷的长度加上相邻缺陷之间的间距。如图 7-37 所示，l_1 与 l_2 组成群缺陷，则群缺陷的长度 $l_{12}=l_1+l_2+d_x$，群缺陷的幅值为相邻缺陷的较大幅值，随后群缺陷以长度 l_{12} 和群缺陷幅值按单个缺陷评判验收标准进行评判。

3. 累积缺陷长度评判验收标准

如果焊缝中存在多个允许验收但回波幅值超过记录当量的缺陷，需要考虑多个

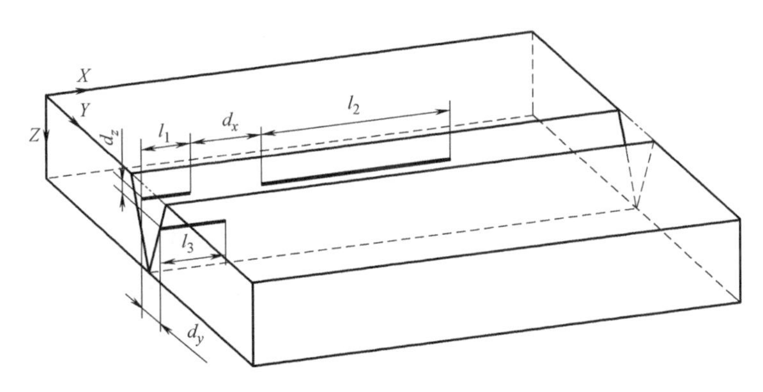

图 7-37　群缺陷组合示意图

缺陷累积长度在特定长度范围 l_w 内是否超过一定限值，如果累积缺陷长度超过一定限值，则有可能评判为不合格。如图 7-38 所示，假设焊缝中存在图示 l_1、l_2、…、l_7等 7 个缺陷，在 l_w 范围内存在 l_2、l_3、l_{45}、l_6 4 个缺陷，其中 l_{45} 为群缺陷，其长度按群缺陷长度计算，则 l_w 内累积缺陷长度 $l_c = l_2+l_3+l_{45}+l_6$。特定长度范围 l_w 为 6 倍焊缝厚度，假设焊缝厚度为 20mm，则 l_w 为 120mm，即累积的缺陷长度以任意 120mm 长度范围内的最大累积缺陷长度为准。

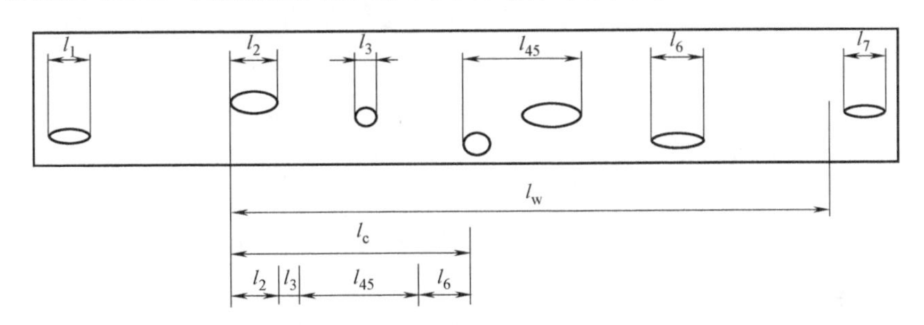

图 7-38　缺陷累积长度计算示意图

对于单组扫查模式，2 级验收 l_w 范围内最大累积缺陷长度不得超过 l_w 的 20%，3 级验收 l_w 范围内最大累积缺陷长度不得超过 l_w 的 30%。如果采用多组扫查模式，另一组检测出另外更多缺陷，最大累积缺陷长度不得超过单组扫查模式的 1.5 倍。

7.11　检测报告

焊接接头检测完成并对检测结果分析评判完成后，须出具检测报告，检测报告中通常包含以下信息。

(1) 焊接接头基本信息　焊接接头基本信息主要包括焊接接头材质，焊缝厚度，焊接接头基本类型，焊接工艺及热处理工艺，坡口信息，焊接接头检测部位，检测面表面状况及温度。

（2）检测设备基本信息　检测设备基本信息包括所用相控阵仪器型号，所用扫查器类型及型号，相控阵探头型号，相控阵探头频率、晶片数、间距、单个晶片长度，楔块型号及楔块尺寸等参数，标准试块及对比试块型号，耦合剂型号等参数。

（3）检测技术相关信息　检测技术相关信息主要包括检测及验收等级，参考的检测标准，基本检测要求，检测起点及位置坐标，检测灵敏度，扫查模式等。

（4）相控阵基本设置　相控阵基本设置包括相控阵扫查模式，扫查角度范围，扫查角度步距，聚焦模式，激发晶片数，TCG/ACG 记录补偿范围等。

（5）检测结果　检测结果需保存原始数据，相关缺陷显示的图片，相关缺陷的位置，幅值，长度，自身高度，评判结果，检测人员等信息。

7.12 横波扇形扫查其他检测应用

横波扇形扫查模式除了广泛应用于焊接接头的检测外，还应用于一些结构复杂工件的检测。对于一些结构复杂的工件，例如汽轮机叶片，其检测部位通常需要某些特定角度的超声波进行检测，因此使用常规超声检测技术较难检测，而使用相控阵横波扇形扫查模式较容易检测，检测可靠性也有较大提高。当用横波扇形扫查模式检测结构复杂工件时，特别需要考虑探头的外形尺寸，确保探头能够与被检测工件接触，并且有稳定的接触面和一定的移动空间。对于结构较复杂的工件，通常使用对比试块校准检测灵敏度，有可能无法在整个扇形扫查范围内做 TCG/ACG 补偿，此时只能通过对比法调节检测灵敏度，用对比法对缺陷进行评判，通常在对比试块关键部位加工人工缺陷，以人工缺陷信号作为参考，而其他的检测工艺细节与焊接接头检测工艺类似。

横波扇形扫查也常用于工件表面缺陷的检测，当使用横波扇形扫查模式检测工件表面缺陷时，通常需要考虑被检测工件表面的表面粗糙度是否能够达到检测要求，表面的噪声信号是否能够与被检测工件需要检测出的表面缺陷信号区分开。对于工件表面缺陷的检测，一次波检测灵敏度最高，如果工件上下表面平行，也可以使用多次反射波检测上下表面缺陷。当工件上下表面有一定曲率，使用多次反射波检测表面缺陷时，需要评估曲率反射面对检测灵敏度的影响，此时不同声程位置的检测灵敏度可能不再是线性比例关系，应尽量使用对比试块用对比法调节检测灵敏度及评判缺陷。

第8章

纵波线性垂直扫查检测基本工艺

超声相控阵对平板类、管类母材和接触面为平面的工件的检测，主要使用较大多晶片线性阵列相控阵探头，采用纵波线性垂直电子扫查模式进行检测，通过相控阵线性电子扫查不仅能够提高检测覆盖范围，提高检测效率，而且通过B扫描和C扫描图像显示模式能够提高缺陷检出率，能够检测一些常规超声检测较难检测的缺陷。

8.1 纵波线性垂直扫查检测缺陷类型

纵波线性垂直扫查检测的缺陷类型主要有与超声波入射方向垂直的平面状缺陷，与超声波入射方向不垂直的平面状缺陷，体积状缺陷，异种材质结合面缺陷和内壁腐蚀等。

1. 与超声波入射方向垂直的平面状缺陷检测

与超声波入射方向垂直的平面状缺陷较容易检测，如平板类分层缺陷、管类分层缺陷等，图8-1所示为典型平面类缺陷检测示意图，设计检测方案时，应尽量使超声波入射方向与平面状缺陷垂直。超声相控阵纵波线性扫查检测与超声波入射方向垂直的平面状缺陷时，通常能够直接显示平面状缺陷的反射回波信号图像；当平面状缺陷较大，远大于声束直径时，不仅能够直接显示平面状缺陷的反射回波信号图像，而且能够通过工件底面反射信号图像判断该缺陷。当平面状缺陷距离上表面太近时，由于探头存在一定上表面盲区，如果缺陷在上表面盲区范围内时，则不能在图像中直接显示缺陷图像，此时只能通过底面回波或者其他相关图像信号检测出该缺陷。当缺陷在盲区范围内时，较难检测出较小缺陷，容易造成漏检，能够检测出的最小缺陷需通过对比试块验证。

图8-1　纵波线性垂直扫查检测与声束平行的平面状缺陷示意图

2. 与超声波入射方向不垂直的平面状缺陷检测

当平面状缺陷与超声波入射方向不垂直时，如图 8-2 所示，超声线性垂直扫查只能接收到较弱反射信号，或者无法接收到反射信号，能够接收到的反射信号强弱主要取决于缺陷反射面的状态以及缺陷反射面的角度。B 扫描图像中只能显示较弱的反射信号图像或者看不到反射信号显示图像，如果该工件下表面与上表面平行，当工件没有缺陷时，能够清晰显示下表面反射回波信号图像；当工件内有与超声波入射方向不垂直的平面状缺陷时，工件底面回波信号图像显示将受影响，因此当工件上表面与下表面平行时，可以根据底面回波信号图像检测出与超声波入射方向不垂直的平面状缺陷。如果工件下表面与上表面不平或者下表面的表面状况会影响底面反射，无法得到稳定的底面反射回波信号图像，此时有可能无法检测出与超声波入射方向不平行的缺陷，需要考虑是否增加扇形扫查检测。

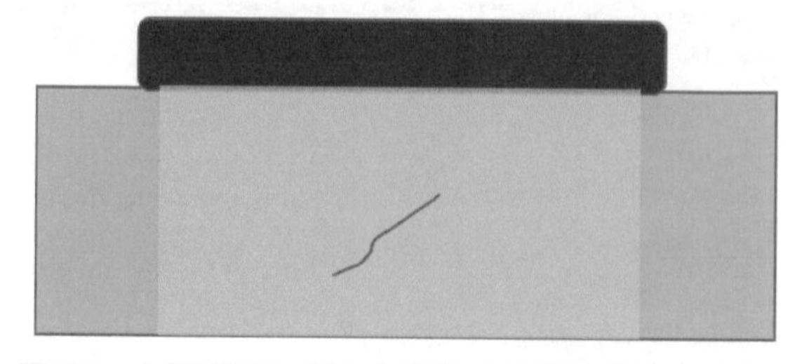

图 8-2　与超声波入射方向不垂直的平面状缺陷示意图

3. 体积状缺陷检测

体积状缺陷的检测受超声波入射方向影响较小，不同方向的超声波入射至体积状缺陷，均能接收到反射回波信号，但体积状缺陷的垂直反射面积较小，因此反射的回波信号也较弱，比较典型的体积状缺陷为气孔和夹杂，图 8-3 所示为密集气孔。只要检测灵敏度与信噪比能够达到要求，线性垂直扫查能够较容易检测出体积状缺陷，特别是较大的体积状缺陷；而对于较小的体积状缺陷，例如单个较小气孔，该缺陷的检测效果主要取决于被检测工件材料的晶粒度和超声波的频率。因此体积状缺陷的检测主要考虑检测灵敏度与信噪比是否能够达到检测要求，同时需要考虑缺陷的位置是否在检测盲区范围内。

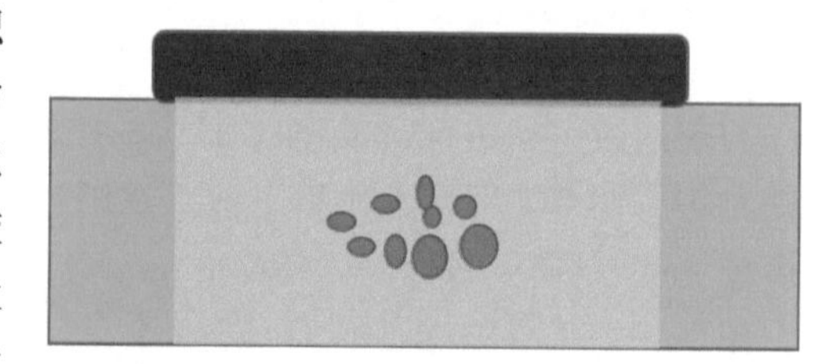

图 8-3　密集气孔检测示意图

4. 粘接面缺陷检测

不少工件之间通过粘接结合成一个新的工件，最常见的是各种复合材料工件之间的粘接，以及金属板材之间的粘接，通过各种工艺粘接在一起的工件，粘接面的粘接质量直接影响工件的强度及质量等级。粘接面缺陷检测示意图如图 8-4 所示。粘接面的粘接主要通过入射方向与粘接面垂直的超声检测，由于粘接面通常是两种材质粘接在一起，两种材质之间存在一定的声阻抗差，粘接质量完好的粘接面通常都会有一定的界面反射回波，而粘接质量不合格区域的粘接面反射回波位置与正常

图 8-4　粘接面缺陷检测示意图

粘接面的反射回波在同一深度位置，只是粘接不合格区域的反射回波强度通常比正常区域的界面反射回波强度强。因此粘接面粘接质量的检测效果主要取决于粘接完好区域的超声回波与粘接不合格区域超声回波之间的幅值差，如果幅值差在 6dB 以上，则粘接缺陷较容易检测，如果幅值差较小，则对探头的耦合稳定性有较高要求，只有探头耦合较稳定才能有较好的检测效果。超声相控阵线性垂直扫查通过电子的方式移动声束扫查，能够在电子扫查方向减少探头移动带来的幅值差异，从而在一定程度上提高检测灵敏度。相控阵线性垂直扫查模式检测粘接缺陷主要通过 B 扫描和 C 扫描显示粘接面信号，其检测灵敏度与检出率比常规超声检测高，能检测一些常规超声检测较难检测的粘接缺陷。

5. 内壁腐蚀检测

管道和容器的内壁腐蚀主要通过超声波垂直入射检测，常规超声通常只能测量某一位置的厚度值，从而根据厚度值判断该点是否存在腐蚀，如果内壁腐蚀不是均匀腐蚀，则单点测腐蚀不一定能够找到最严重的腐蚀位置。内壁腐蚀检测示意图如图 8-5 所示。超声相控阵线性垂直扫查能够检测较大范围的内壁腐蚀情况，并且可通过 B 扫描图像连续显示内壁的轮廓图像；如果通过 C 扫描模式进行检测，则能显示整个扫查区域的内壁腐蚀图像，较容易找到最严重的腐蚀位置，并将腐蚀数据用于剩余使用寿命的评估。管道和容器的内壁腐蚀较容易检测，特别是腐蚀较严重区域的腐蚀；如果腐蚀较小，腐蚀区域的厚度减薄较小，则须考虑检测分辨力是否能达到检测要求；另外，对于一些点状腐蚀缺陷，由于点状腐蚀缺陷反射回波幅值很弱，有可能造成一定的漏检。

图 8-5　内壁腐蚀检测示意图

8.2　纵波线性垂直扫查探头选择

纵波线性垂直扫查通常需要较大的扫查覆盖范围，因此探头晶片数至少为 32 晶片，纵波线性垂直扫查常用 64 晶片的相控阵探头，如需要覆盖更大的检测范围，也可考虑 128 晶片相控阵探头。但要注意，晶片数越多，探头接触面越大，对被检测工件表面的平整度要求越高，如果不能保证工件与探头整个接触面为平面，将影响探头与工件的耦合效果，也将影响检测效果。如果被检测工件有一定曲率，需要评估曲率对检测效果的影响，如果曲率已经严重影响到检测效果，则须考虑将探头延迟块加工一定的曲率，或者将探头设计成一定曲率，因此探头晶片数的选择需综合考虑工件的检测接触面及检测效果。

纵波线性垂直扫查常用的探头频率有1MHz、2MHz、5MHz、10MHz。一般金属检测和晶粒较细的复合材料常用5MHz的相控阵探头；对一些较薄工件和对分辨力要求较高的工件常用10MHz相控阵探头；对一些较厚的工件和晶粒较粗的工件常用2MHz相控阵探头；对一些晶粒特别粗的工件，如玻璃纤维复合材料，常用1MHz相控阵探头，甚至用0.5MHz相控阵探头。总之，探头频率的选择需综合考虑穿透能力、信噪比与纵向分辨力。纵波线性垂直扫查检测时，须特别考虑相控阵探头的晶片间距，探头晶片间距直接影响到超声波在电子扫查方向的分辨力，探头晶片间距越小，在电子扫查方向显示图像的测量分辨力越高，反之测量分辨力越低。然而探头晶片间距越小，超声相控阵仪器需要更多的独立通道数，因此须综合考虑测量分辨力、检测灵敏度与相控阵仪器的独立通道数。

用接触法检测时相控阵探头前必须有保护模块，常用的保护模块有聚乙烯树脂延迟块、软膜保护和硬质保护面。聚乙烯树脂延迟块是目前相控阵探头用得最多的延迟块，可以较容易将楔块接触面加工成各种曲率，楔块与工件耦合稳定，可以允许一定的磨损，使用成本较低。常见的软膜保护探头为滚轮式设计的软膜保护探头，滚轮表面为橡胶接触面，橡胶与晶片之间充满水，该探头操作检测方便，能用于具有较小曲率的曲面工件检测，但该类型探头成本较高，对一些结构较复杂的工件无法检测。聚乙烯树脂延迟块或滚轮式软膜保护探头都有较大延迟距离，当检测较厚工件时，延迟块二次界面波会影响正常检测，为了消除多次界面波的影响，一些相控阵探头将表面设计成硬质保护面，可以直接接触工件检测，并消除多次界面波带来的影响，但这种探头表面盲区较大，磨损后处理麻烦，使用成本较高。

当被检测工件较薄，或者需要检测的缺陷靠近近表面时，纵波线性垂直扫查所用的线性阵列探头通常带有延迟块，近表面存在一定的检测盲区。为了提高近表面缺陷的检测能力，可以考虑选用独立发射与接收的线性阵列探头，即一列线性阵列晶片用于激发产生超声波，另一列线性阵列晶片用于接收超声波。如选用该类型相控阵探头，相控阵仪器须采用特殊的延时聚焦法则，相控阵仪器应支持该类型探头。

8.3 纵波线性垂直扫查对相控阵仪器的要求

纵波线性垂直扫查常使用较多晶片的相控阵探头，如64晶片或128晶片，因此超声相控阵仪器支持的晶片数应尽可能多，相控阵仪器支持的晶片数必须大于所选探头的最大晶片数。相控阵仪器支持的频率带宽范围必须大于所选探头的频率带宽范围，特别是当使用较低频率的相控阵探头检测粗晶复合材料时，以及当使用较高频率的相控阵探头检测较薄工件时，须特别考虑仪器的带宽范围。纵波线性垂直扫查常使用 C 扫描和 B 扫描图像分析缺陷，一些工件的检测工艺有可能也需要使用 D 扫描图像分析缺陷，因此选择相控阵仪器时须考虑仪器的图像显示模式是否支持检测需要用到的显示模式。纵波线性垂直扫查常用到的显示模式有 A 扫描、B 扫描、C 扫描、D 扫描，如检测工艺中会用到其他特殊显示模式，也可另行考虑。

线性垂直扫查如选用了水浸相控阵探头或者软膜相控阵探头，则有可能需要使用界面波跟踪功能，此时须考虑相控阵仪器是否支持界面波跟踪功能，特别是检测对近表面分辨力要求较高时，须考虑通过界面波跟踪功能提高近表面分辨力，当被检测工件表面有一定曲率时，也可考虑通过界面波跟踪功能提高检测可靠性。纵波线性垂直扫查通常使用接触式 C 扫描检测模式，该模式探头与工件的耦合状态至关重要，有必要对探头与工件的耦合状态进行监控，此时需考虑相控阵仪器是否支持耦合状态监控功能。纵波线性垂直扫查除了须考虑以上仪器功能外，还需具备基本的校准功能，如探头延迟校准功能、TCG 校准功能、编码器校准功能等，如被检测工件的检测工艺对仪器还有其他特殊要求，则另须考虑。

8.4　纵波线性垂直扫查仪器基本设置

当使用纵波线性垂直扫查模式进行检测时，须对相控阵仪器的以下参数进行相应的设置。

（1）探头及楔块相关参数　纵波线性垂直扫查所用的相控阵探头通常使用延迟块，楔块参数中需要输入延迟块的声速及厚度，否则将影响缺陷定位与延时聚焦法则准确性。

（2）波型　线性垂直扫查模式基本使用纵波，因此波型应设为纵波。

（3）纵波声速　如已知被检测材料的纵波声速，直接输入纵波声速即可；如纵波声速未知，则应先测量出纵波声速。

（4）工件厚度　一些仪器的工件厚度参数会影响仪器的显示范围，应准确输入工件厚度。

（5）显示范围　纵波线性垂直扫查模式的显示范围通常设为稍大于工件一次底波的显示范围，如检测工艺中有可能通过多次底波信号判断缺陷，此时应根据检测要求设置显示范围。

（6）扫查模式　扫查模式应设置为线性扫查模式。

（7）声束入射角度　纵波线性垂直扫查模式应将声束入射角度设为 0°。

（8）激发孔径　该参数是纵波线性垂直扫查的关键参数，可通过控制激发孔径数达到控制超声波声场的目的。激发孔径的设置应结合探头延迟块厚度、被检测工件的厚度，以及缺陷位置综合考虑，应尽量使检测区域处于声束的焦点位置处，以得到最佳检测灵敏度及分辨力。

（9）聚焦焦点　该参数也是纵波线性垂直扫查的关键参数，聚焦焦点位置应设置为重点检测区域位置，如检测过程中发现缺陷，需要将聚焦焦点深度设为缺陷深度位置。然而聚焦焦点的设置需根据聚焦系数及激发孔径数综合考虑，以达到最佳的聚焦效果，特别是对横向分辨力有特殊要求的检测应用。

（10）第一晶片位置　第一晶片为延时聚焦法则中第一个激发的晶片，该参数决定了线性电子扫查第一束声束的位置，并决定了线性电子扫查的方向。

（11）编码器参数　线性垂直电子扫查通常需要通过 C 扫描显示缺陷，应准确输入编码器相关参数。

（12）扫查分辨力　扫查分辨力决定了 C 扫描图像在探头移动扫查方向的测量分辨力，扫查分辨力越高，测量分辨力越高，但是数据量越大，检测扫查速度越低。因此，扫查分辨力的设置应综合考虑 C 扫描测量分辨力及检测扫查效率。

（13）显示模式　纵波线性垂直扫查主要通过 B 扫描图像显示缺陷在深度截面的信息，通过 C 扫描图显示整个工件中的缺陷信息，并测量缺陷在工件长度与宽度方向的尺寸信息，通过 D 扫描图显示缺陷在整个工件深度方向的分布信息，并显示所有缺陷的深度位置。设置 C 扫描图像显示数据源时，要根据该工件检测工艺要求设置合适的数据源，C 扫描常用的数据源为闸门 A 内超声信号的幅值，但是检测腐蚀时，需要将数据源设为闸门 A 内超声信号的深度值，一些其他特殊应用也会将数据源设为闸门 A 内的深度值。

8.5 纵波线性垂直扫查基本校准

1. 各晶片灵敏度一致性测试

纵波线性垂直扫查前，应测试相控阵探头各晶片的状态，看各晶片之间的灵敏度有多大差异，是否有晶片损坏。各晶片之间灵敏度通常允许存在一定的差异，甚至允许一定的晶片损坏，这主要是因为单个晶片的灵敏度差异对经过延时聚焦法则激发产生的超声波影响较小，同时各延时聚焦法则产生的超声波还需要进行校准，使各声束灵敏度均一化，使各声束的灵敏度处于相同基准。因此，只要相控阵各晶片的灵敏度差异不影响后面声束灵敏度均一化，检测灵敏度与信噪比能达到检测要求，允许各晶片灵敏度存在一定差异。

如果所使用的相控阵探头带有延迟块，建议直接使用延迟块的底面反射回波测试各晶片的灵敏度状态，如图 8-6 所示，通过探头的延迟块测试同时可以了解延迟

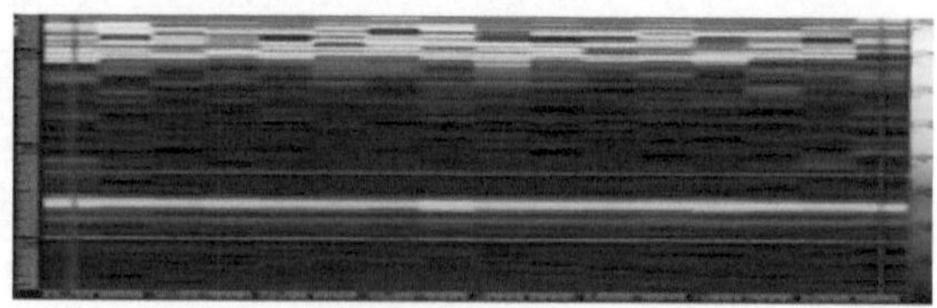

图 8-6　线性阵列探头各晶片灵敏度一致性测试

块与探头之间的耦合状态，还能了解延迟块的磨损状态。如果探头没有使用延迟块，建议使用材质均匀的标准试块大平底作为参考反射信号，如 CSK IA 试块 25mm 的大平底。

2. 声速测量

如果被检测工件材料的纵波声速已知，则无须测量该材料声速，只须直接在仪器中输入纵波声速即可；如果被检测工件材料的纵波声速未知，则须测量出该材料的纵波声速，纵波声速可以采用常规超声或者相控阵超声进行测量。

3. 灵敏度均一化校准

纵波线性垂直扫查的灵敏度均一化校准主要包括电子扫查方向声束灵敏度均一化校准以及深度方向灵敏度均一化校准。电子扫查方向声束灵敏度均一化校准是对电子扫查激发产生的各声束灵敏度均一化进行校准，使每一声束的灵敏度处于同一基准。这主要是因为相控阵探头各晶片的灵敏度无法保证完全一致，不同晶片通过延时聚焦法则激发产生的超声波灵敏度存在一定的差异。深度方向灵敏度校准是因为一束声束在不同深度位置的灵敏度存在差异，通过校准使不同深度位置的灵敏度相同。深度方向灵敏度校准同时可以提高检测信噪比和减小表面盲区范围，特别是对于一些晶粒较粗的材料。

纵波线性垂直扫查灵敏度均一化校准通常使用不同深度的平底孔或者不同深度的大平底作为参考反射体，每一声束须记录对每一个参考反射体的最大回波幅值。如果以大平底作为参考反射体，应确保大平底表面状态均匀一致且表面粗糙度达到一定要求；如果以平底孔作为参考反射体，应移动探头，使每一声束记录的均为该参考反射体的最大回波幅值。如果被检测材料材质均匀性差，建议使用该材料加工的平底孔作为参考反射体，如果使用大平底作为参考反射体，材质的不均匀性将影响灵敏度校准的准确性。用于深度校准的参考反射体应覆盖整个检测深度范围，参考反射体的深度位置应综合考虑超声波声场分布，在近场区范围内参考反射体应尽量密集些，在近场区范围外参考反射体可以适当减少。如果检测粘接面缺陷，粘接面缺陷通常处于同一深度，此时只须校准与粘接位置深度相同的参考反射体。

4. 编码器校准

纵波线性垂直扫查通常需要 C 扫描图像显示缺陷，须用编码器记录探头移动距离，为了确保探头移动位置准确，须对编码器进行校准，编码器具体校准方法须参考所用仪器的操作手册及所选编码器的类型。

8.6　扫查检测模式

线性垂直扫查检测通常有接触法与水浸法，接触法检测灵活方便，能用于现场直接检测，接触法目前是线性垂直扫查检测应用中用得最多的检测方法。线性垂直扫查通常使用较大的相控阵探头，要特别注意探头与工件表面的耦合效果，特别是表面状况较复杂的工件，探头与工件表面的耦合效果是线性垂直扫查检测非常关键的因素。水浸法适用于能将被检测工件放置于水槽中检测的情况，水浸法常用机械扫查机构控制探头移动，水浸法探头与工件耦合稳定，由于探头移动造成的幅值变化非常小。具体用接触法还是水浸法要综合考虑被检测工件的结构以及详细检测要求。

线性垂直扫查检测常用的检测模式有手动扫查、一维机械扫查和二维机械扫查三种模式。手动扫查模式直接用手移动探头扫查检测，无编码器记录探头移动位置信息，主要通过 B 扫描显示模式检测缺陷，如检测过程中发现缺陷需要记录 C 扫描图像，只能通过定时模式记录 C 扫描图像，但记录的 C 扫描图像无法准确测量缺陷在探头移动方向的尺寸。手动扫查模式简单灵活，高效快速，能够快速发现缺陷，适用的工件范围广，对探头扫查空间要求较少，无须为扫查器准备较大扫查空间，手动扫查常用于工件快速初扫检测。

一维机械扫查模式探头只往一个方向移动扫查，如图 8-7a 所示，扫查器只有一个编码器，相控阵仪器只通过编码器记录探头移动方向的位置信息，另一方向的位置信息通过相控阵探头的晶片位置信息得到。该扫查模式较简单灵活，扫查器较简单，能够在探头移动方向和电子扫查方向测量缺陷尺寸，C 扫描图像显示的宽度范围为探头的宽度范围。

二维机械扫查模式需要二维扫查器，扫查器能在 X 和 Y 轴方向移动，扫查器有两个编码器，能够记录探头在 X 轴和 Y 轴移动的距离。二维机械扫查模式如图 8-7b 所示，探头在 X 轴方向移动扫查完后，在 Y 轴移动一定距离，然后再往 X 轴反方向扫查，依次扫查完整个工件，各次扫查之间需要有一定的重叠，该扫查模式能够将多次扫查的图像拼接成一个 C 扫描显示图，该扫查模式常用于较大工件的检测。

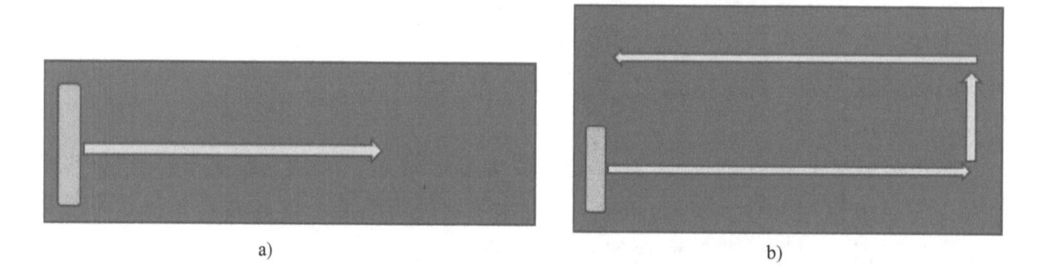

a) b)

图 8-7 线性垂直扫查机械扫查模式

a）一维机械扫查模式 b）二维机械扫查模式

线性垂直扫查的各种扫查检测模式都有其优点与缺点，具体选择哪一种扫查模式须综合考虑工件的结构形状、检测效率和缺陷检测要求。例如，如果被检测工件检测面较小，对检测效率要求较高，无须记录整个检测数据，则可优先考虑手动扫查模式；如果被检测工件缺陷在 B 扫描图中较难识别，只能通过 C 扫描图识别，那只能选择一维机械扫查模式或二维机械扫查模式。

当使用软膜相控阵探头或者水浸相控阵探头进行 C 扫描检测时，由于探头在移动过程中探头延迟距离会发生一定变化，特别是工件带有一定曲率时，超声波在工件上表面的界面回波图像并非直线，界面回波位置会产生一定的波动，如果这种波动会影响 C 扫描图像中的缺陷显示，须考虑界面波跟踪功能，通过界面波跟踪功能消除界面回波信号波动对检测结果的影响。界面波跟踪功能使用一个界面波闸门，通过该闸门测量界面回波位置，如图 8-8 所示，然后其他闸门以界面波闸门测量得到的界面回波位置为起点设置其相对位置，仪器显示也将以界面波位置作为仪器显示的零点，而界面波闸门一直实时测量界面波位置，当界面波位置发生变化时，显示的界面波图像也会实时变化，这将减少由于界面波位置变化带来的影响，特别是对于较薄工件检测和近表面缺陷的检测。

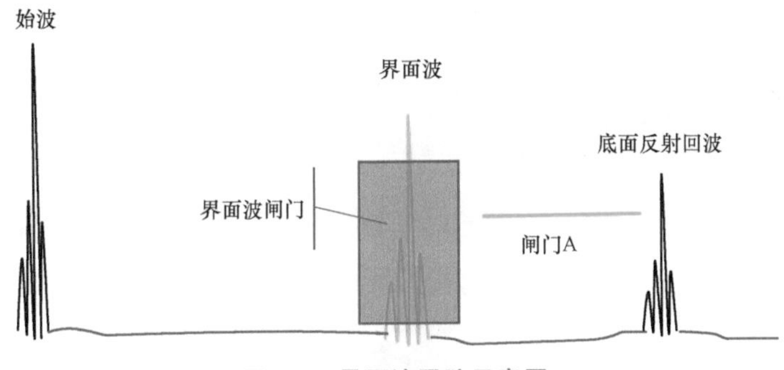

图 8-8　界面波跟踪示意图

当线性垂直扫查使用接触法进行 C 扫描检测时，探头与被检测工件之间的耦合至关重要，直接影响到检测结果的可靠性。例如，当被检测工件底波信号减弱或者消失时，如果探头与被检测工件之间耦合完好，则被检测工件内部有可能存在缺陷；但如果探头与被检测工件之间耦合效果较差，也会造成底波信号减弱或者消失，因此检测过程中很有必要对耦合效果进行实时监控。不同超声相控阵仪器的耦合监控实现方法存在一定的差异，有些仪器通过一个独立的界面监控界面波实现，有些仪器通过监控工件噪声信号实现，具体的实现方法须查看仪器的操作说明书。

8.7　线性垂直扫查关键性能

使用超声相控阵线性垂直扫查模式进行检测时，关键的性能主要包括近表面盲区及分辨力、横向分辨力、纵向分辨力、信噪比、测量精度等，这些关键性能有可能会直接影响检测结果的可靠性，检测前应尽量在对比试块上进行测试。

1. 近表面盲区及分辨力

线性垂直扫查模式通常使用带延迟的相控阵探头，超声波在延迟材料表面会产生界面回波，该界面回波的脉冲宽度将使被检测工件近表面形成一定的盲区，盲区范围的大小与超声波的频率、脉冲回波宽度和被检测材料的声速等因素有关。线性垂直扫查近表面盲区示意图如图 8-9 所示。当使用双线性阵列探头独立发射与接收模式进行检测时，近表面盲区较小，但也会形成较小的盲区范围。为了确保检测方案可靠，不会产生漏检，有必要在对比试块上测量线性垂直扫查模式的近表面盲区，对比试块常用与被检测工件相同的材质进行加工，在工件近表面不同深度加工平底孔缺陷，当平底孔信号与界面波信号能够明显区分开时，平底孔的深度位置即为最大盲区位置，也称为近表面分辨力。例如，平底孔深度为 4mm 时，界面波信号与平底孔信号能明显区分开，此时该工件的检测盲区小于 4mm，或者说该工件能检测的近表面分辨力小于 4mm。如果经确认盲区位置非常关键，需要可靠检测，则需要考虑通过底波法或者从工件反面进行检测，确保检测方案能够达到检测要求。

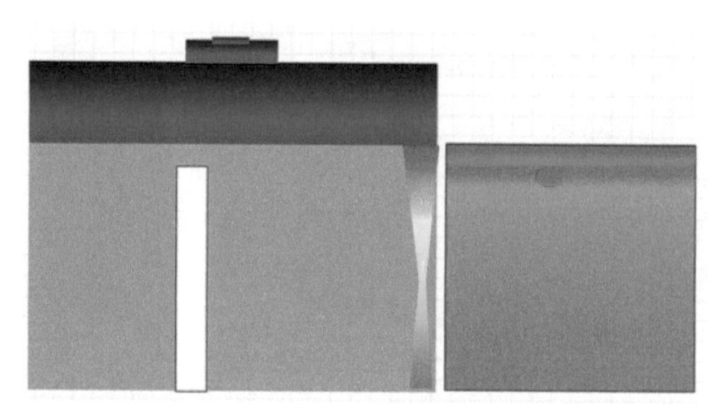

图 8-9 线性垂直扫查近表面盲区示意图

2. 横向分辨力

当线性垂直扫查所有设置完成后，超声波的声场特性基本固定，此时超声波在电子扫查方向或探头移动方向的检测分辨力为横向分辨力，即相邻两缺陷在声束扫查方向能够明显区分开的最小间距。横向分辨力测量示意图如图 8-10 所示。横向分辨力直接影响到将缺陷评判成单个缺陷还是多个缺陷的准确性，线性垂直扫查的横向分辨力由缺陷所在位置的声束宽度决定，而声束在传播方向的声束宽度是变化的，并非定值，因此横向分辨力也并非定值，不同深度位置的横向分辨力存在差异。为了准确了解线性垂直扫查在整个深度方向的分辨力，尽量在不同深度位置加工相邻的人工缺陷，常加工平底孔或横孔，通过人工缺陷测量出各深度位置的横向分辨力。由于线性垂直扫查所用的相控阵探头晶片通常为方形晶片，超声波声场在晶片的两个方向上并非对称，在电子扫查方向与探头移动方向的声束宽度不一致，因此在电子扫查方向与探头移动方向的横向分辨力均不一致，建议在电子扫查方向与探头移动方向均测量其横向分辨力。

3. 纵向分辨力

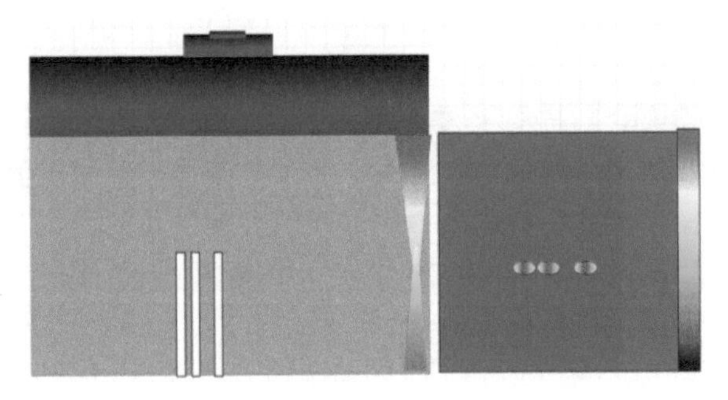
图 8-10　横向分辨力测量示意图

线性垂直扫查的纵向分辨力为超声波在其传播方向能够明显区分两相邻缺陷的最小间距，纵向分辨力主要取决于超声波的频率以及脉冲回波宽度，超声波频率越高，脉冲回波宽度越短，纵向分辨力越好。纵向分辨力会影响缺陷在超声波传播方向将缺陷评判成单一缺陷或者多个缺陷的准确性。为了测试纵向分辨力，需要用相同材料在不同深度加工不同深度间距的人工缺陷，得到超声波能够将相邻两个缺陷区分开的最小间距，如图 8-11 所示，超声波在整个传播方向的纵向分辨力相差较小，通常无须在不同深度测量。当用线性垂直扫查模式测量腐蚀时，纵向分辨力决定了能够测量出的最小腐蚀量，在一些其他应用中，纵向分辨力也会影响检测的可靠性，但是纵向分辨力提高了，有可能会影响到超声波的穿透能力，因此需要综合考虑。

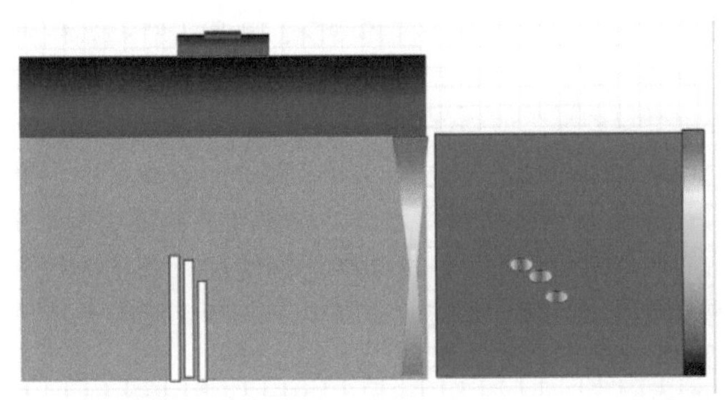
图 8-11　纵向分辨力测量示意图

4. 信噪比

线性垂直扫查的信噪比为期望检测出的缺陷信号与相邻噪声信号之比，线性垂直扫查 B 扫描显示图中的噪声信号有材料本身的晶粒噪声，也有工件本身的结构噪声，例如碳纤维复合材料纤维与胶的界面回波，玻璃纤维复合材料玻璃纤维与胶的界面回波，复合钢板异种材质界面的固有反射回波，蜂窝复合材料平板与蜂窝界面的反射回波信号等。这些固有的反射回波信号均可看作是噪声信号，期望检测出的缺陷信号是否能与这些固有的结构噪声信号区分开是检测可靠性的关键，因此信噪比是评判期望检测出的缺陷是否能够准确检测出的关键性能指标，信噪比必须在与被检测工件材质和结构均一致的对比试块中进行测量得到。

5. 测量精度

线性垂直扫查模式通常通过B扫描或C扫描显示缺陷信号，缺陷尺寸通常在B扫描或C扫描图上进行测量，测量的精度与电子扫查分辨力和探头移动分辨力，以及超声波声束宽度有关，由于声束宽度并非定值，因此不同深度的测量精度也不一样。测量精度须以不同深度的人工缺陷进行验证，得到不同深度的测量精度后，当检测过程中发现缺陷，可以根据该位置的测量精度对缺陷测量值进行一定的修正，以提高测量准确性。

8.8 检测结果分析

1. C扫描图像分析

当使用线性垂直扫查C扫描模式进行检测时，通常扫查完成得到完整的C扫描图像后进行保存，随后在仪器或者电脑上进行后续分析。进行C扫描图像分析时，首先需判断该C扫描图像是否有效，判断是否有效主要看扫查过程中是否有耦合不合格区域，是否有数据丢失，如果有数据丢失，数据丢失率是否满足检测要求，当判断该C扫描图像有效后即可对C扫描图像进行分析。基于C扫描图像的分析首先须判断C扫描图像上是否有疑似缺陷显示图像，如有疑似缺陷显示图像，则须根据检测要求对缺陷图像进行一定的测量，通常在C扫描图像上须得到缺陷在工件上对应的位置信息，缺陷在X方向和Y方向的自身长度及宽度，如图8-12所示；同时需要测量得到缺陷的幅值信息及深度位置信息，具体如何评判须根据相应的检测要求及评判标准进行评判。在分析过程中，如发现由于闸门位置设置不当，所选的C扫描图像并非最佳图像，则可调整闸门位置重新生成C扫描图像，若需要实现该功能，所使用的相控阵仪器须保存所有A扫描原始数据，如需要得到缺陷在深度截面方向更详细的信息，可在C扫描图上选择相应位置，在该位置的B扫描图上进行分析。

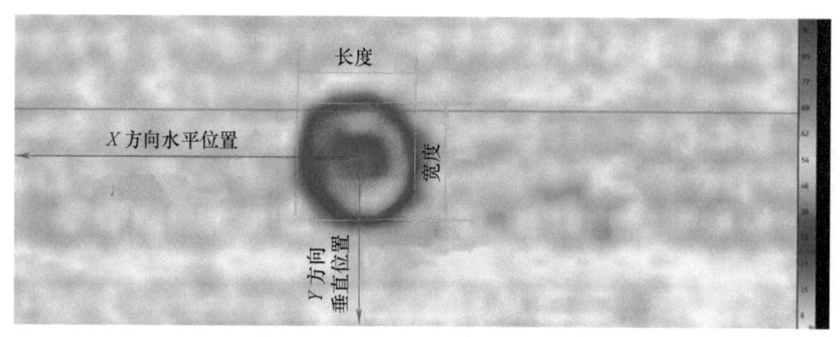

图8-12 C扫描图像测量示意图

2. B扫描图像分析

对于一些工件的检测应用，须在B扫描图像上进行分析，线性垂直扫查B扫描模式进行检测时，通常为手动扫查，不记录整个扫查过程中的 B 扫描图像，如有必要，也可以通过编码器或者定时方式记录。对 B 扫描图像进行分析时，通常需要得到被检测工件无缺陷时的 B 扫描图像，然后在扫查过程中分析显示的 B 扫描图像，看检测过程中的 B 扫描图像是否与正常无缺陷区域的 B 扫描图像有差异。如无差异，即判断该位置的 B 扫描图像中无缺陷；如存在差异，须分析引起差异的信号是结构噪声信号还是缺陷显示的信号，如判断为疑似缺陷引起的显示信号，则须对疑似缺陷信号进行相应的测量。在 B 扫描图像上通常能测量得到缺陷的深度位置信息，对一些有自身高度的缺陷，也有可能测出缺陷在超声波传播方向的自身高度。在 B 扫描图像上能够测量缺陷在电子扫查方向的长度，如图 8-13 所示；同时，通常需要在 B 扫描图像上测量缺陷信号的幅值，若 B 扫描图中存在多个缺陷，则须测量相邻缺陷之间的间距。具体需要测量哪些数据，如何利用这些数据进行评判，须结合相应的检测要求及验收标准确定。

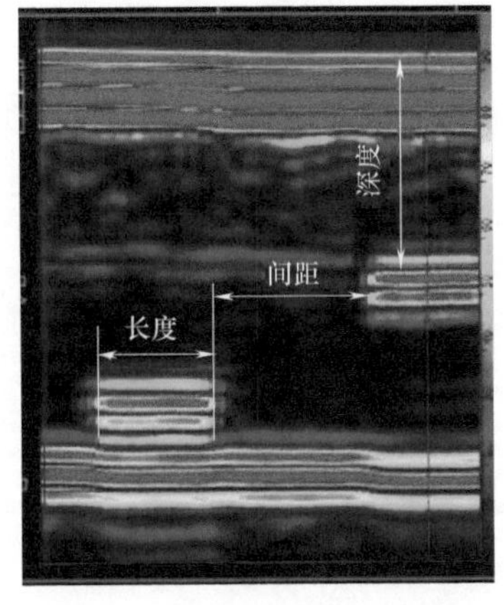

图 8-13　B 扫描图像分析示意图

8.9　检测报告

线性垂直扫查检测完成并对检测结果分析评判完成后，须出具检测报告，检测报告中通常须包含以下信息。

（1）被检测工件基本信息　被检测工件的基本信息主要包括被检测工件材质，被检测工件基本结构及相应的尺寸信息，被检测工件的基本生产工艺，需要检测区域的位置信息，检测区域表面状况情况，被检测工件的检测要求等。

（2）检测设备基本信息　检测设备基本信息包括所用相控阵仪器型号，所用扫查器类型及型号，相控阵探头型号，相控阵探头频率、晶片数、间距、单个晶片长度，楔块型号及楔块尺寸等参数，标准试块及对比试块信息，耦合剂型号等参数。

（3）检测技术相关信息　检测技术相关信息主要包括检测扫查方式，图像显示方式，检测起点及位置坐标，检测灵敏度等。

（4）相控阵基本设置　相控阵基本设置包括相控阵激发晶片数，激发晶片位置信息，电子扫查步距，聚焦深度，TCG/ACG 记录补偿范围等。

（5）检测结果　检测结果须保存原始数据，相关缺陷显示的图片，相关缺陷的位置、幅值、长度、自身高度、评判结果、检测人员等信息。

第9章

纵波扇形扫查检测基本工艺

相控阵横波扇形扫查通常需要楔块将纵波转换成横波，使横波以扇形扫查进行检测，该模式通常用于检测与探头接触面有一定水平距离的区域，而不能检测探头位置正下方区域，横波扇形扫查模式通常用于焊缝检测以及一些结构较复杂工件的检测。相控阵纵波扇形扫查模式的角度范围通常为正负角度范围，例如$-45°\sim45°$，如图9-1所示，纵波扇形扫查模式能够检测探头接触面正下方的区域，同时能够检测扇形扫查覆盖的整个区域。纵波扇形扫查不仅能够检测与探头接触面平行的缺陷，也能检测与探头接触面有一定角度的缺陷，与常规超声纵波垂直入射检测相比，相控阵纵波扇形扫查有更高的检出率，探头在一个位置能够覆盖更大的检测区域，通过扇形B扫描图像显示缺陷信号，能够在图像上直接测量缺陷尺寸信息。

图9-1　纵波扇形扫查模式示意图

9.1　纵波扇形扫查检测应用

1. 纵波扇形扫查检测锻件

锻件是将铸锭或锻坯在锻锤或模具的压力下变形成一定形状和尺寸的零件毛坯，锻件中的缺陷主要有两个来源，一是由铸锭中的缺陷引起的缺陷，另一种是锻造过程及热处理过程中产生的缺陷。锻件在锻造过程中通常会把铸锭中的缩孔、夹杂等缺陷变成面状缺陷，平行于锻压面，因此锻件主要在锻件锻压面上使纵波垂直入射检测与锻压面平行的缺陷。锻件在锻造热处理过程中会产生各个方向的缺陷，因此为了检测出各个方向的缺陷，一些检测要求较高的锻件需要在各个方向进行检测，甚至使用横波斜入射补充扫查。纵波扇形扫查检测锻件不仅能够检测出与锻压面平行的缺陷，同时也能检测出与锻压面有一定夹角的缺陷，如图9-2所示，如用当量法对缺陷进行评判时，能够减小缺陷方向性引起的定量误差。纵波扇形扫查检测锻件能够保证足够的穿透能力，能对一些大型锻件进行检测。

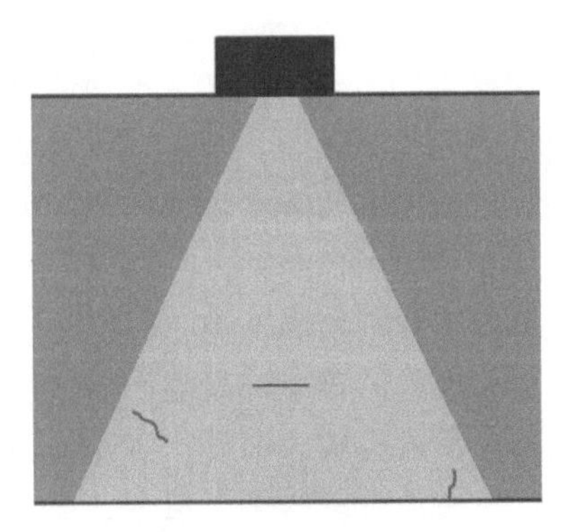

图 9-2　纵波扇形扫查锻件检测示意图

2. 纵波扇形扫查检测铸件

铸件是将金属或合金熔化后注入铸模中冷却凝固而成。液态金属注入铸模后，与模壁首先接触的液态金属因温度下降更快且模壁有大量固态微粒形成晶核，因此很快凝固成为较细晶粒；随着与模壁距离的增加，模壁影响逐渐减弱，晶体的主轴沿散热的平均方向生长，即沿与模壁垂直的方向生成彼此平行的柱状晶体；在铸件的中心，冷却凝固缓慢，晶体自由地向各个方向生长，形成等轴晶区，因此铸件的晶粒比较粗大，且组织不均匀。铸件中的缺陷主要有缩孔、疏松、裂纹、夹杂等缺陷，超声检测铸件中的缺陷时，由于铸件中晶粒粗大且不均匀，检测时噪声回波信号很强，缺陷信号的信噪比较差，超声波在铸件中的穿透能力较差，能够检测的工件厚度范围受到一定限制，超声检测铸件时，通常用较低频率的纵波以提高缺陷信号信噪比及穿透力。

纵波扇形扫查检测铸件时，不仅能够较容易检测出缩孔、疏松、夹杂等体积状缺陷，也能较容易检测具有一定方向性的面状缺陷，如裂纹。纵波扇形扫查检测铸件示意图如图 9-3 所示，相控阵纵波扇形扫查检测铸件时能够通过扇形 B 扫描图像直接显示缺陷，并测量缺陷在扇形扫查方向的长度，对一些体积状缺陷，能够测量缺陷自身高度；如果缺陷为多个缺陷，在扇形 B 扫描图上能够显示各缺陷的相对位置以及相邻缺陷间的间距等信息；如果使用 C 扫描模式显示缺陷，则可得到缺陷在扫查面方向的面积。

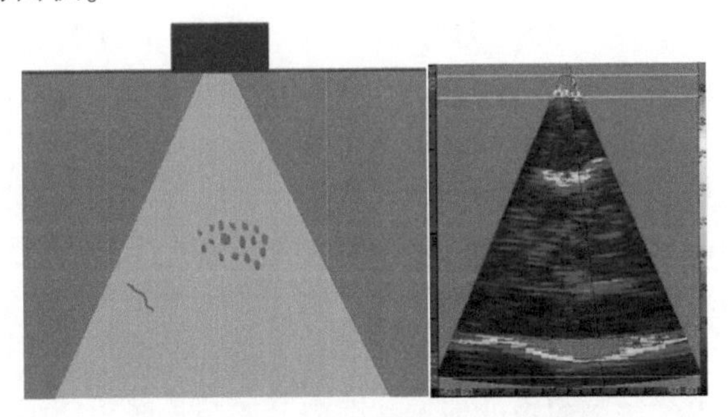

图 9-3　纵波扇形扫查检测铸件示意图

3. 纵波扇形扫查检测轴类工件

对一些轴类工件，特别是轴类在役工件，经常只能在轴端面进行检测，对于这类工件，常规超声检测通常使用纵波在轴类端面进行检测，该方法常用于检测轴内与端面平行的较大裂纹；对于轴表面的一些表面裂纹，超声波的扩散声束有一定的检测能力，但由于扩散超声波能量较弱，检测灵敏度较低，为了提高轴某一区域表面缺陷的检测能力，常使用小角度纵波专门进行该区域表面缺陷的检测。

纵波扇形扫查在轴端面检测轴类工件时，通过多角度超声纵波能够覆盖整个长轴区域，既能检测轴内与端面平行的内部缺陷，也能检测轴表面任何位置的缺陷。纵波扇形扫查检测轴类工件缺陷示意图如图 9-4 所示，纵波扇形扫查检测轴各个位置表面缺陷的声束都是超声波主声束，而不是扩散声束，因此该模式检测轴表面缺陷的灵敏度有较大提升。实际的轴类工件通常在轴上有凹槽或凸起台阶，而这些结构部位会产生结构噪声信号，纵波扇形扫查模式通过扇形 B 扫描能够同时显示结构噪声信号与缺陷信号，通过图像能较容易识别出缺陷信号。例如螺栓，螺栓本身有很多螺纹，纵波扇形扫查能够直观显示各螺纹的图像信号，如有缺陷信号，能够在图像中较容易辨别出螺纹与缺陷信号；又如火车轮轴，当车轴上装有轮对时，不仅有各个位置的结构噪声信号，还存在压装波信号，通过扇形图像能够同时显示各结构噪声信号与缺陷信号，较容易识别出缺陷信号。

图 9-4　纵波扇形扫查检测轴类工件缺陷示意图

9.2　纵波扇形扫查探头选择

纵波扇形扫查通常用 16 晶片或 32 晶片相控阵探头，探头的频率根据被检测工件的厚度及材质进行选择，常用的探头频率范围为 1～10MHz。相控阵探头的总面积是决定其穿透能力的关键，因此首先根据被检测工件需要穿透的深度确定相控阵探头需要激发的晶片总面积，确保其检测灵敏度及穿透力能够达到检测要求。纵波扇形扫查常用的相控阵探头为线性阵列相控阵探头，晶片形状有圆形和方形，圆形晶片或方形晶片切割成多晶片线性阵列排出，如图 9-5 所示。圆形晶片激发产生的超声波声场在四周对称均匀，声压较稳定，较容易实现 DGS 定量功能；方形晶片激发产生的超声波声场四周不对称，较难实现 DGS 定量功能。当探头晶片面积确定后，探头晶片间距会影响超声波的偏转能力，如晶片间距较小，其能够实现更大的扇形扫查范围。

纵波扇形扫查探头通常使用软保护膜相控阵探头或者使用带硬质保护层可直接接触检测的相控阵探头，一般不使用带延迟块的相控阵探头，因为延迟块的界面回波将影响探头的检测范围，而纵波扇形扫查通常检测声程较大的工件，而且不同角

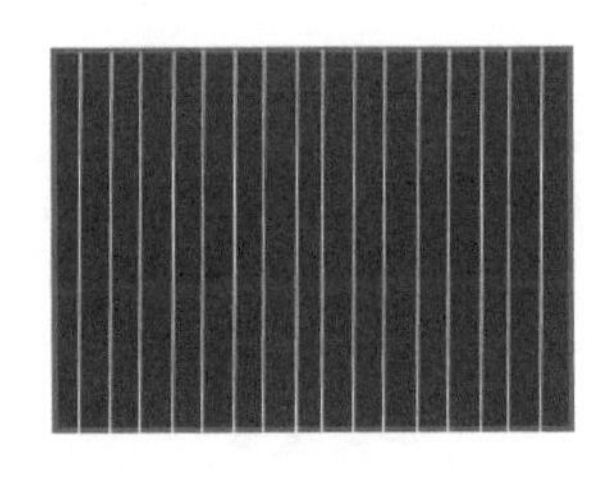

图 9-5　纵波扇形扫查晶片形状

度的超声纵波入射到延迟块底面容易产生各种干扰信号，不利于检测。纵波扇形扫查使用的相控阵探头带软膜或硬质保护层，这也将增加探头的盲区范围，超声波的近场区也几乎都在被检测工件内部，因此选择纵波扇形扫查探头时也需要重点考虑该探头的盲区以及超声波的声压分布范围，尽量使最佳的声场范围用于检测。

9.3　纵波扇形扫查相控阵仪器要求

纵波扇形扫查常使用的相控阵探头晶片数一般不超过 32，因此相控阵仪器的独立激发电路通道数大于所选用相控阵探头最大晶片数即能满足要求。纵波扇形扫查主要以扇形 B 扫描显示为主，通过 B 扫描图分析缺陷信息，对于一些检测应用，也有可能通过 C 扫描图记录缺陷信息，相控阵仪器支持 A 扫描、扇形扫描和 C 扫描显示模式。当纵波扇形扫查检测较长轴类工件时，需要考虑相控阵仪器显示范围是否能够满足要求，同时需要考虑相控阵仪器的脉冲重复频率下限值，因为检测长轴类工件时，脉冲重复频率有可能需要调到较小值以避免幻像波图像。

9.4　纵波扇形扫查相控阵仪器基本设置

当使用纵波扇形扫查模式进行检测时，需要对相控阵仪器以下参数进行设置。

(1) 探头及楔块相关参数　准确输入相控阵探头及楔块相关参数，纵波扇形扫查相控阵探头通常不使用楔块，楔块厚度常设为 0，但需要在探头延迟相关参数中修正超声波在软保护膜或硬质保护层中的传播时间。

(2) 波型　纵波扇形扫查模式使用纵波，因此波型须设为纵波。

(3) 纵波声速　如已知被检测材料的纵波声速，直接输入纵波声速即可；如纵波声速未知，则需要先测量出纵波声速。

(4) 工件厚度　纵波扇形扫查模式通常通过一次波进行检测，工件厚度对深度定位影响不大，根据工件厚度输入相应厚度值即可。

(5) 显示范围　纵波扇形扫查显示范围设置为略大于实际需检测的深度范围值，如显示范围设置过大，一些相控阵仪器有可能会影响图像显示刷新速率，影响检测效率。

（6）扫查模式　扫查模式应设置为扇形扫查模式。

（7）声束角度范围　声束角度范围应根据实际工件检测时期望覆盖的宽度进行设置，但角度范围尽量不要超过-45°~45°范围，超过该范围很有可能超声波性能达不到检测要求；如果探头晶片间距较大，角度范围应尽量再小一些，确保各角度声束性能能够达到检测要求。

（8）角度步距　扇形扫查角度步距将直接影响数据处理量，影响图像显示刷新速度，从而影响检测速度。角度步距一般设为1°即能满足要求，如一些检测应用需要特殊设置角度步距，则需要根据检测工艺设置为相应的角度步距。

（9）激发孔径　纵波扇形扫查通常激发相控阵探头的所有晶片，如相控阵探头为16晶片，通常将激发孔径设为16；如相控阵探头为32晶片，通常激发孔径设为32，如检测工艺有特殊要求，则激发孔径根据检测工艺进行相应设置。

（10）聚焦焦距　纵波扇形扫查模式通常用于检测较大声程范围的工件，检测区域一般在近场区之外，因此聚焦模式常设为不聚焦。

（11）脉冲重复频率　纵波扇形扫查模式中，脉冲重复频率为关键参数，需要特别注意。由于纵波扇形扫查模式检测范围较大，如果脉冲重复频率设置过高，将产生幻像波图像；如果脉冲重复频率设置过低，将严重影响图像显示刷新频率、探头移动速度和检测效率。因此在不会产生幻像波图像前提下，脉冲重复频率应设置得尽可能高。

（12）显示模式　纵波扇形扫查主要以A扫描和扇形扫描显示为主，通常将显示模式设为A扫描和扇形扫描显示，如检测工艺需要其他显示模式，应根据检测工艺进行相应设置。

9.5 纵波扇形扫查基本校准

1. 探头延迟校准

纵波扇形扫查常使用软膜保护膜或硬质保护层，而超声波在软膜保护膜或硬质保护层中的传播时间较难通过计算得到，须通过校准测量得到，纵波扇形扫查模式探头延迟的校准主要使用圆弧面试块的半圆弧面反射面作为参考反射体，如图9-6所示。如果圆弧面试块的纵波声速已知，只需要一个圆弧面即可校准得到探头延迟值；如果试块的纵波声速未知，则需要两个不同半径的圆弧面作为参考反射体，同时校准得到探头延迟及材料声速值。

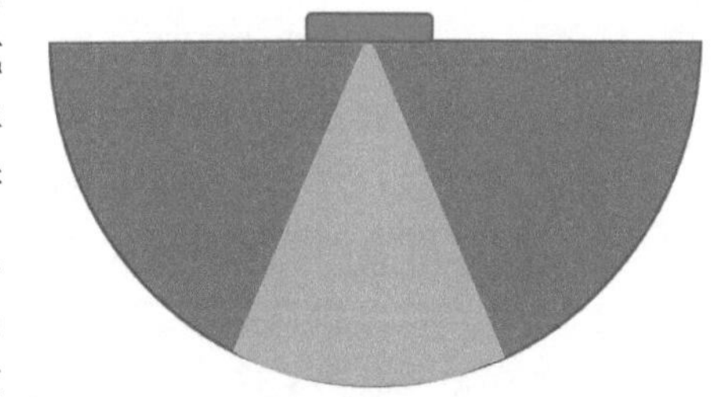

图9-6　纵波扇形扫查探头延迟校准试块示意图

2. 深度增益补偿及角度增益补偿校准

纵波扇形扫查检测的验收标准中如果需要超声回波幅值作为验收标准，则需要考虑 TCG/ACG 增益补偿，将不同深度及不同角度声束的检测灵敏度校准至同一基准。常规超声纵波垂直入射通常以平底孔作为缺陷评判参考当量，而纵波扇形扫查不能以平底孔作为 TCG/ACG 校准的参考反射体，因为加工不同深度各个角度平底孔试块成本太高，而且校准操作也不方便。为了将纵波扇形扫查各角度声束的灵敏度校准至同一基准，可考虑用不同半径的圆弧面作为参考反射体。如果以圆弧面作为参考反射体，当声束声程大于三倍近场值时，可较准确地将缺陷反射回波幅值换算成平底孔当量。以圆弧面作为参考反射体需要加工多个不同半径半圆试块，如图 9-7a 所示。加工多个半圆试块成本较高，特别是当检测范围较大时，所需试块较多，如果所使用的相控阵仪器及探头支持 DGS 功能，则只需要一个圆弧反射面就可得到各个角度声束不同声程相应的当量值，能够大大降低试块加工成本。

如果验收标准可以考虑以横孔作为缺陷评判参考当量，则可以考虑使用不同深度的横孔作为参考反射体，如图 9-7b 所示。以横孔作为参考反射体，TCG/ACG 记录操作方便，试块加工成本较低，但加工试块时横孔的深度范围需要覆盖整个检测范围，横孔之间的间距应较大，避免 TCG/ACG 记录时相互干扰。

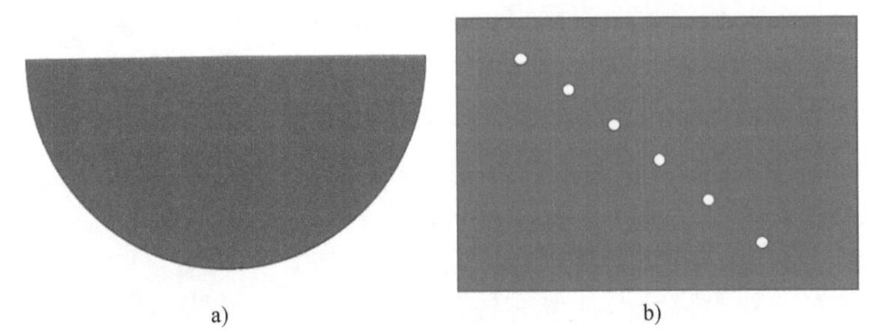

图 9-7　纵波扇形扫查 TCG/ACG 记录试块示意图
a）半圆试块　b）横孔试块

如果纵波扇形扫查只是重点检测某一区域的缺陷，则可考虑直接使用对比试块调节检测灵敏度，无须在整个声程范围记录 TCG/ACG。

9.6　纵波扇形扫查关键性能测试

1. 检测盲区

纵波扇形扫查相控阵探头表面通常有一层软保护膜或硬质保护膜，这将产生较大的盲区范围，因此检测前须测试该探头的近表面检测盲区，如果盲区太大，近表面一些关键区域无法检测，则须考虑其他检测方法补充扫查检测近表面区域。近表面盲区的测量可使用近表面区域的横孔作为参考反射体，如图 9-8 所示，如果近表面的横孔信号在纵波扇形扫查的始波信号中，则该区域位于检测盲区中，须测量更深位置横孔，直到能明显区分横孔信号与始波信号，则此时横孔的深度位置为最大盲区位置。

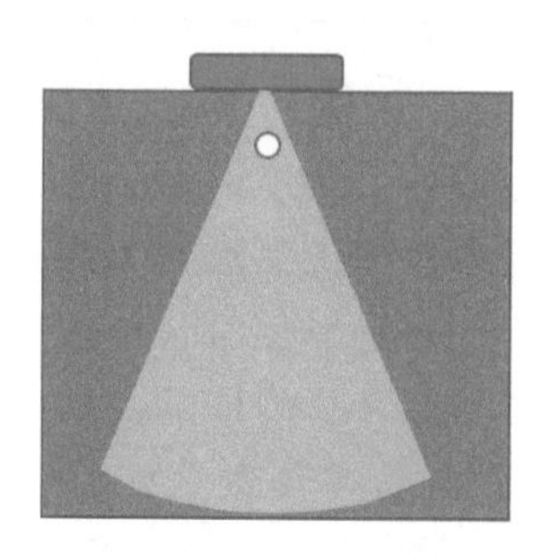
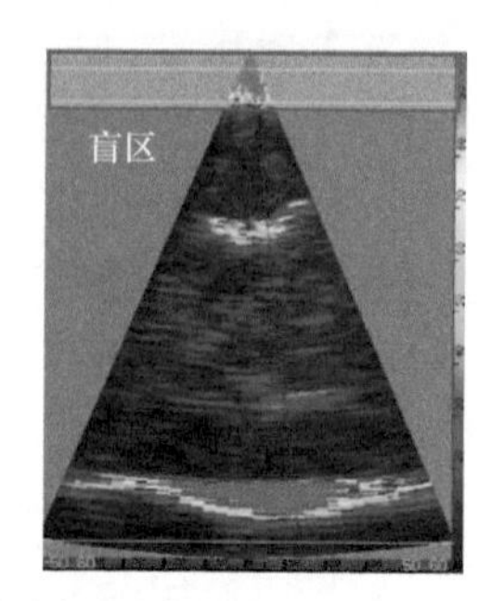

图 9-8 纵波扇形扫查盲区测试示意图

2. 横向分辨力

当纵波扇形扫查检测及验收标准对缺陷图像进行评判验收时，同时需要考虑相邻缺陷之间的间距以评判缺陷是单一缺陷还是多个缺陷，这时需要测量纵波扇形的横向分辨力；对一些轴类工件的检测，在轴上经常会有结构噪声信号，结构噪声信号与相近缺陷信号是否能够区分开，也主要取决于横向分辨力。横向分辨力为扇形扫查方向能够区分开相邻缺陷的能力，横向分辨力可使用相邻的横孔作为参考反射体，如图 9-9 所示，相邻横孔的间距即为横向分辨力。例如，如果两个相邻间距为 1mm 的横孔信号在扇形扫查图像中能明显区分开，则横向分辨力小于 1mm。横向分辨力主要取决于超声波声束的宽度，声束宽度越窄，则横向分辨力越高；在近场值位置附近横向分辨力较高，在远场区域，随着超声波传播距离变远，横向分辨力逐渐变低，因此如需要得到整个检测范围内的横向分辨力，须在不同深度范围内加工相邻横孔或平底孔。当检测过程中发现缺陷时，如需要提高横向分辨力，可尝试改变激发孔径和聚焦深度，使超声波聚焦在缺陷位置处，但如果缺陷位置处于激发所有晶片时的近场区之外，则无法通过改变激发孔径与聚焦深度提高横向分辨力。

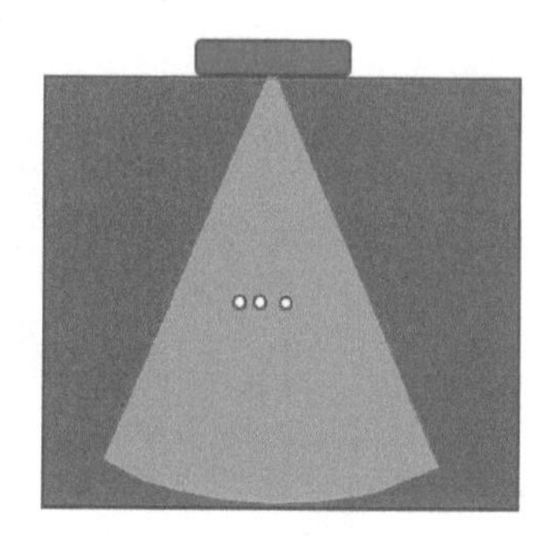

图 9-9 纵波扇形扫查横向分辨力测试示意图

3. 纵向分辨力

当纵波扇形扫查需要考虑超声波传播方向或者深度方向的分辨力时，须测量纵波扇形扫查的纵向分辨力，纵向分辨力为超声波传播方向相邻深度缺陷能够明显区分开的能力。纵向分辨力测试通常用相邻深度横孔作为参考反射体，如图 9-10 所示。当横孔位于超声波垂直入射位置时，即超声波入射方向为 0°时，纵向分辨力主要取决于超声波的频率及脉冲回波周期数；当横孔不是位于超声波垂直入射位置时，纵向分辨力不仅取决于超声波的频率和脉冲回波周期数，还与超声波斜入射声束在垂直方向的声束宽度有关。

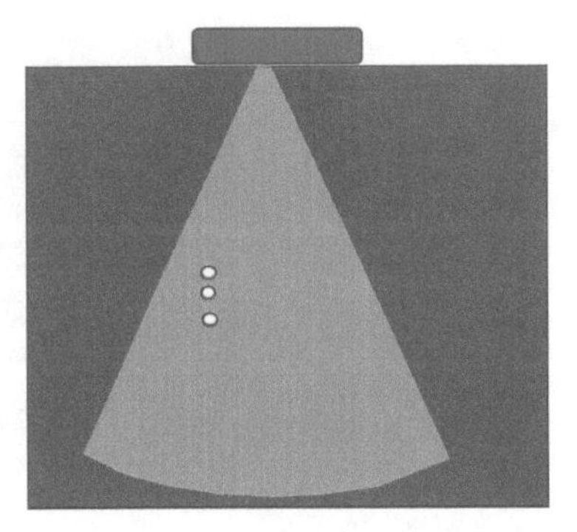

图 9-10 纵波扇形扫查纵向分辨力测试示意图

当纵波扇形扫查用于检测特殊轴类工件，例如检测螺栓时，螺栓的螺纹本身会产生反射回波信号，如果在螺纹部位存在裂纹时，裂纹信号是否能够与螺纹信号区分开，主要取决于纵向分辨力。此时纵向分辨力测试建议在对比试块上直接进行，如图 9-11 所示，对比试块可以直接在螺纹处加工刻槽，看纵向分辨力是否能够达到检测要求。

4. 图像显示刷新率

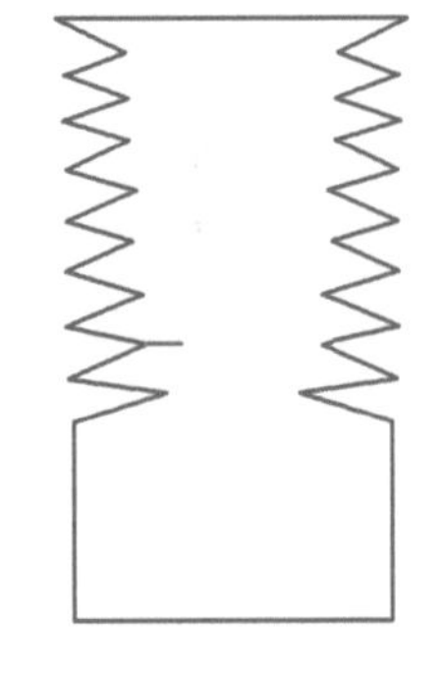

图 9-11 螺栓纵向分辨力测试对比试块

纵波扇形扫查主要用于检测声程较大的工件，主要通过扇形扫描图像显示缺陷，如果脉冲重复频率设置过高，则容易产生幻像图像；而脉冲重复频率过低，则扇形扫查显示的图像刷新率过低，将直接影响探头移动检测速度，如果探头移动过快，而该位置的显示图像没有刷新，无法显示，则将造成漏检。为了确保扫查不会造成漏检，须测出不会造成漏检的最大检测速度，当相控阵仪器的所有参数都最优化设置后，将探头在有人工缺陷的试块上移动，看显示图像上是否能清晰显示人工缺陷图像，当探头移动检测刚好不能清晰显示人工缺陷图像时，此时的移动检测速度即为最大检测速度。如果检测工艺通过编码器记录 C 扫描图像进行检测，相控阵仪器须显示数据丢失信息，当探头移动过快，造成数据丢失时，须显示数据丢失率。为了确保仪器显示的数据丢失率准确可靠，不会造成缺陷漏检，建议使用编码器进行 C 扫描检测也须通过人工缺陷试块验证最大检测速度。

5. 定位精度

纵波扇形扫查使用软膜或硬质保护层，这会对缺陷定位的精度产生一定的影响，当仪器所有校准完成，所有参数设置优化后，有必要测量纵波扇形扫查的定位精度。

纵波扇形扫查的定位测量值主要有声程、深度和水平位置，深度位置与水平位置根据声程值与声束的角度计算得到，对于 0°入射的超声波，声程与深度值一致，水平位置即为探头中心点位置；当缺陷是由一定角度的声束检测出时，缺陷的水平位置为扇形扫查方向距离探头中心的水平距离。须特别注意的是，超声波扇形扫查方向为与晶片切割方向垂直的方向，如图 9-12 所示，缺陷在扇形扫查方向的水平距离是以探头圆心为起点，与晶片切割垂直方向的距离，因此对缺陷定位时需要特

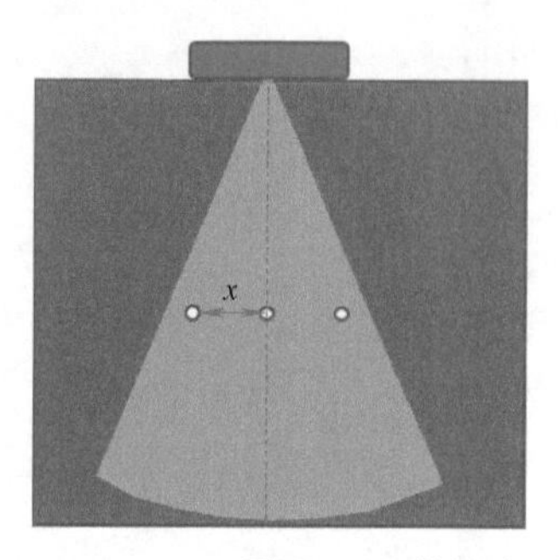

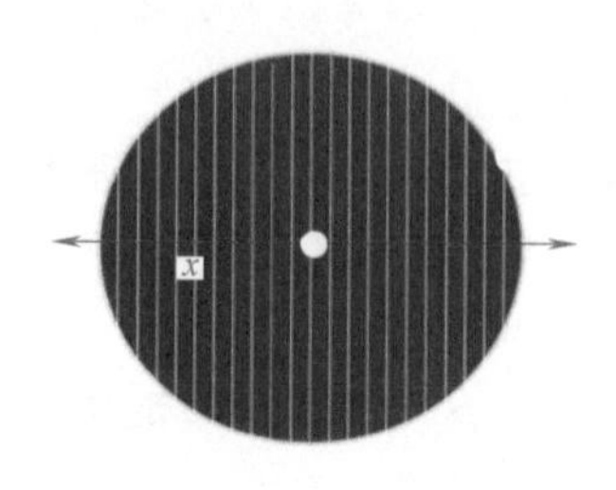

图 9-12 纵波扇形扫查定位测量示意图

别注意相控阵探头的晶片切割方向。纵波扇形扫查定位精度可用一定深度的横孔作为参考反射体，以不同角度的声束分别测量横孔的声程、深度和水平距离值，看测量值与真实位置之间的差距以确定测量误差范围。

9.7 纵波扇形扫查检测模式

纵波扇形扫查主要以扇形扫查与 A 扫描显示为主，通常以手动移动方式进行检测，当被检测工件扫查面较大时，探头移动扫查方向与相控阵探头晶片切割方向平行，如图 9-13a 所示；当被检测工件扫查面较小、为圆形面时，如螺栓和轴类工件，探头绕着圆心进行旋转扫查检测，如图 9-13b 所示，探头移动过程中通过扇形扫描图显示并测量缺陷信息。如果需要通过 C 扫描模式进行检测，需要综合考虑检测扫查速度是否能够达到检测要求，由于纵波扇形扫查的检测范围通常较大，其产生的数据量也较大，所以 C 扫描检测速度可能会较慢，因此通常推荐手动移动方式，通过扇形显示模式进行检测，当发现缺陷时，如有必要再通过 C 扫描记录缺陷信息。通过 C 扫描记录缺陷时，探头应固定在扫查器上，并安装编码器记录探头移动位置，对于图 9-13a 所示扫查模式，使用前后移动扫查器即可进行 C 扫描

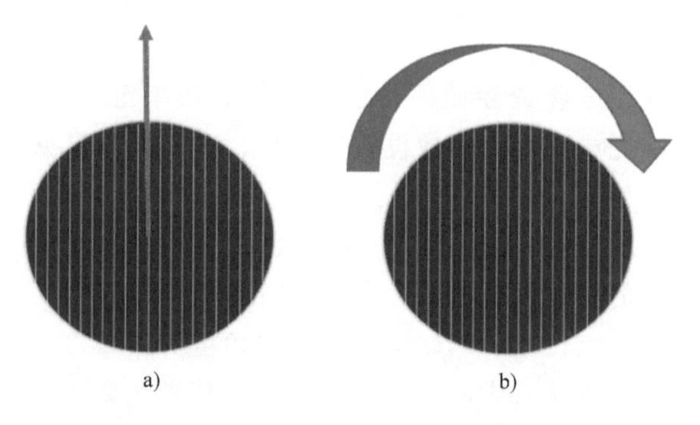

图 9-13 纵波扇形扫查探头移动方式示意图

a）探头水平移动扫查 b）探头旋转扫查

扫查；对于图 9-13b 所示扫查模式，须使用能够旋转的扫查器，通过编码器记录探头旋转距离，从而显示 C 扫描图像，此时 C 扫描显示的移动距离为探头移动的弧长距离，如果 C 扫描图像需要直接显示探头移动的弧长距离，则相控阵仪器通常需要专门的圆形 C 扫描显示功能。

9.8　纵波扇形扫查缺陷信息测量

纵波扇形扫查的扇形图像上通常可以测得缺陷的声程值，缺陷距离上表面的深度位置，缺陷距离探头中心的水平距离，缺陷的回波幅值，缺陷在扇形扫查方向的水平长度，缺陷在深度方向的自身高度值，相邻缺陷间距等，如图 9-14 所示。具体需要测量哪些缺陷信息并用于缺陷评判，须根据具体的检测及验收标准要求进行。

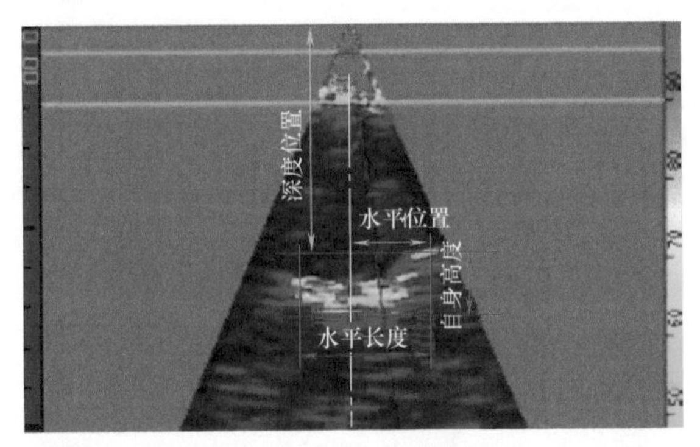

图 9-14　纵波扇形扫查扇形扫描图缺陷测量示意图

如果通过 C 扫描模式进行检测，除了能够得到扇形扫描图上能够测量的数据之外，还可以测量缺陷在探头移动方向或者旋转方向的长度。

9.9　纵波扇形扫查缺陷评判

纵波扇形扫查结果须根据被检测工件的使用工况及质量要求进行评判，不同类型的工件评判要求均不一样，例如对于锻件类工件的检测，主要还是以回波幅值当量法评判为主；对于铸件类缺陷，还需要综合考虑缺陷的长度及自身高度；而对于在役使用的轴类工件，主要根据缺陷的性质进行评判。

9.10　检测报告

纵波扇形扫查检测完成并对检测结果分析评判完成后，须出具检测报告，检测报告中通常须包含以下信息。

（1）被检测工件基本信息　被检测工件基本信息主要包被检测工件材质，被检测工件基本结构及相应的尺寸信息，被检测工件的基本生产工艺，需要检测区域的位置信息，检测区域表面状况，被检测工件的检测要求等。

（2）检测设备基本信息　检测设备基本信息包括所用相控阵仪器型号，所用扫查器类型及型号，相控阵探头型号，相控阵探头频率、晶片数、间距、单个晶片长度，楔块型号及楔块尺寸等参数，标准试块及对比试块信息，耦合剂型号等参数。

（3）检测技术相关信息　检测技术相关信息主要包括检测扫查方式、图像显示方式、检测起点及位置坐标、检测灵敏度等。

（4）相控阵基本设置　相控阵基本设置包括相控阵激发晶片数，激发晶片位置信息，扇形扫查范围，扇形扫查步距，聚焦深度，检测范围，TCG/ACG 等。

（5）检测结果　相关缺陷显示的图片，相关缺陷的位置、幅值、长度、自身高度，评判结果，检测人员等信息。

参考文献

[1] KRAUTKRAMER J, KRAUTKRAMER H. Ultrasonic Testing of Materials [M]. 4th ed. Berlin: Springer-Verlag, 1990.

[2] International Standard Organization. Non-destructive testing of welds-Ultrasonic testing-Use of automated phased array technology: ISO 13588: 2012 [S]. Geneva: International Organization for Standardization, 2012.

[3] International Standard Organization. Non-destructive testing of welds-Phased array ultrasonic testing (PAUT) -Acceptance levels: ISO 19285: 2017 [S]. Geneva: International Organization for Standardization, 2017.

[4] 郑晖，林树青. 超声检测 [M]. 2版. 北京：中国劳动社会保障出版社，2008.

[5] 中国机械工程学会无损检测分会. 超声波检测 [M]. 2版. 北京：机械工业出版社，2000.

[6] SCHMERR L W. 超声相控阵原理 [M]. 徐春广，李卫彬，译. 北京：国防工业出版社，2017.

[7] Olympus NDT. Advances in phased array ultrasonic technology application [M]. Waltham: Olympus NDT, 2007.

[8] Olympus NDT. Introduction to phased array ultrasonic technology application [M]. Waltham: Olympus NDT, 2007.

[9] 卢超，劳巾洁，戴翔. 带楔块二维面阵列超声相控阵声场特性分析 [J]. 声学学报，2014，39（6）：714-722.

[10] 卢超，邓丹，陈文生，等. 钢轨气压焊接头的超声相控阵检测技术研究 [J]. 失效分析与预防，2011，6（3）：139-143.

[11] 邓丹. 钢轨焊缝的超声相控阵检测技术研究 [D]. 南昌：南昌航空大学，2012.

[12] 钟德煌，郑攀忠. 便携式相控阵探伤仪在焊缝超声检测技术中的应用 [J]. 无损检测，2009，31（3）：233-235.

[13] 钟德煌. 便携式相控阵探伤仪在复合材料检测中的应用 [J]. 航空制造技术，2008（15）：53-54.

[14] 钟德煌，徐贝尔，梁茂飞. 超声波相控阵黄金纯度检测技术 [J]. 无损检测，2013，35（3）：16-17，21.

[15] 陈尧，冒秋琴，陈果，等. 基于Omega-K算法的快速全聚焦超声成像研究 [J]. 仪器仪表学报，2018，39（9）：128-134.

[16] 甘勇. 基于虚拟源的非规则分层介质超声后处理成像检测 [D] 南昌：南昌航空大学，2019.

[17] European Committee for Standardization. Non-destructive testing-Characterization and verification of ultrasonic examination equipment-Part1: Instruments: EN 12668-1: 2000 [S]. Brussels: European Committee for Standardization, 2000.

[18] European Committee for Standardization. Non-destructive testing-Characterization and verification of ultrasonic examination equipment-Part2 : Probes: EN 12668-2: 2001 [S]. Brussels: European Committee for Standardization, 2001.

[19] European Committee for Standardization. Non-destructive testing-Characterization and verification

of ultrasonic examination equipment-Part3 : Combined equipment: EN 12668-3: 2000 [S]. Brussels: European Committee for Standardization, 2000.

[20] 劳巾洁. 超声相控阵探伤仪系统性能分析、测试及检测应用 [D]. 南昌: 南昌航空大学, 2013.

[21] 刘志浩, 陈振华, 陈果, 等. 基于线阵列超声相控阵三维成像的实现研究 [J]. 电子测量与仪器学报, 2016, 30 (3): 400-406.

[22] 刘志浩. 对接焊缝的超声相控阵检测及三维成像分析 [D]. 南昌: 南昌航空大学, 2016.

[23] 温姣玲, 卢超, 何方成, 等. 航空复合材料层压板钻孔分层缺陷相控阵检测参数优化 [J]. 玻璃钢/复合材料, 2017 (2): 21-25.

[24] CHEN Z H, XIE F M, LU C. Characteristics of wave propagation in austenitic stainless steel welds and its application in ultrasonic TOFD testing [J]. Materials Evaluation, 2018, 76 (11): 1515-1524.

[25] 陈振华, 许倩, 卢超. 基于超声相控阵衍射波图像的缺陷测量方法 [J]. 应用声学, 2018, 37 (4): 447-454.

[26] CHEN Z H, HUANG G L, LU C. Automatic recognition of weld defects in TOFD D-Scan images based on Faster R-CNN [J]. Journal of Testing and Evaluation, 2020, 48 (2): 811-824.

[27] 冒秋琴, 陈尧, 石文泽, 等. 频域相位相干合成孔径聚焦超声成像研究 [J]. 仪器仪表学报, 2020, 41 (2): 135-145.

[28] International Organization for Standardization. Welding and allied processes-Classification of geometric imperfection in metallic materials-Part 1: Fusion welding: ISO 6520-1: 2007 [S]. Geneva: International Organization for Standardization, 2007.

[29] International Organization for Standardization. Non-destructive testing of welds-Ultrasonic testing - Techniques, testing levels, and assessment: ISO 17640: 2017 [S]. Geneva: International Organization for Standardization, 2017.

[30] International Organization for Standardization. Non-destructive testing of welds-Ultrasonic testing-Acceptance levels: ISO 11666: 2018 [S]. Geneva: International Organization for Standardization, 2018.

[31] International Organization for standardization. Non-destructive testing-Ultrasonic testing-Characterization and sizing of discontinuities: ISO 16827: 2012 [S]. Geneva: International Organization for Standardization, 2012.

[32] 北京恒创利达文化发展有限责任公司. 工程焊接技术与质量试验检测评定标准实用手册 [DB/CD]. 北京: 北京电子出版物出版中心, 2003.

[33] 危荃, 邬冠华, 钟德煌, 等. SAFT 成像技术在棒材超声成像检测中的应用 [J]. 无损检测, 2008, 30 (7): 415-417, 421.

[34] 危荃, 邬冠华, 吴伟, 等. 钛合金厚板焊缝超声相控阵信号和图像的特征与识别 [J]. 无损检测, 2008, 30 (8): 540-542.

[35] 徐贝尔, 钟德煌, 郑攀忠. 蜂窝复合材料粘结质量的相控阵超声波检测 [J]. 中国特种设备安全, 2010, 27 (4): 36-38.

[36] 严晓东, 蒋云, 钟德煌, 等. 高温紧固螺栓的超声相控阵检测技术 [C] //中国电机工程学会. 中国电机工程学会电力行业第十二届无损检测学术会议论文集. 威海: 中国电机工程学会, 2012: 5-9.